科技支撑乡村振兴·农业科技培训系列教材

NONG[illegible]QI
KEXUE SHIYONG



# 农药及其科学使用

◎ 刘向阳　杜家方　孙晓英　主编

中国农业科学技术出版社

**图书在版编目（CIP）数据**

农药及其科学使用 / 刘向阳，杜家方，孙晓英主编 .—北京：中国农业科学技术出版社，2020. 5

ISBN 978-7-5116-4673-6

Ⅰ. ①农…　Ⅱ. ①刘…②杜…③孙…　Ⅲ. ①农药施用　Ⅳ. ①S48

中国版本图书馆 CIP 数据核字（2020）第 055792 号

责任编辑　崔改泵
责任校对　贾海霞

出 版 者　中国农业科学技术出版社
　　　　　北京市中关村南大街 12 号　　邮编：100081
电　　话　（010）82109194（出版中心）（010）82109702（发行部）
　　　　　（010）82109709（读者服务部）
传　　真　（010）82106650
网　　址　http://www.castp.cn
经 销 者　各地新华书店
印 刷 者　北京富泰印刷有限责任公司
开　　本　787mm×1 092mm　1/16
印　　张　13
字　　数　308 千字
版　　次　2020 年 5 月第 1 版　2020 年 5 月第 1 次印刷
定　　价　50.00 元

# 《农药及其科学使用》

## 编委会




主　编：刘向阳　杜家方　孙晓英

副主编：吴家锴　张桂堂　解金辉

编　者：李浩贤　丁　丽　刘思源　张梦圆

任志杰　窦　涛

# 前　言

农药是一种重要生产资料，农药防治是治理农林作物病、虫、草害等的重要手段。统计表明，使用农药防控作物病、虫、草害，全世界每年可挽回农作物总产量损失30%~40%，挽回经济损失3 000亿美元。中国年均使用农药28万余t（折百），施用药剂防治面积达48亿亩次；通过使用农药，每年可挽回粮食损失4 800万t、棉花180万t、蔬菜5 800万t、水果620万t，总价值在550亿元左右。无可置疑，农药在保障粮食生产中的作用是巨大的。因此，农林作物一旦发生病、虫、草害，一般会选择施用农药控制。不过，值得注意的是，并不是所有施用农药全部作用于靶标生物，绝大部分施用的农药会进入环境，并残存于人类赖以生存的环境之中。

农药同时也是毒物，具有或高或低的毒性，特别是某些药剂，残效期较长，对环境污染严重，对有益生物、哺乳动物（包括人类）的毒性很大。农药在生产、运输、保管、销售及使用过程中如有不当操作就会造成人、畜、有益生物等中毒，乃至死亡。有些农药使用不当引起农作物产生药害的事件也时有发生，特别是除草剂。

农药是一把双刃剑，在保障农林作物特别是粮食生产中发挥了很大作用，但其负面影响也越来越明显。而科学、合理、安全、有效地使用农药既能够快速防治有害生物，挽回作物产量损失，保障农产品数量，又能够保障农产品质量，从而满足人类对农产品的需求和保护人类健康。

本书从农药概论开始，随之依次介绍了农药助剂、农药剂型、农药的施用方法、农药科学使用、农药残留、农药毒性与农药中毒、农药研究与发展趋势，旨在帮助读者特别是农药从业人员和农药使用人员辩证认识农药、科学合理使用农药，发挥农药在农业生产中的正面作用，同时避免或降低农药的负面影响。

由于作者水平有限，书中难免有疏漏和不足之处，敬请读者和同行们批评指正。

编者

**2020年1月**

# 目　录

# 第一章　农药概论

## 第一节　农药的概念

农药是科学技术进步的结晶，是工业文明的产物。农药的发展和推广应用是人类科学技术进步的发展史，也是人类社会农业的发展史。自诞生以来，农药的不断发展和广泛应用，为减轻农作物病虫草危害，保障农业稳定、高产、丰收，以及解决全人类温饱问题做出了重大贡献，确保了人类的健康和生活稳定。可以说，农药是当今农业生产中不可或缺的生产资料。

### 一、农药的定义

在人们的日常生产和生活中，经常会用到或接触到农药，那么什么才能称为农药呢？农药的含义和范围，古代和近代有所不同，不同国家亦有所差异。在古代，农药主要是指天然的植物性、动物性、矿物性物质，而近代则主要是指人工合成的化工产品和生物制品。美国将农药与化学肥料一起合称为“农业化学品”，德国称为“植物保护剂”，法国称为“植物消毒剂”，日本称为“农乐”，其范围包括生物天敌。中国所用“农药”一词也源于日本。农药的内容和含义不是一成不变的，而是随着农药的发展而不断发生变化。

值得注意的是，对于农药的含义和范围，不同的时代、不同的国家和地区有所差异。如在较早时期，美国将农药称为“经济毒剂”（economicpoison），欧洲则称之为“农业化学品”（agrochemicals），还有的书刊将农药定义为“除化肥以外的一切农用化学品”。20 世纪 80 年代以前，农药的定义和范围偏重于强调对有害生物的“杀死”，但 20 世纪 80 年代以来，农药的概念发生了很大变化。今天，我们并不注重“杀死”，而是更注重于“调节”。因此，有些国家将农药定义为“生物合理农药”（biorational pesticide）、“理想的环境化合物”（ideal environmental chemical）、“生物调节剂”（bioregulator）、“抑虫剂”（insectistatics）、“抗虫剂”（anti-insect agent）、“环境和谐农药”（environment acceptable pesticide 或 environment friendly pesticide）等。虽然有不同的表达，但是今后农药的内涵必然是“对靶标生物高效，对非靶标生物及环境安全”。

《中华人民共和国农药管理条例》中农药的定义：农药（pesticide）是指用于预防、消灭或者控制危害农业、林业的病、虫、草和其他有害生物以及有目的地调节、控制、影响植物和有害生物代谢、生长、发育、繁殖过程的化学合成或者来源于生物、其他天然产物及应用生物技术生产的一种物质或者几种物质的混合物及其制剂。

通常所说的或市面上流通的农药一般是农药的商品制剂。农药制剂是由原药和辅助剂组成的，通常称成药。原药一般指有效成分，不过会含有少量杂质。有效成分是具有生物活性的物质，含量越高活性越大；杂质是生产有效成分过程中的副产品，杂质越多农药商品质量越差。

## 二、农药的贡献

使用农药防治有害生物是人类在长期的农业生产过程中，与有害生物不断斗争的结果，从人工扑杀、物理防治、机械防除到采用农药防治，是人类防治有害生物技术的一大进步，是人类在不断总结防治经验，反复权衡各种防治方法利弊后作出的必然选择。在一定的社会、经济条件和生产力的需求下，农药防治特别是化学农药防治法不失为一种最快捷、最方便、最为经济有效的手段。科学、合理、安全、有效地使用农药既能够快速防治有害生物，挽回作物产量损失，保障农产品数量，又能够保障农产品质量，从而保证人类对农产品的需求和人类健康。

### （一）农药保障粮食产量

使用农药能有效控制作物病、虫、草害，全世界每年可挽回农作物总产量损失30%~40%，挽回经济损失3 000亿美元。墨西哥小麦育种学家（诺贝尔奖获得者）罗曼·布朗曾说：“没有化学农药，人类将面临饥饿的危险。”英国人柯平博士在2002年曾指出，“如果停止使用农药，将使水果减产78%，蔬菜减产54%，谷物减产32%”。试验证明，一年内不使用农药会导致马铃薯产量下降42%、甜菜产量下降67%，而两年不用农药，则产量损失又增加1倍。中国作为世界上的人口大国，要用占世界7%的耕地及6%的淡水资源，养活世界近20%的人口，农药在国民经济中的重要性更为明显。统计显示，全国年均使用农药28万余t（折百），施用药剂防治面积达48亿亩次（注：15亩=1$hm^2$。全书同）；通过使用农药，每年可挽回粮食损失4 800万t、棉花180万t、蔬菜5 800万t、水果620万t，总价值在550亿元左右。近年来，许多高效、低毒、低残留新农药的出现，使用的投入产出比已高达1∶10以上，而一般农药品种的投入产出比也达1∶4以上。由此可见，农药在保障粮食产量中的作用是巨大的。

### （二）农药促进粮食单产提高

全世界人口已达77亿人，而且还在不断增长，但是耕地面积逐步减少、种植结构改变、异常气候频发等威胁粮食生产并导致粮价不断攀升。2019年世界粮农组织统计，全世界饥饿人数达到8.21亿人，比1990—1992年基准期降低了2 000多万人。全世界粮食收获面积从20世纪70年代后期的112.5亿亩，减少至2005年的102.3亿亩。从土地条件及水源考虑，全球耕地面积极限为120亿亩。全世界粮食总产从1961年的8.77亿t增至2018年的22.19亿t，平均单产达217.33kg/亩，但仍难以满足不断增加的人口对粮食的需求。预计到2050年世界人口将达90亿人，在耕地面积发展有限的前提下，要增加粮食产量，必须通过提高单位面积产量来实现。通过荒地开垦及对沙漠改造将来可耕田面积即使达到120亿亩，那么按每人每年粮食需要量400kg/亩计算，90

亿人口每年需要粮食36亿t，要求耕地的平均单产达到300kg/亩，但是目前平均单产距此还差82.67kg/亩。中国到2050年人口将达16亿人，人民生活水平达到小康至中等水平时，每年需要粮食7.2亿t，即需从目前正常年份净增粮食近亿t，耕地再增加的可能性不大，在此情况下，粮食亩产应比目前的水平提高近20%。提高单位面积粮食产量是一项系统工程，需依靠农产品品种改良，栽培技术提高，农机、化肥、农药、农膜等生产资料的投入。这些农业生产技术和生产资料缺一不可，且需有机结合，而广泛推广应用农药，尽可能减少由于病、虫、草、鼠等有害生物危害造成的占总产量30%的损失，是提高粮食单产最现实、最可行的措施之一。

### （三）农药加速农业现代化进程

农药的广泛应用是农业现代化的重要标志，没有现代农药也就没有现代农业。随着社会经济的发展和现代化步伐的加快，全世界对农药的需求仍呈与日俱增的态势，而1990—2009年世界农药销售额呈现振荡上涨格局是对此较好的证明。

农药的使用量与一个国家或地区社会经济的发展呈正比。2009年亚洲农药销售额占全球的24.4%，欧洲占30.3%，非洲和中东占4%，拉丁美洲占20.3%，北美自由贸易区占21%，从这些数据可以看出，经济越发达的地区，农药销售额所占世界总销售额的比例就越高。美国是世界上农业最发达的国家，也是生产和使用农药最多的国家，农药销售额一直位居世界第一位。日本耕地面积7 629万亩，不足中国的1/23，且由于劳动力、效益等原因农田荒芜面积占耕地7%，然而农药销售额却高达34.38亿美元，是中国农药销售额的1.75倍。法国耕地面积2.75亿亩，约为中国耕地面积的1/7，其农药销售额却是中国的1.95倍。可见，中国目前农药消费远不及经济发达国家。

我国的植物保护方针是“预防为主，综合防治”。综合防治应该理解为从生态学的观点出发，全面考虑生态平衡、经济和社会效益、防治效果，综合利用和协调农业防治、物理和机械防治、生物防治及化学（农药）防治等有效的防治措施，将有害生物的危害控制在可以接受的水平。化学防治具有对有害生物高效、速效、操作方便、适应性广及经济效益显著等特点，因此在综合防治体系中占有重要地位。在目前及可以预料的今后很长一个历史时期，化学防治仍然是综合防治中的重要措施。当前，中国正处于传统农业向现代农业转型的关键时期，农药的消费及应用理念必将发生变化，农药的科学、合理、合法推广应用，将大幅度提高劳动生产效率、解放农村劳动力，进而促进农业的现代化。

## 三、农药的负面影响

尽管农药对农业生产有很大贡献，但农药的负面影响，即农药的弊端也必须引起人们的重视，特别是部分杀虫剂和除草剂，如果管理不严，施用不合理，则可能带来一些负面影响。农药的负面影响主要包括以下几类。

1. 农药对非靶标生物的毒害

农药是毒物，具有毒物的一些属性，具有或高或低的毒性，特别是某些杀虫剂，对哺乳动物的毒性很大。高毒性的农药在生产、运输、保管、销售及使用过程中稍有不慎就可能会造成人、畜中毒，乃至死亡。农药使用不当引起农作物产生药害的事件也时有发生，特别是除草剂，如果对施用剂量、作物生育期、环境条件等考虑不周，则有可能使农作物颗粒无收。有害生物的天敌，如害虫的捕食性天敌（蜘蛛、青蛙、胡蜂、瓢虫等）及寄生性天敌（各种寄生蜂、寄生蝇、线虫等），在害虫的自然控制中起着相当重要的作用。但是由于使用的杀虫剂缺乏选择性，毒杀范围太广，在杀死害虫的同时往往也将这些天敌杀伤，因而造成所谓害虫再猖獗为害及次要害虫上升为主要害虫。害虫再猖獗是指使用某些药剂后，害虫世代密度在短时间内有所降低，但很快出现比未施药的对照区增大的现象。次要害虫上升是指在农田生物群落中原来占次要地位的害虫，因使用农药后主要害虫被抑制，导致次要害虫种群突然增大，上升为主要害虫。不可否认，产生这些现象的原因比较复杂，但施用杀虫剂肯定是一个重要原因。另外，农药对除天敌之外的其他生物，如传粉昆虫、鱼、家蚕、蜜蜂等都有不良影响。

2. 农药对环境的污染

并不是所有施用农药全部作用于靶标生物。农药施用后，其去向主要有两个方面：一是分解成无毒无害的化合物；二是残存于人类赖以生存的环境之中。残存于土壤、水源、大气以及农作物及其收获物中的农药还会对人类及其环境产生深远的影响，特别是一些性质稳定、具有慢性毒性风险的杀虫剂（如有机氯农药等）。

3. 农药导致有害生物产生抗药性

长期大量使用单一农药，容易诱发有害生物（害虫、病原菌、杂草等）对农药产生抗性。如害虫，当抗药性产生后，若要有效地防治该害虫，必须成倍地加大用药量。而加大用药量又带来 3 个问题：一是害虫的抗药性更强；二是加大农户的农业投入；三是加重环境污染和对非靶标生物的伤害。抗性发展到一定程度，则造成防治无效。

## 第二节　农药的分类

根据农药的原料来源及成分、农药的用途和作用方式、防治对象、化学结构等，农药的分类也多种多样。本书主要介绍两种常用和常见的分类方法。

### 一、按原料的来源及成分分类

#### （一）无机农药（inorganic pesticide）

无机农药一般指矿物性农药。矿物性农药主要是由天然矿物原料加工、制成的农药，有砷酸钙、砷酸铅、磷化铝、石硫合剂、硫酸铜、波尔多液等。这类农药的有效成分都是无机化学物质。无机农药作用比较单一，品种少，药效低，且易发生药害，所以目前绝大多数品种已被有机合成农药所代替，但波尔多液、石硫合剂等仍在广泛应用。由于这类农药易溶于水，因此容易使作物发生病害。

### （二）有机农药（organic pesticide）

通过有机合成的方法而获得的一类农药称为有机农药，通常又可以根据其来源和性质分为植物性农药、矿物性农药、微生物农药等天然有机农药及人工合成有机农药。

1. 天然有机农药

天然有机农药是来自自然界的有机物，环境可容性好，一般对人毒性较低，可在生产无公害食品、绿色食品、有机食品中使用，如植物性农药、园艺喷洒油等。天然有机农药是目前大力提倡使用的农药。

2. 人工合成有机农药

人工合成有机农药即人工合成的化学农药。其种类繁多，结构复杂，大都属于高分子化合物；酸碱度多是中性，多数在强碱或强酸条件下易分解；部分宜现配现用、相互混合使用。

## 二、按作用对象和方式分类

按防治对象，可以分为杀虫剂、杀螨剂、杀菌剂、除草剂、杀鼠剂、杀软体动物剂、植物生长调节剂、杀线虫剂。

### （一）杀虫剂

杀虫剂（insecticide）是指用于预防、消灭或者控制害虫的农药。为害农、林业的害虫，卫生害虫，畜禽体内外的寄生虫及仓储害虫等都是杀虫剂的防治对象。杀虫剂品种较多，使用也较为广泛。

（1）胃毒剂。杀虫剂随食物一起被害虫吞食后，在肠液中溶解被肠壁细胞吸收并转运到杀虫剂的作用位点，引起害虫中毒死亡，这种作用称为胃毒作用。具有胃毒作用的药剂称为胃毒剂。这一类杀虫剂品种较多，有灭幼脲、敌百虫、苏云金芽孢杆菌、昆虫杆状病毒等。

（2）触杀剂。害虫接触杀虫剂后，药剂从体表进入体内，干扰害虫正常的生理代谢过程或破坏虫体某些组织，引起害虫中毒死亡，这种作用称为触杀作用。具有触杀作用的药剂称为触杀剂。这一类杀虫剂有辛硫磷、氰戊菊酯等。

（3）熏蒸剂。药剂本身气化挥发出来的气体，或药剂与其他物质作用后产生有毒气体，害虫经呼吸系统吸入有毒气体而中毒死亡，这种作用称为熏蒸作用。具有熏蒸作用的药剂称为熏蒸剂。熏蒸剂有溴甲烷、氯化苦等。

（4）内吸剂。农药喷施于植物体上或水、土中之后，由于药剂的穿透性能和植物的吸收作用而进入植物体内，并随植物体液输导至植株各个部位，使整个植物体汁液在一定时间内带毒，而对植物本身无害。当害虫刺吸了含毒的植物汁液后即中毒死亡，这种作用称为内吸作用。具有内吸作用的药剂称为内吸剂。内吸作用是对植物而言的，对害虫来说实际上是胃毒作用。这一类药剂有克百威、乐果等。

（5）拒食剂。有些农药能够影响害虫的取食，当害虫接触药剂后产生厌食，或者减少取食量，导致害虫饥饿而死亡，具有这种性能的药剂称为拒食剂。具有拒食作用的药剂有川楝素、瑞香狼毒等。

(6) 驱避剂。有些药剂本身虽然没有毒力或毒效很低，但由于具有特殊气味或颜色，使用之后能使害虫忌避而逃离药剂所在处，从而不再危害药剂保护对象，具有这种性能的药剂称为驱避剂。这一类药剂有香茅油、樟脑丸等。

(7) 不育剂。有些农药施用后作用于昆虫的生殖系统，直接或间接影响昆虫生殖细胞的成熟、分裂或受精过程，能够有效破坏其生殖功能，使害虫失去生殖能力而造成不孕，具有这种性能的药剂称为不育剂。目前这类药剂投入生产应用的并不多。

(8) 引诱剂。本身虽然没有毒力或毒效很低，但使用后可引诱害虫前来取食或引诱异性昆虫，具有这种性能的药剂称为引诱剂。这类药剂又分为食物诱剂、性诱剂和产卵诱剂，如性激素以及防治小麦黏虫常用的糖醋液。

(9) 昆虫生长调节剂。某些药剂能够扰乱昆虫正常生长发育过程，影响害虫脱皮、变态或产生生理形态上的变化而形成畸形虫体，导致害虫生命力降低，甚至没有生命力，或者失去繁殖能力。还有一些药剂能够干扰昆虫内激素的合成与释放，从而影响昆虫的生长发育。具有这种调节性能的药剂称为昆虫生长调节剂。这类杀虫剂包括保幼激素、抗保幼激素、蜕皮激素和几丁质合成抑制剂等。

### (二) 杀螨剂

杀螨剂指用于预防、消灭或者控制为害各种植物、贮藏物、家畜等蛛形纲中有害生物的一类农药。在杀螨剂中，有的品种对活动态螨（成螨和幼螨、若螨）活性高，对卵活性差，甚至无效；有的品种对卵活性高，对活动态螨效果差；有的品种两种都可以杀死。常见的杀螨剂品种有溴螨酯、阿维菌素、螺螨酯、唑螨酯。

触杀性为主的杀螨剂如三唑锡、苯丁锡等，具有触杀、胃毒作用的杀螨剂如克螨特等。在杀虫剂中，有不少品种具有兼治螨类的作用，如哒螨酮、阿维菌素等。

### (三) 杀菌剂

对植物体内的真菌、细菌或病毒具有杀灭或抑制作用，可以预防和治疗作物的各种病害的药剂，统称为杀菌剂（fungicide）。根据所影响的病原物种类的不同，杀菌剂包括杀真菌剂（fungicide）、杀细菌剂（bactericide）、杀病毒剂（viricide）、杀线虫剂（nematicide）。目前常见的杀菌剂一般是杀真菌剂（fungicide）。

根据化学成分来源和化学结构、作用方式和作用机制、使用方法等，杀菌剂的分类方法很多。本书主要介绍 3 种常见的分类方法。

1. 按照化学成分来源和化学结构分

(1) 无机杀菌剂。指以天然矿物为原料的杀菌剂和人工合成的无机杀菌剂，如硫酸铜、石硫合剂等。

(2) 有机杀菌剂。指人工合成的有机杀菌剂。按其化学性质、化学结构等又可以分为多种类型：有机硫类杀菌剂、有机砷类杀菌剂、有机磷酸酯类杀菌剂、有机锡类杀菌剂、苯环类杀菌剂、杂环类杀菌剂等。

(3) 生物杀菌剂。这一类杀菌剂包括农用抗生素类杀菌剂和植物源杀菌剂。农用抗生素类杀菌剂如井冈霉素、春雷霉素、农用链霉素等。植物源杀菌剂是指从植物中提取某些杀菌成分，保护作物免受病原菌侵害的一类药剂，如大蒜素。

2. 按作用方式和作用机制分

（1）保护剂。在植物未感染病菌前使用，抑制病原孢子萌发，或杀死萌发的病原孢子，防治病原菌侵入植物体内，以保护植物免受病原菌侵染危害的杀菌剂，都属于保护性杀菌剂，如百菌清、代森锌等。

（2）治疗剂。在植物感病时或感病后使用，直接杀死已经侵入植物体内的病原菌的杀菌剂，都属于治疗性杀菌剂，如三唑酮、多菌灵等。

3. 按使用方法分

（1）叶面喷洒剂。通过喷雾、喷粉等方法将药剂喷洒于作物叶面以防治病害的一类杀菌剂，如甲基硫菌灵、三环唑等。

（2）土壤处理剂。通过喷施、浇灌、混土等方法防治土壤传带的病害的一类药剂，如石灰、五氯硝基苯等。

（3）种子处理剂。用于处理种子的一类杀菌剂，主要防治种子传带的病害，或者土壤传带的病害，如抗菌剂乙基大蒜素（402）、咪鲜胺、福美双等。

### （四）除草剂

除草剂（herbicide）是指可使杂草彻底地或选择性地发生枯死的药剂。除草剂又称除莠剂，用以消灭或抑制植物生长的一类物质。除草剂的作用效果受除草剂、植物和环境条件三因素的影响。可广泛用于防治农田、果园、花卉苗圃、草原及非耕地、铁路线、河道、水库、仓库等地杂草、杂灌、杂树等有害植物。可以从化合物来源、杀灭方式、作用机理、施药部位等多方面分类。本书主要介绍 4 种常见的分类方法。

1. 按杀灭方式分

（1）选择性除草剂。这类除草剂只能杀死杂草而不伤害作物，对不同种类的苗木，抗性程度也不同，可以杀死杂草，而对苗木无害。甚至有些除草剂只能杀灭某一类杂草，如乙草胺、丁草胺、二氯喹啉酸等。

（2）灭生性除草剂。指在正常药量下能将杂草和作物没有选择性地全部杀死的一类除草剂。这类除草剂对所有植物都有毒性，只要接触绿色部分，不分苗木和杂草，都会受害或被杀死，主要在播种前、播种后出苗前、苗圃主副道上使用，如草甘膦、百草枯等。

2. 按作用方式分

（1）触杀型除草剂。药剂与杂草组织（中、幼芽）接触即可发挥作用，只杀死与药剂接触的部分，起到局部的杀伤作用，植物体内不能传导。只能杀死杂草的地上部分，对杂草的地下部分或有地下茎的多年生深根性杂草，则效果较差，如除草醚、百草枯、灭草松等。

（2）内吸传导型除草剂。药剂被根系或叶片、芽鞘或茎部吸收后，传导到植物体内，使植物死亡，如草甘膦、扑草净等。

（3）内吸传导、触杀综合型除草剂。具有内吸传导、触杀型双重功能，如杀草胺等。

3. 按使用方法分

（1）茎叶处理剂。将除草剂溶液对水，以细小的雾滴均匀地喷洒在植株上。这种喷洒法使用的除草剂叫茎叶处理剂，如盖草能、草甘膦等。

（2）土壤处理剂。将除草剂均匀地喷洒到土壤上形成一定厚度的药层，当杂草种子的幼芽、幼苗及其根系被接触吸收而起到杀草作用。这种作用的除草剂叫土壤处理剂，如西玛津、扑草净、氟乐灵等，可采用喷雾法、浇洒法、毒土法施用。

（3）茎叶、土壤处理剂。既可作茎叶处理，也可作土壤处理，如阿特拉津等。

4. 按化学结构分

（1）无机化合物除草剂。由天然矿物原料组成，不含有碳素的化合物，如氯酸钾、硫酸铜等。

（2）有机化合物除草剂。主要含苯、醇、脂肪酸、有机胺等有机化合物的人工合成除草剂如醚类除草剂果尔、均三氮苯类除草剂扑草净、取代脲类除草剂“除草剂1号”、苯氧乙酸类除草剂2甲4氯、吡啶类除草剂盖草能、二硝基苯胺类除草剂氟乐灵、酰胺类除草剂拉索、有机磷类除草剂草甘膦、酚类除草剂五氯酚钠等。

### （五）杀鼠剂

杀鼠剂（rodenticide）指用于控制鼠害的一类农药。杀鼠剂进入鼠体后可在一定部位干扰或破坏体内正常的生理生化反应：作用于细胞酶时，可影响细胞代谢，使细胞窒息死亡，从而引起中枢神经系统、心脏、肝脏、肾脏的损坏而致死，如磷化锌；作用于血液系统时，可破坏血液中的凝血酶源，使凝血时间显著延长，或者损伤毛细血管，增加管壁的渗透性，引起内脏和皮下出血，导致内脏大出血而致死，如抗凝血杀鼠剂。狭义的杀鼠剂仅指具有毒杀作用的化学药剂，广义的杀鼠剂还包括能熏杀鼠类的熏蒸剂、防止鼠类损坏物品的驱鼠剂、使鼠类失去繁殖能力的不育剂、能提高其他化学药剂灭鼠效率的增效剂等。本书主要介绍3种常见的分类方法。

1. 按杀灭速度分

（1）速效性杀鼠剂。也叫急性单剂量杀鼠剂，这一类杀鼠剂作用快，鼠类取食后即可致死；缺点是毒性高，对人畜不安全，并可产生第2次中毒，鼠类取食一次后若不能致死，易产生拒食性，如磷化锌、安妥等。

（2）缓效性杀鼠剂。也叫慢性多剂量杀鼠剂，其特点是药剂在鼠体内排泄慢，鼠类连续取食数次，药剂蓄积到一定剂量方可使鼠中毒致死，对人畜危险性较小，如杀鼠灵、敌鼠钠、鼠得克、大隆等。

2. 按作用方式分

（1）胃毒剂。取食进入消化系统使老鼠中毒致死的杀鼠剂。特点是用量低、适口性好、杀鼠效果好、对人畜安全，如杀鼠醚、氯鼠酮、溴敌隆等。

（2）熏蒸杀鼠剂。经呼吸系统吸入有毒气体而毒杀鼠类的药剂。这类杀鼠剂对施药人员防护条件及施药人员操作要求高、操作成本高，必须在密闭的环境条件下才能发挥作用，故难以大面积推广应用，如磷化铝、溴甲烷等。

（3）驱鼠剂和诱鼠剂。指驱赶或诱集而不直接毒杀鼠类的药剂。这类药剂持效期不长，效果不持久。

（4）不育剂。也称化学绝育剂，主要是通过药物作用使雌鼠不育而有效降低出生率，达到间接杀鼠防除鼠害的目的。雌鼠不育剂有多种甾体激素，雄鼠绝育剂有氯代丙二醇、呋喃旦啶等，这类药物主要适用于草原、耕地、垃圾堆等场所。

杀鼠剂品种较多，良莠不齐，一种好的杀鼠剂应具备以下条件：

（1）适口性好。杀鼠剂同诱饵配成毒饵后，鼠一定要喜食，因为投下毒饵鼠主动取食才有杀鼠效果。

（2）毒力适中。毒力一般用致死中量（$LD_{50}$）（mg/kg）表示，好的杀鼠剂毒力应在 1~50mg/kg。

（3）作用速度要求适中。急性杀鼠剂在服毒后至少在 5h 以后出现症状。

（4）没有耐药性和抗药性。

（5）稳定性要适中，保存期内要稳定，有利于毒饵的保存，但稳定性过强易引起环境污染或产生二次中毒。稳定性差配成毒饵不易保存，毒力很快降低。

（6）无二次中毒，不污染环境。

（7）可有效解毒。

（8）价格合理。

### （六）杀软体动物剂

杀软体动物剂（mollussicide）指专门用于防治危害农、林、渔业等有害软体生物的农药。危害农作物的软体动物隶属于软体动物门、腹足纲，主要指蜗牛（俗称水牛儿、旱螺蛳）、蛞蝓（俗称鼻涕虫、蜒蚰）、田螺（俗称螺蛳）、福寿螺及钉螺等农业有害生物。

1922 年哈利尔报道硫酸铜处理水坑防治钉螺有效。1934 年吉明哈姆在南非开展用四聚乙醛饵剂防治蜗牛和蛞蝓试验。1938 年在美国出现蜗牛敌饵剂商品，同年试验发现 1.5%~2.5%四聚乙醛+5%砷酸钙混合饵剂杀蜗牛效果好。20 世纪 50 年代初五氯酚钠开始用于杀钉螺，后期杀螺胺问世。60 年代又出现了丁蜗锡和蜗螺杀。之后杀软体动物剂发展缓慢。我国自 20 世纪 50 年代以来在用五氯酚钠治钉螺灭血吸虫病方面取得了巨大成就，在研究和开发新的灭钉螺剂方面也取得了一定成绩。

杀软体动物剂按物质类别分为无机和有机杀软体动物剂 2 类。

无机杀软体动物剂的代表品种有硫酸铜和砷酸钙，现已停用。

有机杀软体动物剂约有 10 个品种，按化学结构分为下列几类：

（1）酚类，如五氯酚钠、杀螺胺等。

（2）吗啉类，如蜗螺杀。

（3）有机锡类，如丁蜗锡、三苯基乙酸锡等。

（4）沙蚕毒素类，如杀虫环、杀虫丁等。

（5）其他，如四聚乙醛、灭梭威、硫酸烟酰苯胺等。

目前生产上使用最多的是杀螺胺、四聚乙醛、灭梭威 3 种有机杀软体动物剂。中国在这一类产品上比较落后，品种较少，而且相对老化。

### （七）杀线虫剂

杀线虫剂（nematocide）指用于防治植物有害线虫的一类农药，大部分用于土壤处理，小部分用于种子、苗木处理。最初使用的杀线虫剂主要指那些用作土壤处理的熏蒸性杀虫剂。许多杀线虫剂除具有杀线虫功能外，同时还是高效的杀虫剂或杀菌剂，甚至有的还具有除草活性。常用品种如克百威、克线丹、涕灭威等。

线虫属于线形动物门线虫纲，体形微小，在显微镜下才能观察到。对植物有害的线虫约3 000种，大多生活在土壤中，也有的寄生在植物体内。线虫通过土壤或种子传播，能破坏植物的根系，或侵入地上部分的器官，影响农作物的生长发育，还间接地传播由其他微生物引起的病害，造成很大的经济损失。使用药剂防治线虫是现代农业普遍采用的有效方法，一般用于土壤处理或种子处理。杀线虫剂有挥发性和非挥发性两类，前者起熏蒸作用，后者起触杀作用。一般应具有较好的亲脂性和环境稳定性，能在土壤中以液态或气态扩散，从线虫表皮透入起毒杀作用。多数杀线虫剂对人畜有较高毒性，有些品种对作物有药害，故应特别注意安全使用。

杀线虫剂开始发展于20世纪40年代。大多数杀线虫剂是杀虫剂或杀菌剂、复合生物菌扩大应用而成。

常见的杀线虫剂分为4类：

（1）有机磷和氨基甲酸酯类。某些品种兼有杀线虫作用，在土壤中施用，主要起触杀作用。

（2）卤代烃类。指一些沸点低的气体或液体熏蒸剂，通常在土壤中施用，使线虫麻醉致死。

此类药剂施药后要经过一段安全间隔期，然后种植作物。此类药剂施药量大，要用特制的土壤注射器，应用比较麻烦。有些品种如二溴氯丙烷因有毒已被禁用，总的来说已渐趋淘汰。

（3）异硫氰酸酯类。指一些能在土壤中分解成异硫氰酸甲酯的土壤杀菌剂，以粉剂、液剂或颗粒剂施用，能使线虫体内某些巯基酶失去活性而中毒致死。

（4）复合生物菌类。此类产品是最近兴起的最新型、最环保的生物治线剂，不仅对线虫有很好的抑制杀灭作用，而且对根结线虫病具有很好的防治效果。其主要作用机理是：生物菌丝能穿透虫卵及幼虫的表皮，使类脂层和几丁质崩解，虫卵及幼虫表皮及体细胞迅速萎缩脱水，进而死亡消解。该机理也确定了该类产品的使用时间可扩展至作物生长的各个阶段，但是对线虫的杀灭需要时间周期，不如化学药品那样速效。

杀线虫剂在我国农业生产中虽然占很小比例，但在农业生产应用中十分重要。近年来，我国成功推广使用的“克线宝”是日本硅酸盐菌与我国发现的台湾诺卡氏放线菌结合的新型JT复合菌种，内含枯草芽孢杆菌、多黏类芽孢杆菌、固氮菌、木霉菌、酵母菌为主的十个属80余种菌，配以对驱避线虫和提高植株根系抗逆能力有独特功效的肽蛋白和稀土元素，并运用现代高科技的微生物提取及发酵技术将其组织成国内最新的微生物复合制剂。通过对土壤的净化处理和作物根系的强力调控，对作物土传病害的发生有着良好的抑制和防治作用，尤其对根结线虫、包囊线虫、茎线虫等土传寄生虫效果显著。

一是强力杀死线虫虫卵，对幼虫及成虫有极强的趋避和杀灭作用。JT 菌群对线虫虫卵蛋白有很强的亲和力，其独特的菌丝能穿透虫卵表皮，使类脂层和几丁质崩解，虫卵表皮及体细胞迅速萎缩脱水，进而死亡消解。同时 JT 菌群的自身活动及代谢产物和肽蛋白使作物的根部生长环境优化，线虫的根部寄生环境彻底改变，对作物根部线虫幼虫及成虫趋避作用达到 95%以上，并通过益生菌在土壤中的持续代谢活动杀死根结线虫。

二是改善作物根部微生态环境，活化土壤，固氮、解磷、解钾，提高肥料利用率，快速补充活性营养，促进植株根系旺盛。

三是激活根部受损细胞，快速恢复根系生理机能，提高作物抗逆能力，病害减少，促进植株正常生长。

四是诱导植物产生内源激素，提高植株光合作用，对种子的萌发与幼苗生长具有显著促进作用，使作物根壮、茎粗、叶绿，延缓植株衰老，促进早熟增产。

### （八）植物生长调节剂

植物生长调节剂（plant growth regulator）是用于调节植物生长发育的一类农药，包括从生物中提取的天然植物激素和通过模拟天然植物激素而人工合成的化合物。

植物激素是指植物体内天然存在的对植物生长、发育有显著作用的微量有机物质，也被称为植物天然激素或植物内源激素。激素的存在可影响和有效调控植物的生长和发育，包括从细胞生长、分裂，到生根、发芽、开花、结实、成熟和脱落等一系列植物生命全过程。植物生长调节剂是人们在了解天然植物激素的结构和作用机制后，通过人工合成与植物激素具有类似生理和生物学效应的物质，在农业生产上使用，有效调节作物的生育过程，达到稳产增产、改善品质、增强作物抗逆性等目的。在使用上需要注意用量要适宜，不能随意加大用量，不要随意混用等。

植物生长调节剂是有机合成、微量分析、植物生理和生物化学以及现代农林园艺栽培等多种科学技术综合发展的产物。20 世纪二三十年代，发现植物体内存在微量的天然植物激素如乙烯、3-吲哚乙酸和赤霉素等，具有控制生长发育的作用。到 20 世纪 40 年代，开始人工合成类似物的研究，陆续开发出 2,4-D、胺鲜酯（DA-6）、氯吡脲、复硝酚钠、α-萘乙酸、抑芽丹等，逐渐推广使用，形成农药的一个类别。特别是近 30 多年来人工合成的植物生长调节剂越来越多，但由于应用技术比较复杂，其发展不如杀虫剂、杀菌剂、除草剂迅速，应用规模也较小。但从农业现代化的需要来看，植物生长调节剂有很大的发展潜力，20 世纪 80 代已有加速发展的趋势。中国从 20 世纪 50 年代起开始生产和使用植物生长调节剂。

对于目标植物，植物生长调节剂是外源的非营养性化学物质，通常可在植物体内传导至作用部位，以很低的浓度就能促进或抑制其生命过程的某些环节，使之向符合人类需要的方向发展。每种植物生长调节剂都有特定的用途，而且应用技术要求相当严格，只有在特定的施用条件（包括外界因素）下才能对目标植物产生特定的功效。往往改变浓度就会得到相反的结果，例如在低浓度下有促进作用，而在高浓度下则变成抑制作用。植物生长调节剂有很多用途，因品种和目标植物而不同。例如：控制萌芽和休眠；促进生根；促进细胞伸长及分裂；控制侧芽或分蘖；控制株型，具有矮壮防倒伏功能；控制开花或雌雄性别，诱导无籽果实；疏花疏果，控制落果；控制果实外形或成熟期；增强抗逆性，可以抗病、抗旱、抗盐分、抗冻；增强吸收肥料能力；增加糖分或改变酸度；改进香味和色泽；促进胶乳或树脂分泌；脱叶或催枯，便于机械采收、保鲜等。某些植物生长调节剂以高浓度使用就成为除草剂，而某些除草剂在低浓度下也有生长调节作用。

植物生长调节剂种类繁多，其结构、生理效应和用途各异，按作用方式可分为3类。

（1）生长抑制剂。具有抑制植物细胞生长而不抑制细胞分裂的作用，能使植物节间缩短、茎秆变粗、矮壮、株形紧凑、增强抗逆抗倒伏能力、增加分裂等，如矮壮素、多效唑等。

（2）生长促进剂。具有促进植物细胞分裂、根系发育和诱导植物器官发生的作用，多用于组织培养等，如赤霉素、爱多收、吲哚乙酸等。

（3）性诱变剂。具有调节植物性别，有利雌花产生的作用，多用于无性繁殖培育无籽果实等。

有些植物生长调节剂具有多种功效，常用的植物生长调节剂功效列举如下：

有速效性：胺鲜酯（DA-6）、氯吡脲、复硝酚钠、芸苔素、赤霉素；

延长贮藏器官休眠：胺鲜酯（DA-6）、氯吡脲、复硝酚钠、青鲜素、萘乙酸钠盐、萘乙酸甲酯；

打破休眠促进萌发：赤霉素、激动素、胺鲜酯（DA-6）、氯吡脲、复硝酚钠、硫脲、氯乙醇、过氧化氢；

促进茎叶生长：赤霉素、胺鲜酯（DA-6）、6-苄基氨基嘌呤、芸苔素内酯、三十烷醇；

促进生根：吲哚丁酸、萘乙酸、2,4-D、比久、多效唑、乙烯利、6-苄基氨基嘌呤；

抑制茎叶芽的生长：多效唑、优康唑、矮壮素、比久、皮克斯、三碘苯甲酸、青鲜素；

促进花芽形成：乙烯利、比久、6-苄基氨基嘌呤、萘乙酸、2,4-D、矮壮素；

抑制花芽形成：赤霉素、调节膦；

疏花疏果：萘乙酸、甲萘威、乙烯利、赤霉素、吲熟酯、6-苄基氨基嘌呤；

保花保果：2,4-D、胺鲜酯（DA-6）、氯吡脲、复硝酚钠、防落素、赤霉素、6-苄基氨基嘌呤；

延长花期：多效唑、矮壮素、乙烯利、比久；

诱导产生雌花：乙烯利、萘乙酸、吲哚乙酸、矮壮素；

诱导产生雄花：赤霉素；

切花保鲜：氨氧乙基乙烯基甘氨酸、氨氧乙酸、硝酸银、硫代硫酸银；

形成无籽果实：赤霉素、2,4-D、防落素、萘乙酸、6-苄基氨基嘌呤；
促进果实成熟：胺鲜酯（DA-6）、氯吡脲、复硝酚钠、乙烯利、比久；
延缓果实成熟：2,4-D、赤霉素、比久、激动素、萘乙酸、6-苄基氨基嘌呤；
延缓衰老：6-苄基氨基嘌呤、赤霉素、2,4-D、激动素；
提高氨基酸含量：多效唑、防落素、吲熟酯；
提高蛋白质含量：防落素、西玛津、莠去津、萘乙酸；
提高含糖量：增甘膦、调节膦、皮克斯；
促进果实着色：胺鲜酯（DA-6）、氯吡脲、复硝酚钠、比久、吲熟酯、多效唑；
增加脂肪含量：萘乙酸、青鲜素、整形素；
提高抗逆性：脱落酸、多效唑、比久、矮壮素。

# 第二章　农药助剂

农药助剂（pesticide adjuvant）又称为农药辅助剂，是用来改善农药理化性质和使用性能的辅助物质，包括农药制剂加工和应用中使用的除农药原药之外的所有其他辅助物。农药助剂虽无药效，合理使用却能增强农药的防治效果。

农药助剂按其功用可分为乳化剂、分散剂、润湿剂、崩解剂、展着剂等。不同活性成分、不同剂型需要选择不同的助剂，而不同助剂的品种与质量对有效成分药效影响很大。开发助剂新品种、发展助剂新功能及开发助剂科学组合形成新配方，是农药剂型研发的重要环节。

## 第一节　农药助剂的作用

使用农药助剂的总目的是最大限度地发挥药效和实现安全用药。助剂主要有四个方面的作用。

1. 发挥、提高或延长药效

有些农药必须使用配套的助剂才能保证药效。如草甘膦等除草剂必须使用配套的润湿剂、渗透剂和安全剂才能使用。这类助剂除上述几种助剂外，还有展着剂、黏着剂、稳定剂、控制释放剂、增效剂等。

2. 分散有效成分

分散是农药加工的首要目的，包括制剂加工过程中的分散和农药使用过程中的分散。可以实现分散的助剂有分散剂、乳化剂、溶剂、稀释剂、载体、填料等。

3. 满足应用新技术的特殊性能要求

农药使用新技术对农药助剂新的特殊要求。如超低容量喷雾技术对剂型载体（稀释剂）及药害减轻剂有特殊要求；发泡喷雾法对起泡剂和泡沫稳定剂有特定要求；控制释放技术对囊皮及悬浮助剂等有特殊性能要求；静电喷雾技术需要满足超低容量喷雾性能和抗静电系统；农药—液体化肥联合使用，要求制剂在针对性的掺和剂作用下，与化肥有良好的相容性等。

4. 保证安全

保障农药安全是农药剂型研发的重要方面，为避免农药使用中对作物产生药害或误伤人畜，也需要加入一些助剂。如飞机喷雾所用剂型需要抗蒸腾剂和防飘移剂，以减少农药飘移对临近敏感作物和人畜的危害；加入特殊臭味的拒食助剂和作为警戒色的颜料等，可减少人、畜、鸟等误食或中毒；除草剂中加入安全剂或黏附地膜表面，能够减轻药害。

# 第二节　农药表面活性剂

根据农药助剂是否具有表面活性作用的特点可分为表面活性助剂和非表面活性助剂。表面活性助剂选用是否合理可以在很大程度上决定农药制剂的优劣，是助剂的主体。表面活性助剂广泛用作分散剂、乳化剂、润湿剂、渗透剂、展着剂、黏着剂、消泡剂、抗絮凝剂、增稠剂、触变剂、稳定剂、发泡剂。

非表面活性助剂有稀释剂、载体、填料、溶剂、抗结块剂、防静电剂、熏蒸剂、警戒色、药害减轻剂、安全剂、防腐剂、解毒剂、抗冻剂、pH 值调节剂、推进剂、增效剂等。

表面活性是指使溶液表面张力降低的性质，具有表面活性的物质称为表面活性物质。而表面活性剂是指在低浓度时能在液体、气体或其他界面上定向吸附，并使表面张力或界面张力显著降低的表面活性物质。

表面活性剂（surfactant）分子可以看成是碳氢化合物分子上的一个或几个氢原子被极性基团取代而构成的物质，极性基团可以是离子，也可以是非离子基团。表面活性剂的分子一般由极性基与非极性基构成，为不对称结构。具有亲水性质的基团称为亲水基团（hydrophilic group）；具有亲油性质的非极性基团称为亲油基团（lipophilic group），又称为疏水基团、憎水基团（图 2-1）。由于表面活性剂分子内部既有亲水基团又有亲油基团，所以既能与水结合，又能与油结合，这样的物质称为两亲化合物（amphiphile compound）。

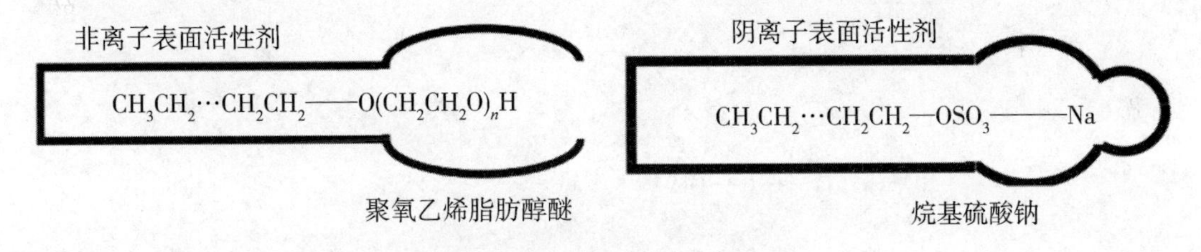


**图 2-1　表面活性剂的分子结构**

表面活性剂的亲水性和亲油性分别由亲水基的亲水性强弱和亲油基的亲油性强弱决定。常见的弱亲水基有醚键、酯键、芳香醚键；强亲水基有羧基、羟基、巯基、酰胺基等；很强的亲水基有磺酸基、氨基、季铵盐、磷酸基等。强亲油基有烷烃基、苯基、烷苯基、萘基、烷基萘、芳基等；弱亲油基有环氧丙烷或环氧丁烷聚合物。亲水性和亲油性强弱达到一种平衡更有利于表面活性剂发挥功能。

## 一、阴离子型表面活性剂

阴离子型表面活性剂（anionic surfactant，anionics）是由离子型的亲水基团和油溶性的亲油基团组成。在水中会离解成带电荷的阴离子，其助剂功能主要是由带负电荷的离子实现的。大部分阴离子表面活性剂是油溶性的，可单用，但大多时候是和非离子或其他阴离子混用，一般不可与阳离子或两性离子混用，用量仅次于非离子型表面活性剂。阴离子型表面活性剂可用作农药的分散剂、乳化剂、润湿剂、渗透剂、喷雾助剂、悬浮助剂和化学稳定剂。

阴离子型表面活性剂主要特点是毒性低、对人畜和生态系统安全；结构应变性能有足够的选择性。主要有亲油基结构变化、亲水基结构及在分子中位置的变化、某些非离子做中间体合成具有非离子型的阴离子、阴离子数目变化。

阴离子型表面活性剂商品（图 2-2）目前有超过 17 大类，数百个产品，主要分为磺酸盐、硫酸盐、磷酸盐 3 类。磺酸盐有农乳 500、渗透剂 BX（拉开粉 BNS）等，硫酸盐主要有硫酸盐化蓖麻油、脂肪醇硫酸盐、脂肪醇聚氧乙烯醚硫酸盐、烷基酚聚氧乙烯醚硫酸盐等，磷酸盐和亚磷酸盐有烷基聚氧乙烯醚亚磷酸酯等。

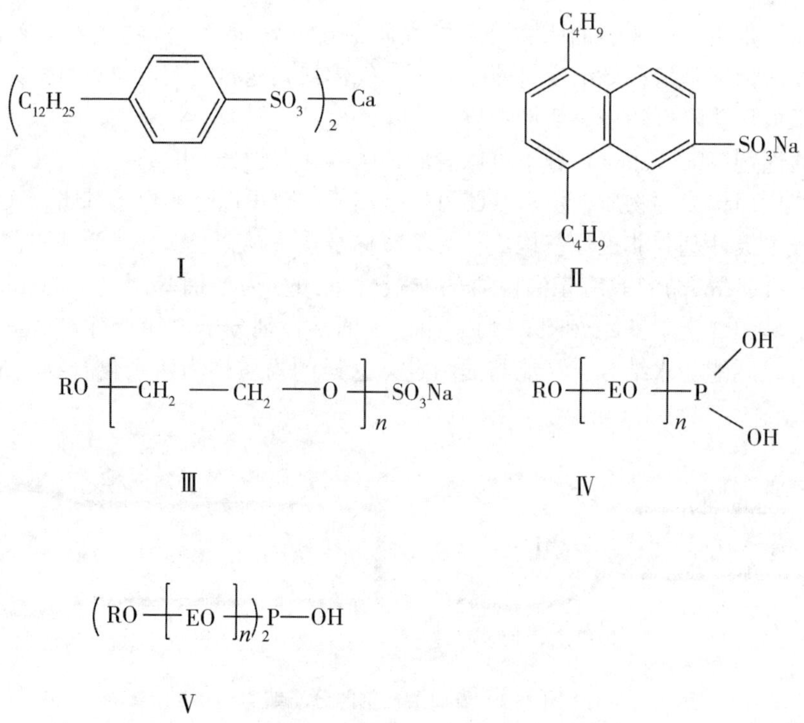

$(C_{12}H_{25}-C_6H_4-SO_3)_2Ca$

Ⅰ

$C_4H_9$, $C_4H_9$, $SO_3Na$

Ⅱ

$RO-[CH_2-CH_2-O]_n-SO_3Na$

Ⅲ

$RO-[EO]_n-P(OH)_2$

Ⅳ

$(RO-[EO]_n)_2P-OH$

Ⅴ

**图 2-2　农药用阴离子表面活性剂的主要产品结构式**

Ⅰ. 农乳 500；Ⅱ. 渗透剂 BX；Ⅲ. 分散剂 FES；Ⅳ. 烷基聚氧乙烯醚亚磷酸甲酯；Ⅴ. 烷基聚氧乙烯醚亚磷酸双酯

## 二、阳离子型表面活性剂

阳离子型表面活性剂（cationic surfactant，cationics）的化学结构由阳离子亲水基和亲油基组成。在水相或油相中可电离成阳离子，起表面活性剂作用的是带有正电荷的阳离子部分，目前产品多是油溶性的。目前有数十种，大部分属于季铵盐和高级烷基胺，主要用作分散剂、乳化剂、喷雾助剂、稳定剂和悬浮助剂。由于特殊、价高，所以目前用量较少。但在一些除草剂中作用突出。可与非离子单体、不同阳离子单体组合使用；

不与阴离子型表面活性剂和两性离子型表面活性剂联用。

常用的产品有烷基季铵盐、含杂原子的烷基季铵盐、烷基苄基季铵盐。如双鲸TC-8和表面活性剂1631-Br等（图2-3）。

$$\left[ R_1 - \overset{R_4}{\underset{R_2}{N^+}} - R_3 \right] X^-$$

Ⅰ

$$\left[ R_1 - \overset{R_4}{\underset{R_2}{N^+}} - CH_2 - C_6H_5 \right]^+ X^-$$

Ⅱ

$$C_{16}H_{33} - \overset{CH_3}{\underset{CH_3}{N^+}} - CH_2Br^-$$

Ⅲ

**图2-3　阳离子型表面活性剂主要产品结构式**

Ⅰ. 烷基季铵盐，Ⅱ. 烷基苄基季铵盐，Ⅲ. 1631-Br

（X-代表氯离子等卤素离子；烷基碳链一般 $C_1 \sim C_{18}$，常用者有甲基、乙基等）

## 三、两性离子型表面活性剂

两性离子型表面活性剂（zwitterionics）属于两性表面活性剂，其正电荷中心N原子是季胺基团中的N原子，表现强碱性。构成甜菜碱结构，在较宽的pH值范围内具有与pH值无关的一价正电荷。

甜菜碱型和磷脂型用作乳化分散剂和喷雾剂。由于造价较高，目前用量小。

（1）甜菜碱型表面活性剂。三甲胺乙内酯助剂，有一系列羧酸型甜菜碱两性表面活性剂，结构见图2-4 Ⅰ和Ⅱ。主要产品有：十二烷基二甲基甜菜碱（两性表面活性剂BS-12），结构式见图2-4 Ⅲ，是无色或浅黄色透明液体，可作为发泡剂使用。

（2）磷脂类两性表面活性剂。卵磷脂（lecithin）及其衍生物。卵磷脂是胆碱磷脂等混合物的统称，它是结合两个脂肪酸残基的甘油酯和一个含有氨基的磷酸酯，结构式见图2-4 Ⅳ和Ⅴ。

两性离子型表面活性剂商品主要是磷脂类两性表面活性剂，主要产品有大豆磷脂，又称卵磷脂、磷脂，是对环境安全的良好农药乳化剂。它是磷脂酰胆碱（卵磷脂）、磷脂酰乙醇胺和磷脂酰肌醇的混合物。

## 四、特殊表面活性剂

1. 高分子型表面活性剂

习惯上把分子量大于2 000u的农药表面活性剂称为高分子型表面活性剂（polymeric

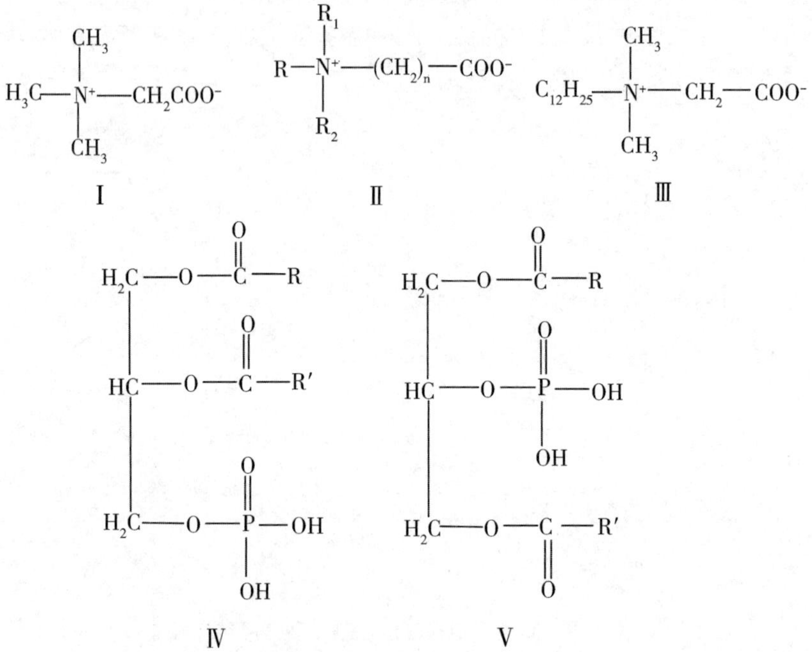

$H_3C-N^+(CH_3)_2-CH_2COO^-$

Ⅰ

$R-N^+(R_1)(R_2)-(CH_2)_n-COO^-$

Ⅱ

$C_{12}H_{25}-N^+(CH_3)_2-CH_2-COO^-$

Ⅲ

$H_2C-O-C(=O)-R$
$HC-O-C(=O)-R'$
$H_2C-O-P(=O)(OH)-OH$

Ⅳ

$H_2C-O-C(=O)-R$
$HC-O-P(=O)(OH)-OH$
$H_2C-O-C(=O)-R'$

Ⅴ

**图 2-4　两性离子型表面活性剂主要产品结构式**

Ⅰ. 三甲胺乙内酯；Ⅱ. 羧酸型甜菜碱；Ⅲ. 十二烷基二甲基甜菜碱；Ⅳ、Ⅴ. 卵磷脂

（其中 $R_1$ 为饱和脂肪酸；$R_2$ 为不饱和脂肪酸）

surfactant）。高分子型表面活性剂已被用作分散剂、乳化剂、润湿剂、润湿分散剂、悬浮助剂、喷雾助剂以及特殊用途助剂。

按高分子型表面活性剂在水溶液中的电离性，分为非离子型和阴离子型。

非离子型：烷基酚、芳烷基酚、烷基芳基酚甲醛缩合物聚氧乙烯醚及其类似品种、聚乙烯醇、聚氧烷烯乙二醇醚。主要产品有农乳 700（图 2-5 I）等。

阴离子型：聚丙烯酸、聚丙烯酸钠、聚丙烯酰胺、烷基酚聚氧乙烯醚甲醛缩合物硫酸盐、萘磺酸甲醛缩合物、黄原酸胶、木质素磺酸盐、羟甲基纤维素。主要产品有烷基酚聚氧乙烯醚甲醛缩合物硫酸钠（SOPA，图 2-5 II）和脱糖木质素磺酸钠（简称：分散剂 M-9）。

2. 生物表面活性剂

指由细菌、酵母菌和真菌等多种微生物生产的具有表面活性剂特征的化合物。微生物在代谢过程中产生的简单脂类、复杂脂类、类脂衍生物存在非极性疏水基团和极性亲水基团，具有表面活性剂的功能。如表 2-1 所示。

一般都具有良好的降低表面张力和界面张力的性能；有些对油—水界面表现出很强的亲和力，从而形成稳定的乳状液，故又称为生物乳化剂。根据亲水基类别分类：糖脂系表面活性剂、酚基缩氨酸系生物表面活性剂、磷脂系表面活性剂、脂肪酸系生物表面活性剂、高分子生物表面活性剂。

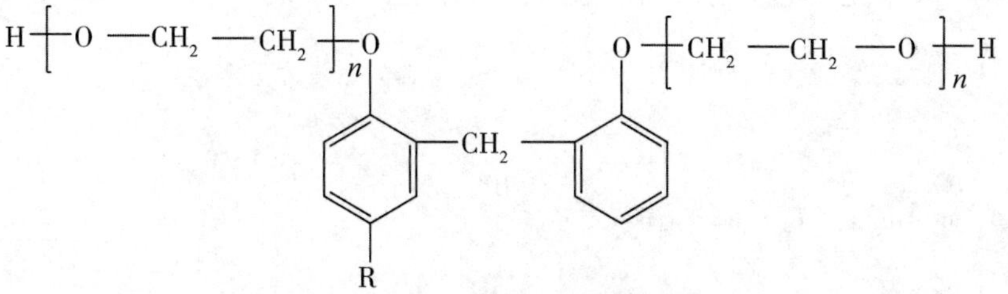

I. R=$C_8 \sim C_9$
Alkyl

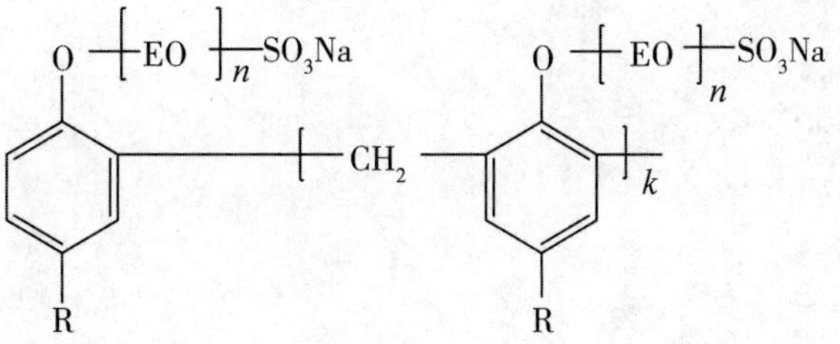

II. R=$C_8 \sim C_9$
Alkyl

**图 2-5　高分子型表面活性剂产品结构**

I. 农乳 700；II. SOPA

**表 2-1　生物表面活性剂的主要种类及微生物来源**

| 生物表面活性剂 | 微生物来源 |
| --- | --- |
| 糖脂 | |
| 鼠李糖脂 | 铜绿假单胞菌（*Pseudomonas aeruginosa*） |
| 海藻糖脂 | 红串红球菌（*Rhodococcus erythropolis*）、灰暗诺卡氏菌（*Nocardia erythropolis*） |
| 槐糖脂 | 球拟酵母（*Torulopsis bombicola*）、茂物假丝酵母（*Candida bigoriensis*） |
| 纤维二糖脂 | 玉米黑粉菌（*Ustilago zeae*） |
| 脂肽 | 地衣芽孢杆菌（*Bacillus licheniformis*） |
| 黏液菌素 | 荧光假单胞菌（*Pseudomonas fluorescens*） |
| 枯草菌脂肽、枯草菌素 | 枯草芽孢杆菌（*Bacillus subtilis*） |
| 短杆菌肽 | 短芽孢杆菌（*Bacillus bervis*） |
| 多黏菌素 | 多黏芽孢杆菌（*Bacillus polymyxa*） |
| 脂肪酸、磷脂 | 氧化硫杆菌（*Thiobacillus thiooxidans*）、红串红球菌（*Rhodococcus erythropolis*） |
| 多聚表面活性剂 | 乙酸钙不动菌（*Acinetobacter caloaceticus*）、热带假丝酵母（*Candida tropicalis*） |

糖脂是一类最主要的生物表面活性剂，品种主要有：鼠李糖脂、海藻糖脂、槐糖脂等（图 2-6）。

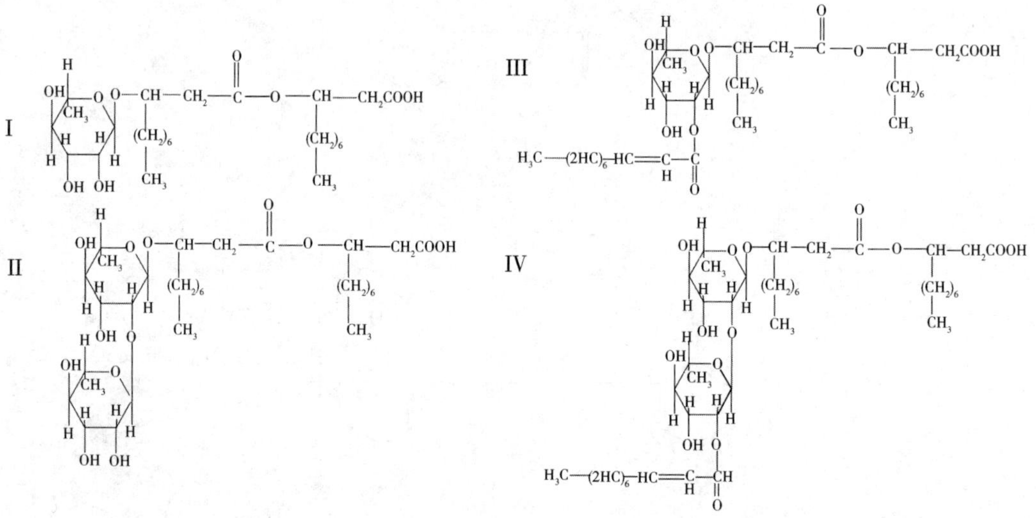

图 2-6 鼠李糖脂的分子结构式

3. 天然产物表面活性剂

属于混合物，成本低，效果好。有皂素、亚硫酸纸浆废液、动物废料的水解物等。

# 第三节 农药助剂的种类

## 一、乳化剂

农药乳化剂（agrochemical emulsifier，pesticide emulsifier）是制备农药乳状液（emulsion），并保证其处于最低稳定状态所使用的物质。液珠直径一般大于 0. 1μm。

按照化学结构，农药乳化剂分为非离子型、阴离子型、阳离子型、两性离子型。按照组成，农药乳化剂可分为单体乳化剂、复配乳化剂。

### （一）非离子型乳化剂

在水溶液中不能电离而起乳化作用的表面活性剂，起表面作用的是整个分子或分子群体。分为：醚型、酯型、端羟基封端型和其他类型。

（1）醚型非离子型乳化剂，包括：

①烷基酚聚氧乙烯醚类，如壬基酚聚氧乙烯醚（图 2-7）和辛基酚聚氧乙烯醚（图 2-8）。

②烷基酚聚氧乙烯聚氧丙烯醚（图 2-9）。

③苄基酚聚氧乙烯醚及类似品种，如二苄基苯酚聚氧乙烯醚（图 2-10）。

④苄基联苯酚聚氧乙烯聚氧丙烯醚。

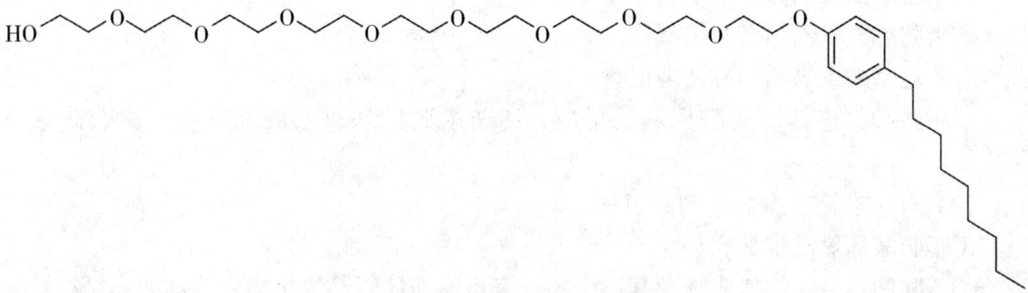

图 2-7　壬基酚聚氧乙烯醚

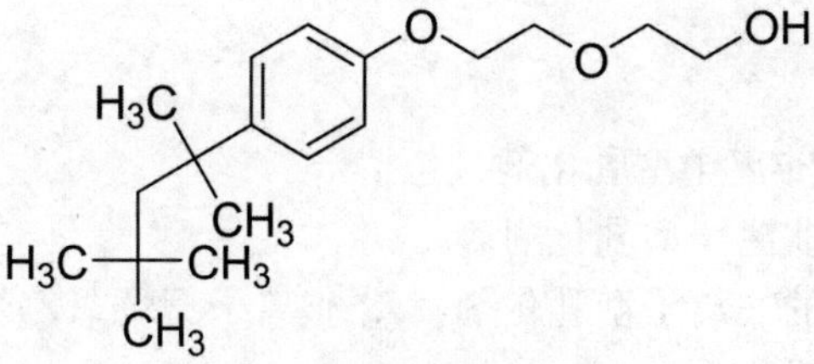

图 2-8　辛基酚聚氧乙烯醚

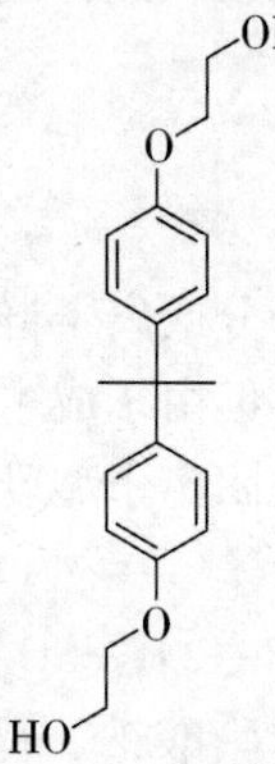

图 2-9　聚氧乙烯醚的分子结构式

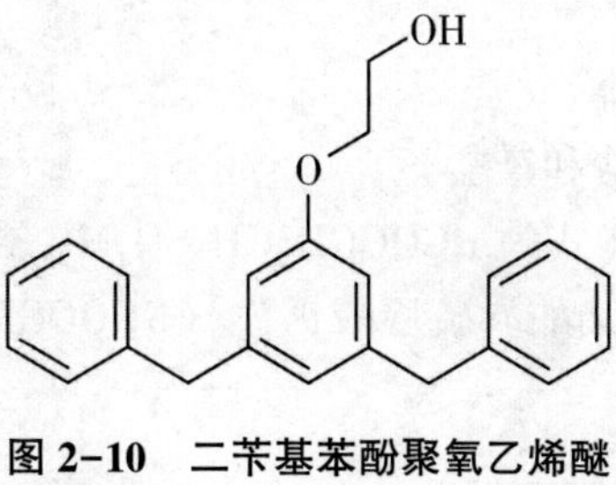

图 2-10　二苄基苯酚聚氧乙烯醚

⑤苄基酚聚氧乙烯聚氧丙烯醚。

⑥苯乙基酚聚氧乙烯醚及类似品种。

⑦脂肪醇聚氧乙烯醚及类似物。

⑧苯乙基酚聚氧乙烯醚及类似物。

⑨脂肪胺，包括脂肪胺聚氧乙烯醚、脂肪酰胺的环氧乙烷加成物、季铵盐烷氧化物。

（2）酯型非离子型乳化剂，包括：

①脂肪酸环氧乙烷加成物。

②蓖麻油环氧乙烷加成物及其衍生物，有蓖麻油环氧乙烷化物、蓖麻油聚氧乙烯聚氧丙烯醚、By 乳化剂的衍生物。

③松香酸环氧乙烷加成物及类似物。

④多元醇。

⑤丙三醇。

（3）端羟基封闭型非离子型乳化剂，包括：

①对称结构封端的非离子型乳化剂。

②不对称结构封端的非离子型乳化剂：a. 非离子型环氧乙烷加成物；b. 非离子型环氧乙烷和环氧丙烷加成物。

（4）其他结构的非离子乳化剂，包括：

①烷基酚、芳基酚或芳烷基酚聚氧乙烯醚，或聚氧乙烯醚甲醛缩合物。

②聚氧乙醚聚氧丙烯嵌段共聚物。

### （二）阴离子型乳化剂

在水溶液中电离成带负电荷离子部分或离子群体而起乳化作用的表面活性剂。阴离子乳化剂作用远弱于非离子型乳化剂。但由于成本优势，大多数乳化剂属于此类，如烷基苯磺酸盐，尤其是烷基苯磺酸钙盐。阴离子型乳化剂分硫酸盐和磺酸盐两类，主要有10 种。

（1）烷基苯磺酸盐。结构通式是 $R-C_6H_6-SO_3M$，根据式中 M 的差异，常用有 4 个品种，分别为烷基苯磺酸钙盐，烷基苯磺酸钠、锌、钡、镁、铝等，烷基苯磺酸胺盐，烷基苯磺酸中性盐。

（2）烷基磺酸盐。比烷基苯磺酸钙（alkyl benzene sulfonate-Ca，ABS-Ca）的植物毒性低，不易产生药害。

（3）烷基丁二酸酯磺酸盐。

（4）烷基萘磺酸盐（钙盐和镁盐）。

（5）异硫逐酸盐，其结构式为 $RCOOCH_2CH_2SO_3M$。式中，R 为 $C_7 \sim C_{21}$的烷基、烷烯基，M 为 Ca、Mg。产品有油酸异硫逐酸钙［$(RCOOCH_2CH_2SO_3)_2Ca$］等。

（6）脂肪酰胺牛磺酸盐。

（7）脂肪酰胺肌氨酸盐。

（8）苯乙基酚醚硫酸盐。

（9）烷氧基聚氧乙烯醚磺酸盐。

（10）烷基二苯醚磺酸盐。

### （三）硫酸盐阴离子型乳化剂

硫酸盐阴离子型乳化剂，重要的种类是以下四类：

（1）脂肪醇硫酸盐，通式 $ROSO_3M$，M 为碱金属，脂肪醇以月桂醇为代表。

（2）脂肪醇聚氧乙烯醚硫酸盐。

（3）烷基酚聚氧乙烯醚硫酸盐。

（4）芳烷基聚氧乙烯醚硫酸盐及类似品种。

### （四）磷酸酯、亚磷酸酯型阴离子型乳化剂

这是单体乳化剂中很重要的一类，常见的有：

（1）烷基磷酸酯及其类似品种。

（2）脂肪酸聚氧乙烯醚磷酸酯。

（3）烷基聚氧乙烯醚磷酸酯和烷基聚氧丙烯醚磷酸酯。

（4）烷基酚聚氧乙烯醚磷酸盐及类似品种。

（5）芳烷基酚聚氧乙烯醚磷酸酯及类似品种。

（6）亚磷酸酯类乳化剂。

### （五）复配型乳化剂

复配乳化剂（blended emulsifier）是指为特定应用目的而专门设计的两种或两种以上的表面活性剂单体，经过一定的加工工艺制得的复合物。为产品应用性能和安全，除乳化剂单体之外，常需要加溶剂、稳定剂等辅助成分。复配乳化剂基本复配形式有两种：一种由一类表面活性剂组成，一种非离子、两种或两种以上非离子、一种或多种阴离子、两性离子；另一种由两类表面活性剂组成：阴离子与一种非离子、阴离子与两种或两种以上非离子、一种或多种阴离子、一种或多种阳离子、两性离子。

生产上很少使用由一类表面活性剂组成的乳化剂，两种或两种以上的复配乳化剂使用最多。可细分为二元、三元和多元复配剂。但常用适用对象差异分类：专用乳化剂（表 2-2）、多种有机磷泛用乳化剂（表 2-3）、亲水亲油型乳化剂（表 2-4）。

**表 2-2　专用农药乳化剂产品**

| 编号 | 商品名 | 类型 | 应用对象（乳油） |
|---|---|---|---|
| 1 | 农乳 0202、农乳 0202C | 非-阴 | 50%、80%马拉硫磷 |
| | T-MULZ Mal-lsToximul 425 | 非-阴 | 4~6lb/gal 马拉硫磷 |
| | Toximul 425、Toximul 475 | 非-阴 | 4~8lb/gal 马拉硫磷 |
| 2 | 农乳 0206、农乳 0206B | 非-阴 | 50%甲基对硫磷 |
| | Geronol MP/3 | 非-阴 | 50%甲基对硫磷 |
| 3 | 农乳 1114 | 非-阴 | 50%杀螟硫磷 |

（续表）

| 编号 | 商品名 | 类型 | 应用对象（乳油） |
|---|---|---|---|
| | Agrisol P-309 | 非-阴 | 50%杀螟硫磷 |
| 4 | 农乳 0202、农乳 0204C | 非-阴 | 40%、50%乐果 |
| | 农乳 1102 | 非-阴 | 40%、50%乐果 |
| | Emulsogen 120 | 非-阴 | 40%、50%乐果 |
| 5 | 农乳 0203、农乳 0203C | 非-阴 | 50%、80%敌敌畏 |
| 6 | Agrisol P-319A | 非-阴 | 20%氯氰菊酯 |
| 7 | 农乳 6206、农乳 6202B | 非-阴 | 20%三氯杀螨醇 |
| | 农乳 656 K | 非-阴 | 20%三氯杀螨醇 |
| 8 | 农乳 8201 | 非-阴 | 20%敌稗 |
| | Toxanon HC | 非-阴 | 20%、25%、35%敌稗 |
| 9 | 农乳 3204 | 非-阴 | 30%、40%稻瘟净 |
| | Sorpol 3105 | 非-阴 | 40%稻瘟净 |
| 10 | 农乳 2107 | 非-阴 | 50%、90%杀草单 |
| 11 | 农乳 8203 | 非-阴 | 48%弗乐灵 |

注：1 lb/gal = 119. 83g/L

**表 2-3 有机磷泛用乳化剂**

| 编号 | 商品名 | 类型 | 应用对象 |
|---|---|---|---|
| 1 | 农乳 0201 | 非-阴 | 对硫磷、辛硫磷等 |
| 2 | 农乳 0201B | 非-阴 | 对硫磷、辛硫磷等 |
| 3 | 农乳 0203、农乳 0203B | 非-阴 | 甲胺磷、氧化乐果等 |
| 4 | 农乳 650 | 非-阴 | 甲基对硫磷、杀螟硫磷等 |
| 5 | 农乳 0204、农乳 0204C | 非-阴 | 甲胺磷、乐果、乙酰甲胺磷 |
| 6 | Agrimul A-350 | 非-阴 | 多种有机磷 |
| 7 | Agrimsol P302 | 非-阴 | 杀螟硫磷、马拉硫磷等 |
| 8 | Agrimul 88 | 非-阴 | 对硫磷、甲基对硫磷等 |
| 9 | Berol EMU 925 | 非-阴 | 对硫磷、马拉硫磷等 |
| 10 | Drynol E/116 | 非-阴 | 多种有机磷 |
| 11 | EM2A | 非-阴 | 对硫磷、马拉硫磷等 |
| 12 | Emulsogen IT | 非-阴 | 对硫磷、马拉硫磷、甲基对硫磷、二嗪农 |
| 13 | HOE S2435 | 非-阴 | 对硫磷、马拉硫磷、甲基对硫磷、二嗪农 |

（续表）

| 编号 | 商品名 | 类型 | 应用对象 |
|---|---|---|---|
| 14 | Hymal PP-2 | 非-阴 | 对硫磷、马拉硫磷、甲基对硫磷、杀螟硫磷 |
| 15 | Newkalgen 2001-Y | 非-阴 | 对硫磷、杀螟硫磷、异稻瘟净、马拉硫磷、倍硫磷等 |
| 16 | Paracol EX | 非-阴 | 对硫磷、杀螟硫磷等 |
| 17 | Sanimal M | 非-阴 | 二嗪磷、倍硫磷等 |
| 18 | Sorpol LT-1200 | 非-阴 | 对硫磷、甲基对硫磷、倍硫磷、杀螟硫磷等 |
| 19 | Soitem 101、Soitem 251 | 非-阴 | 乐果、马拉硫磷等 |
| 20 | Sponto 140T | 非-阴 | 马拉硫磷、对硫磷等 |
| 21 | T-Mulz | 非-阴 | 多种有机磷 |
| 22 | Tensiofix B7435 | 非-阴 | 甲基对硫磷等 |
| 23 | Toxanon 905 | 非-阴 | 对硫磷、杀螟硫磷、乐果、二嗪磷、倍硫磷、马拉硫磷 |
| 24 | Triton X-150 | 非-阴 | 多种有机磷类 |

**表 2-4　亲水亲油型（H/L 型）复配乳化剂组成类型**

| 编号 | 商品名 | | 类型 |
|---|---|---|---|
| | 亲油型 | 亲水型 | |
| 1 | 农乳 656L | 农乳 656H | 非-阴 |
| 2 | 农乳 657L | 农乳 657H | 非-阴 |
| 3 | 农乳 1656L | 农乳 1656H | 非-阴 |
| 4 | Agrimul A-300 | Agrimul B-300 | 非-阴 |
| 5 | Agrisol P-300 | Agrisol B-300 | 非-阴 |
| 6 | Armul 33 | Armul 22 | 非-阴 |
| 7 | Atlox 3404 F | Atlox 3403 F | 非-阴 |
| 8 | Berol 947 | Berol 948 | 非-阴 |
| 9 | Emulsogen ITL | Emulsogen IT | 非-阴 |
| 10 | Emulsogen AT | Emulsogen BT | 非-阴 |
| 11 | Flo Mo 1X | Flo Mo 2X | 非-阴 |
| 12 | Hymal 250L | Hymal 250H | 非-阴 |
| 13 | Newkalgen 1515-2L | Newkalgen 1515-2H | 非-阴 |
| 14 | Paracol L | Paracol H | 非-阴 |
| 15 | Polyfac 701 | Polyfac 702 | 非-阴 |
| 16 | Sanimal ACL | Sanimal ACH | 非-阴 |

（续表）

| 编号 | 商品名 | | 类型 |
|---|---|---|---|
| | 亲油型 | 亲水型 | |
| 17 | Soitem 520 | Soitem 101 | 非-阴 |
| 18 | Sorpol L-550 | Sorpol H-770 | 非-阴 |
| 19 | Sponto 232 | Sponto 234 | 非-阴 |
| 20 | T-Mulz L | T-Mulz H | 非-阴 |
| 21 | Tensiofix AS | Tensiofix BS | 非-阴 |
| 22 | Toxanon P8L | Toxanon P8H | 非-阴 |
| 23 | Toximul R | Toximul S | 非-阴 |
| 24 | Triton X-700 | Triton X-800 | 非-阴 |

## 二、润湿剂和渗透剂

润湿剂（wetting agent）是一类能降低液—固界面张力，增加液体对固体表面的润湿和扩展的物质。润湿剂具有促进液体在固体表面润湿和展布的作用，又称湿展剂。渗透剂（penetrating agent）是一类能促进农药组分渗透进入处理对象内部的润湿剂。

润湿剂和渗透剂往往也是农药的表面活性剂。部分溶剂也有渗透性，但不称为渗透剂。渗透剂是润湿剂的一类，润湿剂常常也具有渗透作用，但两者本质不同：润湿剂的作用实质是加速液—固界面接触和增加接触面积；渗透剂的作用是增加或促进液体进入固体内部，润湿性和渗透性是农药加工和应用中必须具备的功能。

大部分润湿剂在固体表面干涸后，遇水或液体具有被再润湿的性质。一般会加入超量满足原药和填料润湿以外的润湿剂，以降低药剂稀释液的表面张力，增加药液对处理表面的润湿、扩展、渗透。

润湿剂对固体表面的润湿效力称为润湿效率（wetting efficiency）。以润湿剂在液体中能百分之百地润湿处理表面时所必需的最低平衡浓度 m/v（表示质量/体积，以%表示）。每种润湿剂对某种固体表面均有特定的润湿效率。同一种润湿剂对不同的处理表面上的润湿力一般存在很大差异。所以要选对多种叶片有润湿性的润湿剂。

润湿作用取决于在动态条件下，药液表面张力的有效降低。当药液喷雾到叶片或昆虫表面，药液的表面活性剂分子应该能迅速扩散到液体和被润湿表面的移动界面上，并使液体的表面张力降低到一定的要求。

润湿剂多为非离子型和阴离子型，非离子型一般为高分子化合物。分子相对较小的润湿剂比分子较大的润湿性要好，亲油基带支链的较不带支链的要好。

每一种非离子型润湿剂都有一个最佳的 EO（氧乙烯）加成数，EO 链太短水溶性差，难发挥润湿和渗透作用；EO 链太长，亲水性太强，不利于分子在液体中向界面扩散。若分子中有两个亲水基，一般将第二个亲水基引向第一个亲水基的对位。

影响润湿和渗透作用的因素：润湿剂和渗透剂的性质及它们在液体中的浓度，液体本身的温度、黏度、液体中的电解质含量，以及处理表面的性质。高浓度的电解质会降低离子型润湿剂的渗透作用和润湿作用。

农药润湿剂和渗透剂种类很多，根据来源分天然和人工合成两大类。

（1）天然润湿剂和渗透剂。利用天然物质作为可湿性粉剂、固体乳剂、粒剂、乳油等剂型作为农药润湿剂和渗透剂。主要品种：皂素、亚硫酸纸浆废液、动物废料的水解物。

（2）人工合成润湿剂和渗透剂。人工合成润湿剂和渗透剂包括烯烃磺酸盐、二烷基丁二酸酯磺酸钠、烷基苯磺酸金属盐和铵盐、烷基酚聚氧乙烯醚硫酸盐、脂肪醇硫酸盐、烷基萘磺酸盐、脂肪醇、脂肪酰胺N-甲基牛磺酸盐、脂肪醇聚氧乙烯醚硫酸钠、脂肪酸或脂肪酸酯硫酸钠。

除此之外，还有木质素磺酸钠也被广泛使用。

## 三、分散剂

分散剂（dispersant）是一类能降低分散体系中固体或液体粒子聚集的物质，农药产品实际上是含有农药有效成分的分散体系。农药粒子分散性好则悬浮性就好，质量就高。乳化剂也是一种分散剂。分散剂的种类以及用量是影响农药和载体分散性的重要因素之一。

农药分散剂主要分为水介质中的分散剂和有机介质中的分散剂。

### （一）水介质中的分散剂

指以水作为介质的农药分散剂。水基化发展带来这种分散剂的用量需求增大。水介质中的分散剂有阴离子型分散剂和非离子型分散剂。

（1）阴离子型分散剂，包括：

①烷基萘磺酸盐，以钠盐为主，分为单烷基萘磺酸盐。

②双（烷基）萘磺酸盐甲醛缩合物（钠盐）。

③萘磺酸甲醛缩合物钠盐。

④烷基或芳烷基萘磺酸甲醛缩合物钠盐。

⑤甲酚磺酸。

⑥石油磺酸钠。

⑦烷基苯磺酸钙及其他盐。

⑧N-甲基脂肪酰基-牛磺酸钠盐。

⑨有机磷酸酯类。包括烷基磷酸酯类（单酯、双酯和三酯）。

⑩烷基酚聚氧乙烯醚磷酸酯（单酯和双酯）；烷基酚聚氧；双烷基酚聚氧乙烯醚磷酸酯。

⑪烷基酚聚氧乙烯醚甲醛缩合物硫酸盐。如国产SOPA。

（2）非离子型分散剂，包括：

①烷基酚聚氧乙烯醚，烷基包括辛基、壬基、十二烷基，以壬基居多。

②脂肪胺聚氧乙烯醚和脂肪酰胺聚氧乙烯醚。

③脂肪酸聚氧乙烯醚。

④甘油脂肪酸酯聚氧乙烯醚。

⑤植物油（蓖麻油）环氧乙烷加成物及其衍生物。

⑥乙二胺聚氧乙烯聚氧丙烯醚。

⑦环氧乙烷—环氧丙烷嵌段共聚物。

⑧烷基酚聚氧乙烯醚甲醛缩合物。

⑨烷基酚聚氧乙烯聚氧丙烯醚。

### （二）有机介质中的分散剂

（1）用于无机离子的分散剂。包括各类脂肪酸钠盐，常用的如月桂酸钠盐、硬质酸钠盐、磺酸盐、长碳链的胺类化合物（如伯胺类、仲胺类、季胺类及醇胺类）。还有长碳链醇类和有机硅类。

（2）用于有机粒子的分散剂。主要包括各种非离子型表面活性剂、各种长碳链胺类。以聚氧乙烯做亲水基的吐温类、Span 类。近年又开发出分子质量极高的新型聚合物分散剂，即聚合梳齿表面活性剂。聚合梳齿表面活性剂都有很长的疏水主链，主链与环氧乙烷相连形成梳齿或耙齿。分子量高于 20 000u。由于结合位点多，聚合梳齿表面活性剂与农药粒子的吸附力强，分散性好。

## 四、溶剂和助溶剂

农药溶剂（solvent）是用来溶解和稀释农药有效组分的液体化合物，包括在农药制剂加工和应用过程中使用的溶剂、液体稀释剂或载体。主要用于乳油制备。通常不包括水合农药合成过程中所用的溶剂。助溶剂（co-solvent）又称为共溶剂，是辅助性溶剂，用量不多，往往有特殊作用和专用性，主要用于乳油、乳化剂等加工和农药新剂型的研制和生产。

农药溶剂另外还用于农药新技术，如超低容量（ULV）和静电喷雾技术的需要，需要的新型溶剂有安全的非芳烃类溶剂。在非表面活性剂农药助剂中，除了填料和载体外，溶剂是用量最大的、应用最广的一类。除大部分液体制剂（乳油、水乳剂、悬浮剂）需要溶剂，某些固体制剂（乳粉剂、粒剂、干悬剂、水分散粒剂、可湿性粉剂等）也需要溶剂和助溶剂。

大多数农药助剂是工业有机溶剂。根据化学结构分为烃类、醇类、酯类、酮类、醚类等；根据来源可分为天然来源和人工合成。天然来源主要是石油产品和动植物产品的溶剂。

### （一）溶剂的主要品种

（1）常规溶剂，包括：

①芳烃类：苯、甲苯、二甲苯、萘、各种烷基萘、重芳烃等高沸点烃。

②脂肪烃、脂环芳烃类：煤油、白油、机油、柴油、液体石蜡和重油及异构石

蜡油。

③醇类：一元醇、多元醇、脂肪醇。

④酯类：蓖麻油甲酯、醋酸甲酯及芳香酸酯类的邻苯二甲酸酯。

⑤酮类：环己酮、甲乙酮和丙酮等。

⑥醚类：单醚，如乙二醇醚、丙二醇醚等。

⑦卤代烷烃类：如二氯甲烷、三氯甲烷等。

⑧植物油类：如菜籽油、棉籽油、豆油、向日葵油和松节油等。

⑨混合溶剂：上述溶剂的混合物。

（2）特种溶剂。主要是醚类、酮类，人工合成的为主，包括：

①酮类：异佛尔酮（Isophorone）、吡咯烷酮、N-甲基吡咯烷酮、2-吡咯烷酮、环己酮、甲基异丙基酮、不饱和脂肪酮。

②醚类：甲基乙二醇醚、乙基乙二醇醚、丁基乙二醇醚、石油醚等；还有：二甲基甲酰胺（DMF）、二甲亚砜（DMSO）等。

### （二）溶剂的作用

溶剂在农药使用中的主要作用有：

（1）改善和提高使用时在水中的分散度，利于均匀施药。

（2）增加或改变农药的使用途径。

（3）降低对哺乳动物的毒性、减少或消除臭味。

（4）减轻对植物可能产生的药害。

（5）控制或延缓喷施雾滴的过快蒸发，减少飘移和污染。

（6）增强制剂的展布、润湿和渗透作用，利于药效发挥。

## 五、载体

载体，即吸附性能强的硅藻土、凹凸棒土、白炭黑、膨润土等一般可用于制造高浓度粉剂、可湿性粉剂或颗粒剂基质，通常称为载体（carrier）。

具有低的和中等吸附能力的滑石、叶腊石、黏土类物质一般用于制造低浓度粉剂，称为稀释剂（diluent）或填充剂（filler）。

载体和填充剂都是荷载或稀释农药的惰性成分，本书统称载体。

### （一）载体的种类

载体按照其组成和结构分为无机载体和有机载体；按其来源分为矿物类载体、植物类载体、合成载体三大类。

（1）矿物类载体，分以下几类：

①单质类。如硫黄。

②硅酸盐类。如黏土类的坡缕石族（凹凸棒土、海泡石、坡缕石）、高岭石族（蠕陶土、地开石、高岭石、珍珠陶土等）、蒙脱石族（贝得石、蒙脱石、囊脱石、皂石）。

③硅酸盐类。如伊利石族（云母、蛭石）、叶蜡石、滑石。

④碳酸盐类。如方解石、白云石。

⑤硫酸盐类。如石膏（主成分 $CaSO_4$）。

⑥氧化物类。如生石灰（CaO）、镁石灰、硅藻土、硅藻石。

⑦磷酸盐类。如磷灰石。

⑧未定性的浮石。

（2）植物类载体。包括柑橘渣、玉米棒芯、谷壳粉、稻壳、大豆秸粉、烟草粉、胡桃壳、锯末粉等。

（3）合成载体。主要有沉淀碳酸钙水合物、沉淀碳酸钙、沉淀二氧化硅水合物等无机物和一些有机物。

以上几类中，以硅酸盐类使用最广泛，特别是硅藻土、凹凸棒土、膨润土、白炭黑、高岭石、滑石粉以及轻质碳酸钙。

## （二）主要载体

1. 硅藻土

硅藻土（diatomite）是一种生物成因的硅质沉积岩，主要是由古代硅藻的硅质遗体组成。单个硅藻由两半个细胞壁（又称为荚片）封闭一个活细胞而构成的。硅藻从周围环境中吸收硅并沉积在荚片上，当硅藻死后有机物质分解，留下的硅壳沉入海底，随着地质的变迁，上升到陆地上的很多硅沉积物就形成了今天的硅藻土。硅藻土矿的化学成分可用 $SiO_2 \cdot nH_2O$ 表示，矿石组分中以硅藻土为主，其次是黏土矿、矿物碎屑及有机质。

硅藻土的物理化学性质随着产地和纯度不同而有所变化。纯净的硅藻土一般是白色、土状。含杂质时，通常被铁的氧化物或有机质污染呈灰白、灰、绿以至黑色，一般有机质含量越高，颜色越深。大多数硅藻土质轻、多孔、固结差、易于粉碎，摩氏硬度仅为1~1.5，但硅藻骨骼微粒硬度较大，达4.5~5.0。硅藻土具有很多微孔，孔隙率很大，对液体的吸附能力很强，一般能吸收等于其自身重量1.5~4.0倍的水。

2. 凹凸棒石黏土

凹凸棒石黏土（attapulgite）是以凹凸棒石矿物为特征组分的黏土，简称凹凸棒土。凹凸棒石具有链状和过渡型结构，由两层硅氧四面体夹一层镁（铝）氧八面体构成一个基本单元。结晶呈纤维状，故也称为纤维石族。纯净的凹凸棒土在显微镜下为无色透明、杂乱交织的纤维状集合体。晶体长2~3μm。凹凸棒石黏土呈浅灰色、灰白色、贝壳状断口，土状或蜡状光泽，有时呈丝绢光泽，干燥环境下性脆硬，具有较强的吸水性。显微镜下多为粉沙泥质结构、显微束状结构、含碎鳞显微结构及显微鳞纤交织结构。单位质量的凹凸棒石黏土所具有的表面积称为比表面积，市售凹凸棒石的比表面积可达 $210m^2/g$。凹凸棒石黏土独特的结构和大的比表面积，使它具有极强的吸附能力，有的能迅速吸收占其自身质量200%的水。

3. 膨润土

膨润土（montmorillonite）是一种天然土状矿物，火山凝灰岩或火山岩玻璃状熔岩经自然风化而成。膨润土主要组分是蒙脱石，蒙脱石的结构决定了膨润土的性质和应用。蒙脱石为细小鳞片状，具油脂光泽、有滑腻感。颜色为黄色或黄绿色，含杂质多时可呈灰紫、黄褐、褐色。膨润土的莫氏硬度为2~2.5，密度为2.0~2.8g/$cm^3$。

4. 海泡石

海泡石（sepiolite）色浅质轻（淡白色、灰白色），能浮于海水面上，形似海的泡沫。海泡石中的$Mg^{2+}$被$Al^{3+}$、$Ni^{3+}$等离子交换成类质同晶的铁海泡石、铝海泡石、镍海泡石和多水海泡石。

海泡石是一种富镁的纤维状黏土矿物，含水硅酸镁，属于2∶1层型，所以称之为链状结构的假单层状矿物。海泡石的单元层孔洞可以加宽到0.38nm×0.98nm，最大者可达到0.56nm×1.10nm，可容纳更多水分子（沸石水）。海泡石的三维立体键结构和Si—O—Si键把细链拉在一起，使其具有一向延长的特殊晶体，海泡石的$Al_2O_3$/MgO比值低到0.05~0.043。

5. 沸石

天然沸石（zeolite）是地壳岩石圈深度不超过7.5km的近地表部分的标准矿物，铝硅酸盐。沸石常与膨润土、珍珠岩等构成的复合矿层密切伴生。河北省围场县为目前我国境内已发现的沸石储量最高的地区，沸石储量20亿t以上。

沸石是呈架状结构的多孔性含水铝硅酸盐晶体。沸石骨架结构中的基本单元是4个氧原子和1个硅（或铝）原子堆砌而成的硅（铝）氧四面体。硅氧四面体和铝氧四面体再逐级组成单元环、双元环、笼（结晶多面体）构成三维空间的架状构造沸石晶体（图2-11），因此沸石又叫分子筛。

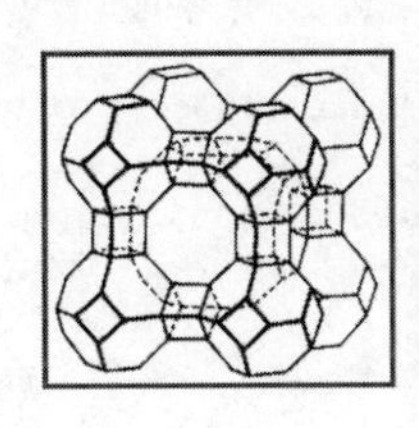
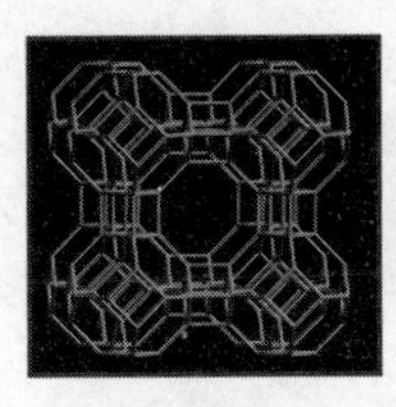
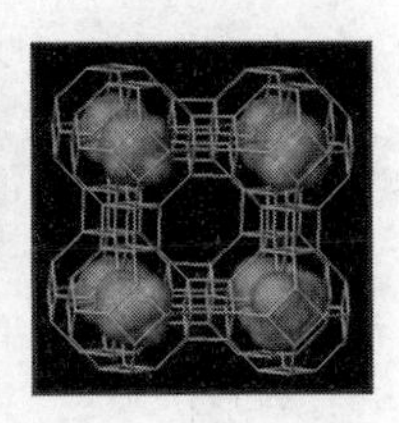

**图2-11　沸石的结构示意**

6. 高岭土和陶土

高岭土的矿物晶体结构由一个硅氧四面体层和一个氢氧铝石八面体构成，纯净的高岭土为白色。

陶土（argil）成分复杂，主要矿物成分为高岭土、小云母、蒙脱石、石英和长石等。密度、含沙量、硬度、吸附性和颜色均不相同。通常为黄色、灰色。陶土常用作低浓度粉剂的载体，含沙量少、吸附能力高的可作可湿性粉剂的载体。

7. 合成载体

有白炭黑和轻质碳酸钙。

8. 植物类载体

如甘蔗渣、玉米芯、谷壳粉、稻壳、大豆秸粉、烟草粉、胡桃壳粉、锯末、碱木质素、木质素等。

9. 复合载体

两种或两种以上的载体配合而成的载体称为复合载体。复合载体可以让其各自存在的相异或相反的内在活性相互削弱，降低对药剂的分解作用。农药用载体本身就不纯，是多种矿石成分的混合物，矿石载体都是有一种主成分的复杂混合物。

## 六、稳定剂

农药稳定剂（stabilizer）指能防止或延缓农药制剂在储运过程中有效成分分解或物理性能劣化的助剂。主要功能是保持和增强产品性能的稳定性，保证在有效期内各项指标符合要求。

农药稳定剂包括物理稳定剂和化学稳定剂。物理稳定剂主要有防结晶剂、抗絮凝剂、抗沉降剂、抗硬水剂、抗结块剂；后者主要有防分解剂、减活化剂、抗氧化剂、防紫外线辐照剂和耐酸碱剂等。它们主要是保持和增强产品的化学性能，防止或减缓有效成分的分解。

## 七、其他助剂

其他助剂还有增效剂、抗泡剂和消泡剂、黏度调节剂、掺和剂、展着剂、防飘移剂。

# 第三章　农药剂型

未经加工的化学合成的高纯度化合物称为原药，固体的原药称为原粉，液体的原药称为原油。除少数品种可溶于水能够直接喷洒外，其余大多数农药的原药因不溶于水或难溶于水，不能直接对水使用。因此，必须经过加工，改善其物理性状，提高其分散性方可使用。经过加工的农药称为农药制剂。农药制剂中包括农药有效成分及各种助剂。经加工而成的农药制剂的形态简称剂型。

## 第一节　固体制剂

固体制剂是指物理状态为固态的农药剂型，一般由有效成分、载体、助剂经混合、粉碎等工艺加工成型，载体在这类剂型中占有重要地位，通常使用袋装。固体制剂包括粉剂、可湿性粉剂、可溶性粉剂、粒剂、水分散粒剂、泡腾片、烟剂等。施用方式可以喷粉、喷雾、放烟、灌根等。由于这类剂型为固体，包装、贮藏、运输等方便，且该类剂型不使用有机溶剂，对环境的负面效应小，因此被认为是理想的农药剂型。

### 一、粉剂

粉剂（dusts）是由原药、填料和少量助剂经混合、粉碎至一定细度再混匀而制成的一种常用剂型。粉剂可以直接喷粉，使用方便；药粒细，分散度大；撒布效率高，节省劳动力，尤其适合水源供应困难地区和对暴发性病虫草害的防治。

粉剂是农药加工剂型中最早的一类，起源于20世纪30年代末期。到了20世纪70年代初期随着环境保护要求的提高，粉剂的生产呈下降趋势。

#### （一）粉剂的种类

按细度大小，粉剂可分为一般粉剂、无飘移粉剂、超微粉剂三大类。也可以分为：浓粉剂和田间浓度粉剂。

一般粉剂，也称通用粉剂或粉剂，其粉粒细度平均直径10~30μm。一般粉剂中10μm以下易飘移粉粒占有相当大的比例，因此一般粉剂飘移较严重，现已逐渐被其他粉剂或剂型所代替。

无飘移粉剂，即不飘移或飘移少的粉剂。粒径平均为20~30μm，是将10μm以下微粒以机械筛除或加入聚凝剂如液体石蜡、淀粉糊等，将其凝结以减少飘移。

超微粉剂，是在由吸油率高的矿物微粉和黏土微粉所组成的填料中加入原药（原药添加量约为普通粉剂的10倍）混合后，再经气流粉碎机粉碎到5μm以下的一种粉剂。撒布时粒子不凝集，以单一颗粒在空中浮游、扩散，然后均匀地附着在植株各个部位，因而防效好。此外，超微粉剂不需加热，受热易分解的农药可加工成这种制剂。超微粉剂可用常用的背负式动力喷粉机从户外向室内喷粉，具有施药简单、省时，对使用者安全等优点。但这种粉剂易飘移，只能用于密闭的温室。

### （二）粉剂的特点

1. 粒度与药效

粉剂的粒度通称为细度。粉剂的细度通常以能否通过某一孔径的筛目表示。杀虫剂或杀菌剂的粉剂在使用时无论是喷粉或泼浇，粉粒的大小和分布对其效果都有显著的影响。在一定粒径范围之内，原药粉碎愈细，生物活性愈高。如触杀性杀虫剂的粉粒愈小，则每单位质量的药剂与虫体接触面积愈大，则触杀效果愈强；在胃毒药剂中，药粒愈小愈易被害虫所吞食。但由于药粒过细，有效成分挥发加速，使药剂的持效期大为缩短，喷粉时容易飘移或容易从防治的面积上被风吹走而污染环境，反而会降低药效。所以，在确定粉剂的细度时，要根据原药的特性，选择合适的粒径，以便充分发挥药效。

2. 流动性

粉剂的流动性常以坡度角表示，一般要求粉剂的坡度角在65°~75°。坡度角小的粉剂流动性好，只有粉剂流动性好，在粉碎过程中才可减少机械的阻塞和包装过程中的管路阻塞，易从喷粉器中喷出，且不易絮结成团。

3. 分散性

粉剂的分散性是指粉剂由喷粉器中喷出时粒子之间的分散程度，通常以分散指数表示：

$$\text{分散指数} = \frac{10 - m}{10} \times 100$$

式中，10为供测样品量，单位是g；$m$为吹入一定气流后，玻璃过滤器中残留物的质量。粉剂的分散指数大的，宜于喷粉器喷粉，喷出的粉粒分布也均匀，要求一般粉剂的分散指数应大于20。

4. 容重

容重又称假密度，可分为疏松容重和紧密容重。疏松容重（$g/cm^3$）是指在一定条件下，粉剂自由降落到一定体积的容器中，单位体积粉剂的质量。紧密容重（$g/cm^3$）是按规定条件，将盛有粉剂的容器从一定高度反复跌落一定次数后，所测得的单位体积的质量。

粉剂的容重决定包装袋的容积和仓库的大小。农药在地面覆盖度、加工处理和使用是否方便及包装价格方面都受到粉剂容重的影响。粉剂的容重由填料的密度、有效成分的种类和浓度以及粉剂的细度决定。

5. 吐粉性

吐粉性是指在一定条件下，喷粉器的喷粉能力，要求一般粉剂的吐粉性大于1 100 mL/min，吐粉性可用下式表示：

$$\text{吐粉性} = \text{校正指数} \times 1\ \text{min 内吐出量（mL/min）}$$

6. 浮游指数

浮游指数是表示粉剂飘移飞散程度的指数。一般粉剂的浮游指数在20~60，无飘移粉剂要求小于20，而利用浮游特性的微粉剂必须大于85。但浮游指数过大，粉剂容易飘移污染环境和邻近的作物。

7. 水分

水分对粉剂的物理和化学性能有着重要的影响。粉剂中水分含量过高，在堆放期间不仅易结块，使粉剂失去流动性和分散性，给使用带来不便，而且还会加剧有效成分的分解，从而导致产品质量下降，药效降低。因此，必须严格控制粉剂中的水分含量。我国对粉剂水分含量要求一般在1.5%以下。

8. 黏着性

黏着性是指粉剂黏附于防治对象上的能力，粉粒的大小和形状是影响黏着性的主要因素。黏着性好的粉剂能均匀地、牢固地黏附而不易被气流和雨水冲走，能充分发挥药效。为了增强粉剂的黏着性，可在粉剂中添加少量的黏着剂。

9. 稳定性

稳定性是指粉剂在贮存期间吸潮、结块和有效成分分解的程度。粉剂不能加水作喷雾使用。粉剂易附着在虫体或植株上，使用方便，适用于干旱缺水地区使用。粉剂成本低，价格便宜，但其残效期比可湿性粉剂、乳油要短。施用方式方面，低浓度粉剂可直接喷粉用；高浓度粉剂可用作种子包衣、毒饵制作、土壤处理。

### （三）粉剂的组成

粉剂一般是由有效成分（原药）、少量的助剂和填料组成。助剂可以增强粉剂的稳定性、黏着性和流动性。

1. 原药

杀虫剂加工成粉剂比杀菌剂和除草剂多，但杀虫剂、杀菌剂、除草剂和植物生长调节剂都可加工成粉剂。加工成粉剂的原药一般是熔点较高的固体原粉，也有的是液态原油。

2. 填料

一般要求含沙量低，以减轻磨损。酸碱度以不引起成分分解，不与有效成分发生化学反应为原则，一般pH值在5~7。主要填料有适量硅藻土、滑石粉、蒙脱石、膨润土、高岭土、陶土、凹凸棒土、白炭黑，或由两种或两种以上的填料配合而成的复合填料。

3. 其他助剂

为了保证制剂的质量，在生产粉剂时，可加适量的助剂。抗飘移剂，如二乙二醇、丙三醇、烷基磷酸酯，以及植物油类；分散剂的常用品种有烷基磺酸盐、萘磺酸盐、烷基萘磺酸盐和烷基酚等；常用的黏着剂品种有天然动植物产品，表面活性剂类型的黏着剂，如烷基芳基聚氧乙基醚、脂肪醇聚氧乙基醚、烷基萘磺酸盐和木质素磺酸盐等。

### （四）粉剂的加工

1. 粉剂的加工方法

粉剂的加工方法视原药和助剂的物理状态而定。有直接粉碎法、浸渍法、母粉法，其中母粉法是目前比较有优势的粉剂加工方法。

2. 粉剂的加工工艺

粉剂加工工艺大体上分为：填料的干燥、冷却；填料、原药、助剂的混配、磨细、混合；农药粉剂产品的包装，共六道工序。

### （五）粉剂的技术指标

根据中华人民共和国化工行业《农药粉剂产品标准编写规范》规定，农药粉剂的技术指标如下：

外观，自由流动的粉末，不应有团块；有效成分含量；杂质含量；水分，一般要小于5%；pH值范围根据实测结果而定；细度（通过75μm试验筛），一般要求≥98%或95%。热贮稳定性一般要求（54±2）℃贮存14d，有效成分分解率<10%。

## 二、可湿性粉剂

可湿性粉剂（wettable powder，WP）是由不溶于水的原药与载体、表面活性剂（润湿剂、分散剂等）、辅助剂（稳定剂、警色剂等）混合制成，细度小，易被水润湿且能在水中形成悬浮液的粉状农药制剂，也称为可分散性粉剂（dispersible powder）。它是可以加水喷雾使用的一种粉状制剂。在形态方面类似于粉剂；使用方式类似于乳油。可湿性粉剂是我国农药四大基本剂型之一。包装运输费用低，贮运安全、使用方便，加工技术比较成熟，较之乳油，不需要有机溶剂和乳化剂。

### （一）可湿性粉剂的性能指标

可湿性粉剂的性能是根据药效、使用、贮藏、运输等各方面要求提出的。主要有流动性、润湿性、分散性、悬浮性、低发泡性、物理和化学贮藏稳定性、细度、酸碱度等。可从这些性能评价可湿性粉剂质量。

（1）流动性。以坡度角表示，坡度角越大，流动性越差。或者用流动指数来表示，流动指数越高，流动性越差。

（2）润湿性。包括两个方面：一是使用时对水能被水润湿并分散；二是指药剂的水悬液对植株、虫体及其他防治对象表面的润湿能力。大多数植株、害虫体表有一层蜡质层，如果润湿性不好，则药剂就不能均匀地覆盖在施用作物和防治对象上，造成药液流失。

加入润湿剂可提高可湿性粉剂的润湿性。影响润湿性的主要因素是原药的类型、用量和润湿剂的类型、用量。润湿所需要的时间越短，润湿性越好。联合国粮农组织（FAO）的标准规定，完全润湿时间为1~2min。

（3）分散性。指药粒悬浮于水介质中，保持分散成细微个体粒子的能力。悬浮率越高表示分散性越好。合适的粒径范围内，粒子越细，分散性越好，悬浮性就越好。但是，随着可湿性粉剂粒子细度越来越小，粒子的表面自由能会随之增大，就越容易发生凝聚现象，反而降低悬浮能力。为了克服凝聚现象，可加入分散剂。因此，影响分散性的主要因素是粒径范围、原药和载体的表面性质及分散剂的种类、用量。

（4）悬浮性。指分散的药粒在悬浮液中保持悬浮一定时间的能力，悬浮率越高，悬浮性越好。影响悬浮性的主要因素是制剂的粒径大小、粒径分布的范围还有分散剂的合理选用。理论上讲，粒径越小、粒径分布的范围越窄，悬浮性越好。对可湿性粉剂来说，5μm 以下粒子的比例越大，悬浮性越好。采用气流粉碎机磨细原药颗粒是提高悬浮性的重要途径之一。另外，选择适合的分散剂，也可以达到提高悬浮性的目的。

（5）细度。指药粉粒子的大小，通常用筛析法测定粒子大小和粒度分布，即以能否通过某孔径的标准筛目来表示其粒子大小。我国可湿性粉剂要求细度≥95%通过 300 目筛（泰勒标准筛），其平均粒径一般在 20~30μm。

（6）水分。指可湿性粉剂中含水量的值。水分对其物理和化学性能都有重要影响。若可湿性粉剂中水分含量过高，在堆放期间易结块，而且流动性降低，给使用带来不便，过高的水分还会加剧有效成分的分解，导致产品质量下降，药效降低。我国目前采用水分≤2%的标准。

（7）起泡性。通常以可湿性粉剂配制成稀释液，搅拌均匀后一分钟的泡沫体积来表示。联合国粮农组织（FAO）的标准为泡沫体积小于 25mL。个别制剂小于 45mL。我国尚未制定这一指标限制标准值。

（8）贮藏稳定性。指制剂在贮藏一定时间后，其物理、化学性能变化的程度。变化越小，贮藏稳定性越好，包括物理贮藏稳定性和化学贮藏稳定性。

物理贮藏稳定性是指产品在存放过程中，药粒间互相作用所引起的流动性、分散性和悬浮性等物理性能的降低。化学贮藏稳定性是指产品在存放过程中，多种原因造成制剂的有效成分含量降低，降低得越多，说明化学贮藏稳定性越差。提高化学贮藏稳定性的办法是选择活性小的载体、提高原药浓度和加入合适的稳定剂。

通常用热贮稳定性来检验产品的质量，联合国粮农组织（FAO）规定（54±2）℃存放 14d，其悬浮率、润湿性均应合格，有效成分含量与贮前含量相比，分解率一般不得超过 5%。

### （二）可湿性粉剂的组成

1. 原药

可湿性粉剂对水稀释后多用于叶面、土表及水面喷雾。一般用同一种农药防治同种害虫，可湿性粉剂持效性优于粉剂；但触杀效果逊色于乳油。原粉熔点较高，易粉碎，适宜加工成粉剂或可湿性粉剂，很少加工成乳油。大多数杀菌剂的原药，不溶于常用的有机溶剂或溶解度很小，多加工成可湿性粉剂。原油如需制成中等浓度及以下的制剂，借助吸附性填料，也可加工成可湿性粉剂，但原油的高浓度可湿性粉剂很难加工，高浓度原油制剂可选乳油。

可湿性粉剂作为防治卫生害虫用的杀虫剂，施药方式可用滞留性喷洒（Residual

spray）（也称表面喷洒，是将杀虫剂稀释后直接喷洒在需处理的表面，用于防治在特定的表面上活动的爬虫，或栖息在特定表面上的飞虫。除了可湿性粉剂外，悬浮剂、水乳剂、微囊悬浮剂等也适合这种施药方式），具有药效高、持效期长的特点，并可避免有机溶剂对人、畜的危害。

近年来，由于大量适合可湿性粉剂的优质助剂的开发和商品化，标准化载体及高吸油率合成载体的量产，及新型加工设备和新加工技术的使用，使可湿性粉剂的研制、开发、生产更加高效。目前，大量杀虫剂、杀菌剂、除草剂的很多品种均可加工成可湿性粉剂。除了原粉外，多种原油也借助吸附性填料加工成可湿性粉剂。

2. 助剂

主要有润湿剂、分散剂、稳定剂等。

（1）润湿剂。天然产物润湿剂一般选用皂角粉、蚕沙、无患子粉等。人工合成润湿剂是指人工合成的用作润湿剂的表面活性剂。用量较大的是阴离子型和非离子型两大类。

a. 阴离子型表面活性剂类的润湿剂。硫酸盐类如月桂醇基硫酸钠，磺酸盐类如十二烷基苯磺酸钠、拉开粉、单烷基苯聚氧乙烯基醚丁二酸磺酸钠等。

b. 非离子型表面活性剂类的润湿剂。如月桂醇（基）聚氧乙烯基醚（JFC）、辛基酚（或壬基酚）聚氧乙烯基醚等。

（2）分散剂。分散剂的种类多，常用的有烷基酚聚氧乙烯醚甲醛缩合物硫酸钠（SOPA）等硫酸盐；亚硫酸纸浆废液及其干涸物；以木质素及其衍生物为原料的磺酸盐；以萘和烷基萘的甲醛缩合物为结构基础的一系列磺酸盐；环氧乙烷与环氧丙烷的共聚物，及水溶性高分子物质和无机分散剂等。

（3）其他助剂。如渗透剂、展着剂、稳定剂、抑泡剂、防结块剂、警色剂、增效剂、药害减轻剂等。

3. 载体

载体是农药可湿性粉剂必不可少的原料。使用载体的目的主要是将农药原药、助剂均匀地吸附、分布到载体的粒子表面，使农药稀释成均匀的混合物。目前我国可湿性粉剂的载体主要有膨润土、高岭土、活性白土、凹凸棒土、硅藻土、白炭黑等，有时还将多种载体合理复配成复配载体使用。

### （三）可湿性粉剂的加工工艺

可湿性粉剂的生产工序大致可分为：填料的干燥、冷却，填料、原药、助剂的混配、磨细、混合，可湿性粉剂产品的包装，共计六道工序。填料的干燥和冷却采用滚筒干燥机和冷却机连续操作；混配、磨细、混合均系间歇操作。磨细工序的主要生产设备是雷蒙机，比如国内广泛使用4R3216型摆式磨粉机（雷蒙机），或CX350型超微粉碎机进行微粉碎。国产产品的细度和悬浮率与国外仍有较大差距，双螺旋锥型混合机等新型设备的推广使用能改善该剂型的质量。

## 三、可溶性粉剂

可溶性粉剂（soluble powder，SP）是指外观呈流动性粉粒，在使用浓度下，有效成分能迅速分散而完全溶解于水中的一种固体剂型。有效成分为水溶性的原药，填料可是水溶性的或非水溶性的。

### （一）可溶性粉剂的发展

这种剂型从20世纪60年代起开始发展，最早拜耳公司生产的80%敌百虫可溶性粉剂；后来美国切夫隆公司（Chevron）生产的50%、75%乙酰甲胺磷可溶性粉剂实现量产。我国从20世纪60年代开始，先后有80%敌百虫可溶性粉剂和75%乙酰甲胺磷可溶性粉剂等实现量产。近年来，该剂型量产的总产量和品种数量都在迅速增加。

目前，高浓度可溶性粉剂正符合农药剂型的水基化和与环境相容的发展趋势，因而很有发展前途。并不是水溶性好的农药都适合加工成可溶性粉剂，需根据施药方式、作物生长周期、作用机制等加工成多种剂型使用，以便做到科学、合理和安全用药。

### （二）可溶性粉剂的特点

可溶性粉剂是在可湿性粉剂的基础上发展起来的一种农药剂型，该剂型的原药必须溶于水或在水中溶解度较大且在水中性质稳定，配方中载体或填料也溶于水，在形态和加工上与可湿性粉剂类似。

能加工成可溶性粉剂的农药是常温下在水中有一定溶解度的固体农药，如敌百虫、吡虫清等。在水中难溶或溶解度很小，转变成盐后能溶于水中的农药也可以加工成可溶性粉剂使用，如甲磺隆钠盐、多菌灵盐酸盐、吡虫啉盐酸盐等。

可溶性粉剂浓度高，贮存期间化学稳定性好，加工和贮运成本相对低。因为它是固体剂型，可用成本较低的塑料薄膜或水溶性薄膜包装，比液体剂型包装费用低。该剂型呈粉粒状，其粒径视原药在水中的溶解度而定。该剂型不含有机溶剂，不会因溶剂而产生药害和污染环境。所以在防治蔬菜、果园、花卉以及环境卫生的病、虫、草害上颇受欢迎。

### （三）可溶性粉剂的组成

可溶性粉剂是由水溶性原药、助剂和填料经磨细、造粒等工序，加工制成的颗粒状制剂。用水稀释该制剂时，有效成分能迅速分散并完全溶解于水中，供喷雾使用。虽然外观是粉状，但配制好的药液是溶液状态。可溶性粉剂在水中形成溶液，药液不存在像可湿性粉剂的微粒沉降不匀问题，不会堵塞喷头。

可溶性粉剂的制剂有效成分含量可达50%~90%不等，需要添加湿润剂、消泡剂等助剂。可溶性粉剂的粉粒细度一般要达到98%以上通过200目标准筛的指标。可溶性粉剂中的填料可选用水溶性的无机盐，其他助剂大多是阴离子型、非离子型表面活性剂或是两者的混合物，主要起助溶、分散、稳定和增加药液对生物靶标的润湿和黏着力的作用。在我国，80%杀虫单可溶性粉剂、80%敌百虫可溶性粉剂、75%乙酰甲胺磷可溶性粉剂、赤霉素可溶性粉剂等国产可溶性粉剂得到广泛使用。随着农药剂型多样化发展，可加工成可溶性粉剂的农药品种也越来越多。

### （四）可溶性粉剂的加工方法

加工可溶性粉剂有喷雾冷凝成型法、粉碎法和干燥法。

（1）喷雾冷凝成型法。将熔融原药与填料、助剂调匀的同时不断降低料温，使之形成无数的微晶。

（2）粉碎法。粉碎法所采用的粉碎机有超微粉碎机和气流粉碎机。气流粉碎利用高速气流的能量来加速被粉碎的粒子的飞行速度，靠粒子之间的高速冲击以及气流对物粒的剪切作用，物料被粉碎至10μm以下，是“冷粉碎”方式，适合用来将低熔点的原药加工成高浓度的可溶性粉剂或高浓度母粉。

（3）喷雾干燥法。合成原药盐的水溶液（如杀虫双、单甲脒等），或经过酸化处理转变成盐的水溶液（如多菌灵盐酸盐），经过脱水干燥，制得可溶性粉剂。

### （五）可溶性粉剂的质量检测及包装

控制可溶性粉剂的主要技术指标有细度、水中全溶解时间、水分、贮藏稳定性等。这些指标中以水中全溶解时间和热贮藏稳定性最为重要。对细度的要求应根据原药的溶解性能和所采用的工艺而定。

一般来说，可溶性粉剂易吸潮，多采用防水性能强的复合塑料膜包装。对一些臭味大的可溶性粉剂最好使用铝箔或其复合膜的材料包装；对毒性大的可溶性粉剂，美国曾采用水溶性的薄膜做内包装袋。对可溶性粉剂的包装，要根据其特性，选择合适的包装材料，以保证产品的质量和使用者的安全。

## 四、粒剂

粒剂（granule，GR）是由农药原药、载体及助剂混合，经过一定的加工工艺而成的粒径大小比较均一的松散颗粒状固体制剂。粒剂的种类很多，按颗粒在水中的解体性可分为解体型和不解体型；按防治对象可分为杀虫剂粒剂、杀菌剂粒剂和除草剂粒剂等。在科研和生产实际中，通常按照颗粒粒度大小分为大粒剂（粒度范围为直径5～9mm）、颗粒剂（粒度范围为直径1 680～297μm，即10～60目）和微粒剂（粒度范围为直径297～74μm，即60～200目）。

### （一）粒剂的特点及发展

粒剂是农药的主要剂型之一，用于防治地下害虫、禾本科作物的钻心虫和各种蝇类幼虫。粒剂使用方便，效率高，可控制农药有效成分的释放速度，延长持效期。显著的特性有施药方向性好，撒施时受风影响小；由于制剂粒性化，能将高毒农药制剂低毒化，直接撒施的方式施用比较简便、省力；施用时无粉尘飞扬，不污染环境；药粒不直接附着在植物的茎叶上，避免直接接触产生药害。

农药粒剂为直接施用的农药剂型，其有效成分含量一般为5%～20%，防止在施用过程中农药有效成分分布不均匀。而当粒剂有效含量低于5%时，对使用大量载体的经济性必须加以考虑。粒剂有效含量的选择主要取决于以下几点：①被防治生物的性质；②单位面积所需有效成分的量；③能准确施用粒剂产品的药械的能力；④产品价格。

粒剂于20世纪50年代初在美国得到普遍应用。20世纪60年代初，在日本成为主要剂型，之后农药粒剂得以在世界范围内普遍推广，在精准施药技术体系中得到进一步广泛推广。目前，中国农药粒剂研究与生产的体系基本完善，质量可靠，已成为国内最重要，吨位较大的农药剂型之一。截至2011年，中国有近800个水基型、颗粒状制剂产品登记，占农药制剂登记总数的52%。目前处于登记有效状态的水基型、颗粒状剂型约有3 700个，约占农药制剂总数的20%。高效、低毒的水基化、颗粒制剂已经成为我国农药工业未来的发展方向。

### （二）粒剂的组成

1. 原药

一般凡能加工成粉剂的原药均能加工成粒剂，目前已有近一半的原药品种可制成粒剂。

2. 载体

载体是指农药制剂中荷载或稀释农药的惰性物质。为了防止农药制剂在贮运和使用过程中与载体分层，农药载体还必须有一定的吸附性和胶体稳定性。常用的载体有如下几类：

（1）植物类常见的有大豆、玉米棒芯、稻壳、胡桃壳、锯末等。

（2）矿物类，如硫黄、硅酸盐、碳酸盐、石膏、凹凸棒土、海泡石、未定性的浮石等。

（3）合成载体，包括沉淀碳酸钙水合物、沉淀碳酸钙、沉淀二氧化硅水合物等。

3. 助剂

助剂主要有以下几种：

（1）黏结剂。可分为亲水性黏结剂和疏水性黏结剂两类。

（2）助崩解剂。多种无机电解质如 $(NH_4)_2SO_4$、$NH_4HCO_3$、NaCl 等以及尿素和阴离子表面活性剂均具有这种作用。

（3）分散剂。合成分散剂主要为烷基苯磺酸盐、木质素磺酸盐等；天然分散剂常见的有皂荚、茶籽饼、无患子等。

（4）吸附剂。代表性物质有白炭黑（$SiO_2 \cdot nH_2O$）。此外，硅藻土、碳酸钙、无水芒硝、微结晶纤维等也可作吸附剂使用。

（5）润滑剂。在挤压造粒时，为降低阻力可添加0.2%左右润滑油，起到润滑作用。

（6）溶剂、稀释剂。在造粒时，为将原药溶解、低黏度化以实现填料等辅助物质对有效成分均匀吸附，通常加入溶剂或稀释剂。一般选用重油、煤油和石脑油等廉价易得的高沸点溶液作溶剂或稀释剂。

（7）稳定剂。有表面活性剂、醇类、有机酸（碱）类、酯类、糠醛及其废渣等，都对农药有效成分（主要为有机磷酸酯类）有一定的抑制分解作用。

（8）着色剂。国内目前大多采用。杀虫剂红色；除草剂绿色；杀菌剂黑色等。

### （三）粒剂的加工方法

当农药粒剂的组成成分确定后，为达到不同的造粒目的，需选择相应的粒剂加工方法，即造粒工艺。造粒工艺一般包括造粒操作、前处理操作和后处理操作等部分。造粒工艺的基本原理可分为自足式造粒和强制式造粒两类。一种原药选择何种加工方法制成何种类型的粒剂，除考虑因地制宜和经济运行成本外，还需考虑使用目的、原药性状、防治对象、产品要求等。粒剂产品中有效成分的含量也直接影响粒剂加工的类型。

（1）包衣造粒法。包衣造粒法又称包覆法，是以载体颗粒为核心，外面包覆黏结剂，利用包衣剂使药剂被牢固地黏着或包于颗粒载体上，使药剂层与黏结剂相互浸润而得到粒状产品的加工过程。包衣温度和时间，是影响工艺操作的主要因素。包衣法对药剂的要求不太苛刻，工艺较为简单，产品成本较低，适于大规模生产，是现在农药粒剂造粒的主要方法之一。

（2）吸附造粒法。把液体原药（或固体原药溶解于溶剂中）吸附于具有一定吸附能力的颗粒载体中的一种生产方法。液态、油剂或水剂原药最宜采用吸附造粒法。固态原药在经溶解或熔融成液态后，也可以采用吸附造粒法。

（3）挤出成型造粒法。挤出成型造粒法有干法造粒和湿法造粒两种。挤出成型造粒法大多为湿法造粒，多数采用螺旋挤出型侧面出料的造粒机。适宜大吨位生产，加工步骤有加水捏合和干燥处理，因此，对水和热敏感的原药需慎用此工艺。

（4）流化床造粒法。粉体物料（农药或载体）在流动状态下，将有助剂（或农药）的液体以雾化形式喷入流化床内，与其他物料充分混合、凝集成粒、干燥、分级，短时间内完成造粒的过程。所得产品具有多孔性、吸油率高、易崩解等特点。

（5）喷雾造粒法。将溶液、膏状物或糊状物、悬浊液和熔融液等液体形态物料向气流中喷雾，在液滴与气流间进行热量与物质传递而制得球状粒子的方法。喷雾造粒法造粒速度快，生产过程较为简单，所得产品大部分造粒后不需要再进行粉碎和筛分，且具有良好的分散性、流动性和溶解性，适于杀虫粒剂、杀菌粒剂、除草粒剂的连续性及规模化生产。

### （四）粒剂的质量控制指标

粒剂产品必须达到规定的标准才能投入使用。因此，为保证粒剂产品质量，必须加强监测，严格执行其相应质量控制指标。农药粒剂产品的质量控制指标主要有以下几点：

（1）有效成分。有效成分含量的测定随农药的品种而异。在考虑原药稳定的情况下，确定其有效成分的下限值和上限值。

（2）粒度。粒径下限与上限的比应不大于 1∶4，在产品标准中应注明具体粒度范围。

（3）堆积密度。堆积密度由粒剂的配方和粒度来决定，在一般情况下为 1.0 g/mL 左右。

（4）水分。一般要求水分在3%以下，对不稳定的原药规定在1%以下。检测方法按GB/T 1600—2001中的“共沸蒸馏法”进行。

（5）热贮稳定性。通过不加压热贮试验，使产品加速老化，预测常温贮存产品性能的变化。

将20g试样放入具密封盖或瓶塞的玻璃瓶中，使其铺成平滑均匀层，置玻璃瓶于(54±2)℃的恒温箱或恒温水浴中，贮存14d。取出玻璃瓶，放入干燥器中，使试样冷至室温，在24h内完成对有效成分含量等规定项目的测定。另外，粒剂产品的标志、标签、包装等还要符合相应的国家标准（GB 3796—2006）。

## 五、水分散粒剂

水分散粒剂（water dispersible granule，WG或WDG）又叫干悬浮剂（dry flowable，DF）或粒型可湿性粉剂（granule type wettable powder）。放入水中能较快地崩解、分散，形成高悬浮的分散体系。国际农药工业协会联合会（GIFAR）将其定义为：在水中崩解和分散后使用的颗粒剂。

虽然水分散粒剂加工技术较复杂，生产的前期投入费用大、成本高，但具有安全性高、综合性能好和绿色环保的特点，因此市场份额仍在不断扩大，前景广阔。在我国登记的水分散粒剂的剂型品种，从1998年4个增加到2010年近40个品种。截至2012年年底，在中国大陆登记的水分散粒剂的1 084个产品中，国内企业占90.8%，许多产品都是国内企业自主研发并首家登记，国外企业只占9.2%。

### （一）水分散性粒剂的特点

水分散粒剂（WG）是在可湿性粉剂（WP）和悬浮剂（SC）的基础上发展起来的新剂型。水分散粒剂是颗粒剂的一种，具有粒剂的性能，但又区别于一般粒剂（水中不崩解型），即它能均匀分散在水中，这一点类似于可湿性粉剂，但又不会像可湿性粉剂出现粉尘飞扬现象。

水分散粒剂的优点：

（1）相对于粉剂，该剂型没有粉尘飞扬，降低了对环境的污染，对生产者和使用者安全，可使剧毒品种低毒化。

（2）与可湿性粉剂和悬浮剂相比，有效成分含量高，体积小，包装、贮存和运输方便、便宜。

（3）贮存稳定性和物理化学稳定性较好，特别是对在水中不稳定的农药，这种剂型比制成悬浮剂要更合理。

（4）颗粒的崩解速度快，崩解后，很快分散成极小的微粒，过筛，筛上残留物不大于0.3%。

（5）悬浮稳定性较好，分散在液体中的颗粒均匀性持久，在水中稳定性好。

### （二）水分散粒剂的组成

水分散粒剂剂型通常由以下几部分组成：有效成分50%～90%；润湿剂1%～5%；

分散剂和黏结剂5%~20%；崩解剂0~15%；其他添加剂0~2%；填料加至100%。水分散粒剂由农药有效成分、助剂和填料经混合、粉碎后造粒而成，水分散粒剂入水后快速崩解、分散，搅动后能形成高悬浮的分散体系。在造粒过程中需要黏结剂的黏和作用，入水时需要润湿剂的润湿作用，以及崩解剂的快速崩解，通过分散剂的分散作用而形成高悬浮的分散体系。

（1）原药。可以是原粉或原油。

（2）分散剂。水分散粒剂配方中常用的分散剂有萘磺酸盐缩合物和木质素磺酸盐两大类，比如磺酸的钠盐、钙盐和铵盐，它们的性能与聚合度和磺化程度有关。在同一配方中有时用两种分散剂，这样能起到相互增效的作用。

国外已有水分散粒剂专用表面活性剂，即商品化的农用萘磺酸盐类表面活性剂，包括萘磺酸盐单剂和萘磺酸盐混合剂，具有良好的润湿分散作用。还有些针对特定的原药而开发的相应的分散效果好的专用表面活性剂。

（3）润湿剂。在水分散粒剂配方中较少采用非离子型表面活性剂做润湿剂，因为其溶解速度比较慢。阴离子类有数种化合物类型：烷基萘磺酸盐、磺酰琥珀酸盐、木质素磺酸盐、烷基芳基磺酸盐。

随着制剂有效含量的不断增加，常用湿润剂的润湿效果已不能满足水分散粒剂剂型加工的要求，高表面活性、绿色环保的新型润湿剂是研究的主要方向。一方面可以使表面张力降至很低的数值，另一方面用量很少。α-磺基脂肪酸甲酯（MES）是由天然动植物油脂经酯交换、磺化后制得的阴离子表面活性剂，对皮肤温和，生物降解性好，属于绿色环保型表面活性剂。

（4）黏结剂。对于本身不具有黏性或黏性较小的原粉，造粒过程中需要加入黏性物质使其黏合起来，这时所加入的黏性物质就称为黏结剂。常用的黏结剂有明胶、糊精、聚乙烯吡咯烷酮、聚乙烯醇、聚乙二醇、可溶性淀粉（100目通过率100%）等。水溶性的黏结剂如聚乙二醇在配制分层型水分散粒剂中是必不可少的，尤其适用于物理性质和化学性质不相同的农药复配。选用适宜的黏结剂，并控制其用量，对制剂的性能有明显的影响。

（5）崩解剂。崩解剂是为加快颗粒在水中崩解速度而添加的物质，具有良好的吸水性，吸水后迅速膨胀并崩解在水中，而且它可完全分散成原来的粒度大小。它所起的作用是机械性机制，它的分子吸收水后膨胀成较大的粒度，或膨胀成弯曲形状并伸直，直至水分散粒剂颗粒被分散成较小的碎片。

（6）隔离剂。也叫防结块剂，配方中加入防结块剂是为了防止加工过程中结块。在制造中使颗粒包上很薄一层细粒，防止颗粒互相黏结，使各颗粒间容易滑动，而且不加外力如振动就可以流动。最常用的隔离剂是硅胶，研磨的无定形硅胶和气溶硅胶两种。气溶硅胶虽表面积大，遮盖力强，但价格高，目前在农药中的用量还较少。

### （三）水分散粒剂的配制

农药由于物理化学性质、作用机制及使用范围不同，水分散粒剂的配制方法也不同，进而加工工艺路线也不同。

对水溶性农药及盐化后的水溶性农药，比如杀虫双、草甘膦、杀虫单等，液体农药可直接喷在或吸附在基质上，进行造粒得到水分散粒剂，固体农药与基质混合粉碎，再进行造粒。

对不溶于水的农药，无论是原油或原粉，都可直接配制水分散粒剂。对混合剂也是可以不同剂型复合成农药混合剂，比如先将吡虫啉预制成悬浮剂，然后加入水溶性杀虫单，制得的20%水分散粒剂分散性好、悬浮率高。

对于微囊型的水分散粒剂，可把一种或多种不溶于水的农药封入微囊中，再将多个微胶囊集结在一起而形成水分散粒剂。这种功能化的水分散粒剂可降低有效成分分解率、降低药害并延长持效期、可使性能不适合混用的农药实现混用。胶囊直径1~50μm的甲草胺微囊悬浮液与莠去津微囊悬浮液均匀，并加入助剂，通过100目过滤器进行喷雾干燥，得到甲草胺、莠去津水分散粒剂混剂。

对于分层的水分散粒剂，利用水溶性的聚乙二醇类（分子量一般在3 000~8 000）作为结合剂，生产方法简单，它主要适用于物理性质或化学性质上不同的农药混合制剂。例如，二氯喹啉酸除草剂在酸性条件下稳定，磺酰脲类除草剂在碱性条件下稳定，二者混在一起，会加速分解，若采用分层包裹，则可避开干扰，得到稳定的水分散粒剂。

### （四）水分散粒剂的加工工艺

水分散粒剂的制造方法很多，可分为“湿法”和“干法”造粒。湿法造粒，就是将农药、助剂、辅助剂等，以水为介质，在砂磨机中研细，制成悬浮剂，然后进行造粒，比如喷雾干燥造粒、流动床干燥造粒等。所谓干法，就是将农药、助剂、辅助剂等一起用气流粉碎机或超微粉碎机粉碎，制成可湿性粉剂，然后进行造粒，比如挤压造粒、高速混合造粒和转盘造粒等。常用的方法有喷雾造粒法、转盘造粒法和挤压造粒法。

### （五）水分散粒剂的质量要求

水分散粒剂是在可湿性粉剂和悬浮剂的基础上发展起来的颗粒剂，所以水分散粒剂的质量标准及检测方法和可湿性粉剂、悬浮剂有些类似。

水分散粒剂应具备以下基本性质：

（1）联合国粮农组织（FAO）要求水分散粒剂的润湿时间低于30s。

（2）均匀的分散性颗粒剂崩解后很快分散，稍加搅拌即能均匀分散在水中。崩解后粉粒细度不应超过加工该剂型的粉体细度300μm，以便能通过药桶中的滤网和防止堵塞喷头。

（3）一般要求1~2h内分散体系稳定，FAO要求水分散粒剂悬液半小时内悬浮率大于85%。

（4）再悬浮稳定性。配好的药液如果一时未喷完，放置一段时间后，沉在底部的药粒经搅拌亦能重新在水中悬浮。一般要求24h后能良好再分散。

（5）无粉尘制造出的水分散粒剂中只有极少的细粉。颗粒要有足够的强度，经得起贮运中的磨损而不被破坏。

(6) 颗粒的流动性好。颗粒粒度应均匀、光滑，容易从容器中倒出，在高温、高湿条件下贮存颗粒不互相黏结、不结块。

(7) 贮存稳定性。产品贮存 1 年或 2 年后应该保持原有性能，即使在农户或商家贮存条件不好时，也能保持质量不变。

## 六、泡腾片剂

农药泡腾片剂（effervescent tablet，EB）属于片剂中的特殊剂型，由原药、泡腾剂、润湿剂、分散剂、黏结剂、崩解剂和填料经粉碎、混合、压片制成，使用时遇适宜的酸和碱后同水起反应释放出二氧化碳而快速崩解的一种片剂。泡腾剂是一种发展较晚、技术新颖的特殊剂型，根据加工后成品形态差异，可分为泡腾片剂、泡腾粒剂（effervescent granule）和泡腾胶囊（effervescent capsules）等。

泡腾技术是指在药物制剂中加入碳酸盐与有机酸，遇水后产生 $CO_2$气体而调节药剂释放行为的一种技术。最早应用于医药领域，随着药用高分子材料和制剂技术的发展，20 世纪 70 年代以后，日本首先将泡腾技术应用于制备农药除草剂泡腾片，到 1997 年开始推广使用，目前该技术已基本成熟。研究的种类有草达灭、西玛津、利谷隆、敌死蜱、草枯醚、杀草丹等除草剂，噻菌灵、百菌清、二嗪农、甲基硫菌灵等杀菌剂，叶蝉散等杀虫剂。在日本已商业化的产品有 9%灭藻醌泡腾片剂，施用后在水田中发泡，并释放出有效成分，几小时后，由于扩散剂的作用，有效成分在水田中均匀分布，达到杀灭靶标的目的。

随着农业生产的安全、生态、环保和可持续发展理念的深入人心，对农药的使用监管越来越严格，农药剂型研发也向高效、安全、环境友好、经济和方便的方向发展。泡腾片剂顺应了这种发展趋势，受到市场和消费者的青睐，其水基化、施用方便、高效安全的特点尤为突出。从经济学角度看，开发农药泡腾片剂具有良好的投入产出比，可节省药物运输费用，长期成本收益可观。目前，国内已有多种除草泡腾片剂相继开发成功并投放市场，在助剂优化和加工工艺改善基础上，杀虫杀菌泡腾片剂也开始进入市场。

### （一）泡腾片剂的特点

独有的酸碱泡腾体系及崩解组分使泡腾片剂有自我崩解扩散的能力，形成了农药泡腾片剂自身的许多优良性能，其突出特点主要表现在以下几个方面。

(1) 使用方便，施药者容易掌握。泡腾片剂在使用时无须专门的施药器械，只需要将泡腾片剂投入一定量的水中配制成喷洒溶液即可使用；而水稻田专用泡腾片剂只需按规定剂量将泡腾片剂直接抛施到稻田内即可。

(2) 省工省力，提高了工效。泡腾片剂在水稻田中可以直接投放使用，如 $1hm^2$水稻田施药时间只需十几分钟，工效较常规农药得到明显提高。此外，除草剂泡腾片剂持效时间可长达 40~50d，可使水稻在整个生长季节内不受杂草的危害，大大减少了施药次数。

(3) 对周边作物安全。当除草剂配制成泡腾片剂使用时，可以直接抛施到稻田间，避免了除草剂的蒸发飘移，防止对周围敏感作物产生药害。

(4) 贮藏安全，质量稳定。泡腾片剂在贮存、运输过程中不易破损或变形，有效成分含量在较长时间内不易降低。此外，泡腾片剂的特殊包材也使药物不受光线、空气、水分等外界因素的影响，药物稳定性较高，那些化学性质不够稳定的原药均可考虑制成泡腾剂。

(5) 崩解性能优越，扩散均匀。泡腾片剂入水后立即发泡，依靠崩解剂内部产生的推力使泡腾片剂崩解扩散，将有效成分均匀地分散在水中，发挥药效。田间试验结果表明，泡腾片剂抛施到稻田中12min后可自动扩散到100$m^2$的稻田范围内，1d后泡腾片剂中的有效成分可均匀地扩散到稻田内的每一处。

## (二) 泡腾剂的组成

1. 有效成分

除草剂、杀虫剂、杀菌剂和植物生长调节剂均可作为泡腾剂的有效成分，尤其是具有内吸性和安全性的农药更为合适，水田直接投入使用的泡腾片剂，以除草剂居多。使用的原药可以是水溶性及水不溶性固体或液体，若是液体则应首先吸附在硅藻土、白炭黑、凹凸棒土、蛭石等多孔性载体上。

以水溶性农药制备的泡腾片剂，在水中能分散形成均一、透明的均相稳定溶液，而水不溶性的农药在水中分散后则形成悬浮液，该悬浮液为非均相液体系统，有着固有的热力学及动力学不稳定性，在重力作用下，悬浮液中的不溶性农药及助剂微粒会表现出聚集、沉降的现象。

2. 泡腾崩解剂

由酸碱系统和适宜的助崩解剂组成。其中酸系统主要采用有机酸，也可以是无机酸，以水溶性固体酸最好，如酒石酸、水杨酸、柠檬酸、磷酸、六偏磷酸钠（钾）、亚硫酸钠（钾）等；碱系统主要有碱式碳酸盐，如碳酸氢钠、碳酸钠、碳酸氢钾、碳酸钾以及碳酸氢铵等碳酸盐。以上酸系统和碱系统可使用一种或两种以上进行组合。最常用的泡腾崩解剂为碳酸钠或碳酸氢钠、酒石酸、柠檬酸。

助崩解剂是指一些具有助崩解作用的物质，它们可使泡腾片剂入水后溶胀崩碎成细小颗粒，从而使活性成分均匀悬浮于水中，发挥药效。助崩解剂的作用是克服黏结剂和造粒过程中所需的物理力。黏结剂的黏合力强，助崩解剂的崩解作用必须更强，常用的助崩解剂有干燥淀粉、微晶纤维素等。理想的助崩解剂不仅能使泡腾剂崩解为细小颗粒，而且能将颗粒进一步崩裂为更小的细粒。

3. 其他助剂

除有效成分、崩解剂之外，还需加入稀释剂、表面活性剂、黏结剂、润滑剂及助流剂等，否则崩解后的粒子较粗、分散不均。

(1) 润湿剂和分散剂。常用的润湿剂和分散剂有：拉开粉、NNO、十二烷基硫酸钠、木质素磺酸盐、十二烷基苯磺酸钙等阴离子表面活性剂；烷基聚氧乙烯醚、OP 系列、1601、1602、602、BY 系列等非离子表面活性剂，以及阴离子型和非离子型复配物。

（2）崩解助剂。可使片剂形成空隙，入水后迅速破裂成小颗粒。主要种类有硫酸铵、氯化钙、膨润土、氯化钙无水硫酸钠、表面活性剂、聚丙烯酸乙酯等。

（3）吸附剂。主要用于吸附液体农药，使其流动性好。以轻质无活性物质最佳，也可以是多种吸附剂的混合，常用的品种有硅藻土、凹凸棒土、白炭黑、浮石、煅烧珍珠岩、煅烧浮石、蛭石和植物纤维性载体等。

（4）黏结剂。使泡腾片剂成型并且具有一定硬度。最好是能完全溶解于水、熔沸点和温差小的物质，常用种类有明胶、聚乙烯醇、淀粉、糊精、黏结剂 C、聚乙烯吡咯烷酮、高分子丙烯酸酯、乳糖等。

（5）稳定剂。常用磷酸氢二钠、丁二酸、己二酸、草酸、硼砂等来调节泡腾片剂的 pH 值，以保证有效成分在贮存期的稳定。

（6）流动调节剂。为了使压制成的泡腾片剂易于从压片机中脱模，要加流动调节剂。主要品种有滑石粉、硬脂酸、硬脂酸镁等。

（7）填料。主要用作调节泡腾片剂中有效成分的含量，常用的品种有高岭土、轻质碳酸钙、膨润土、无水硫酸钠、乳糖、锯末等。

### （三）泡腾片剂的制备方法

普通制备方法主要包括干法制片、湿法制片、直接压片、非水制片。

泡腾剂由崩解剂、扩散剂、润湿剂、黏结剂、助流剂和载体等组成，泡腾片剂的加工方法是先将物料混合，经过粉碎、造粒，再用压片机制成一定形状后干燥而成。

生产场地的一般要求是相对湿度 20%~25%，温度 15~25℃为宜。另外，泡腾片剂成品的包装材料应有较好的防水性，通常以金属箔衬聚乙烯，水稻田用泡腾片剂则可用水溶性包装材料（如聚乙烯醇水溶性薄膜、水溶性纤维素等）包装成袋。泡腾片剂生产的工艺流程主要包括两条线路，一是将原药（如原药为液体，先用吸附剂吸附成固态粉末）、助剂和填料混合，经气流粉碎机粉碎至数微米，再经混合机混合，同时加入黏结剂浆液，混匀后，再加入流动调节剂，混匀，压片，包装。二是将原药、填料混合粉碎后加入黏结剂和流动调节剂，混合造粒，然后干燥进行筛分，过细的颗粒重新造粒，过粗的颗粒回去重新粉碎，符合标准的颗粒压片后包装。

## 七、烟剂

烟剂（smoke generator，FU）又称烟雾剂或烟熏剂，由农药原药与燃料、助燃剂和助剂等成分均匀混合加工而成，引燃后有效成分以烟雾状分散悬浮于空气中。烟剂按其用途分为农用烟剂和卫生烟剂两种，应用于农业生产中防治病虫害的烟剂称农用烟剂。

按防治对象，烟剂可分为杀虫烟剂、杀菌烟剂、杀鼠烟剂，家用卫生杀虫烟剂（蚊香）等。按其性状可分为烟雾罐（预装在罐中的混合烟剂）、烟雾烛（烛状可点燃烟剂）、烟雾筒（预装在发射筒中的烟剂）、烟雾棒（棒状可点燃烟剂）、烟雾片（片状可直接点燃烟剂）以及烟雾丸（丸状熏烟剂）等。按热源的提供方式可分为加热型、自燃型和化学加热型等。

### （一）烟剂的特点及发展

烟剂是种古老而又年轻的农药剂型。古时人们就采用焚草发烟的方法来驱除害虫，如将艾蒿、除虫菊燃烧来杀灭蝇蚊，用烟草秆、鱼藤根燃烧防治蚜虫等。烟剂的最大特点是药剂的分散度高，并以烟雾的形式充满保护空间，有着巨大的表面积和表面能，使得药剂的穿透、附着能力大大增强，覆盖的表面积大大增加并且分散均匀，能充分发挥药剂的触杀、胃毒、内吸、渗透以及抑制呼吸作用等综合生物效能，从而提高药效。特别适合作物、森林生长茂密和保护地及室内使用。对于防治隐蔽的病虫鼠害，上述作用更为突出。

烟剂在施用形式上，既不是喷雾，也不是喷粉，而是“放烟”。这种施药方式不需要任何施药器械，也不需要水，简便省力，工效高。因此，在交通不便、干旱缺水的地区使用，更具有特殊意义。但烟剂的使用受环境影响较大，一般在密闭的环境条件下使用效果才好。同时，也不是所有农药都可以加工成烟剂使用，只有原药在发烟条件下不分解，且易挥发的原药才能做成烟剂。另外，烟剂在加工贮存、运输、使用过程中都有着火爆炸的危险。

现阶段烟剂主要应用于温室大棚、林业、卫生害虫防治，少量应用在消毒、防霜等方面。当前国内厂家正式登记的烟剂有上百个品种，产品总体上趋于老化，功能较为单一，不能有效地发挥烟剂的优势。如杀菌剂主要以百菌清、腐霉利等几个老品种为主，而杀虫剂多是一些毒性较高的有机磷产品，如敌敌畏等。

随着现代农业和农药工业的快速发展，烟剂面临新的机遇和挑战，呈现出新的发展态势。一是向绿色环保型方向发展。近年来，随着人们生活水平的提高和环保意识的增强，农产品质量安全问题受到高度关注。人们越来越注重食品的品质，无公害食品、绿色食品逐渐成为新宠。而在这些食品当中，农药残留问题首当其冲。这就首先要求烟剂产品必须向高效、低毒、低残留的方向发展，即绿色发展。二是向多功能速效型方向发展。目前国内的烟剂产品功能较为单一，不仅时常耽误施药的最佳时间，而且造成不必要的资源浪费。因此，在烟剂品种的开发上应以病虫害同时防治的产品为佳。同时，基于对生物靶标的作用机制及施药环境的影响，烟剂在品种的选择上应注重其防治的速效性。三是向改良载体安全型方向发展。烟剂要最大限度地发挥效能，其载体作用不容忽视。

### （二）烟剂的组成

烟剂的组成分为两部分，即主剂和供热剂。主剂由农药原药组成，供热剂则由燃料、助燃剂和助剂组成。

1\. 主剂

指具有杀虫、杀菌等生物活性的一种或几种农药原药，是烟剂的有效成分。施用烟剂时，其主剂首先通过受热气化或升华，然后在空气中遇冷而成烟（雾）。这种特殊的施药方式决定了热稳定性差和挥发性差的原药不可作为烟剂主剂。主剂的选择还应遵循以下原则：①燃烧时能迅速气化或升华，成烟率高；②在常温下或燃烧过程中，不易与烟剂中的其他组分相互作用；③在600℃以下的短时高温下，不易燃烧，热分解较少。

2. 供热剂

由燃料、助燃剂和助剂按照一定比例构成。它是烟剂的热源体，为主剂挥发提供热量，能进行无烟燃烧和发烟。改变供热剂的组成或配比，可以改善其燃烧和发烟性能，以满足主剂挥发成烟所需的热量和最佳温度。

（1）燃料。燃料是供热剂的主要成分。用作烟剂的燃料应满足以下几点要求：a. 在150 ℃以下不与氧气作用（燃点太低，易引起自燃），但在200~500℃时与少量氧气即能发生燃烧反应，放出大量热；b. 在燃烧时不产生对保护对象有害的物质；c. 易粉碎，不吸潮，价格低等。

常用的燃料有木粉、木屑、木炭、煤粉、淀粉、白糖、纤维素、尿素、硫脲、硫黄、硫氰酸铵、锌粉、铝粉、植物油残渣、废纸布和硝化纤维等。常以木粉或木炭与其他燃料混用，调节燃烧性能，达到制备烟剂的目的。

（2）助燃剂。助燃剂又称氧化剂，是能帮助和支持燃料燃烧的物质，有较高的含氧量和一定的氧化能力，以供给燃料燃烧所需要的氧和热，保证燃烧反应持续稳定地进行。助燃剂在150 ℃以下比较稳定，在150~600 ℃时能分解释放出氧气，同时要求对一般撞击和摩擦的敏感度较低，不易爆炸，不易吸潮等。常用的助燃剂有$KNO_3$、$NaNO_3$、$NH_4NO_3$等硝酸盐，$KClO_3$、$NaClO_3$等氯酸盐，$KMnO_4$等高锰酸盐，以及多硝基有机化合物等。

（3）助剂。指能改善烟剂燃烧和发烟性能的一切添加剂。根据在烟剂中所发挥的作用，助剂可分为如下几类：

①发烟剂。在高温下能挥发，冷却后迅速成烟的一类物质，能增大烟剂燃烧发烟过程中的烟量和烟云浓度。发烟剂受热挥发形成的烟云粒子是主剂在大气中的载体，以帮助农药的飘移与沉降，对保护对象无害。如$NH_4HCO_3$、萘、蒽、松香等。

②导燃剂。能降低烟剂燃点，促进引燃并加速燃烧的物质。一般在燃点高不易引燃或燃烧速度缓慢的烟剂配方中加用。导燃剂燃点较低，还原性强，如二氧化硫脲、硫脲、硫氰酸铵等。

③阻燃剂。是一类不可燃物质，用于消除烟剂燃烧过程中产生的火焰或燃烧后残渣中的余烬。能消焰的阻燃剂称消焰剂，如$Na_2CO_3$、$NaHCO_3$、$NH_4Cl$、$NH_4HCO_3$等。能消除残渣中余烬的阻燃剂称阻火剂，是一类惰性物质，如滑石粉、陶土、石灰石、石膏等。在残渣易产生余烬的烟剂配方中加入适量的阻火剂，能降低烟剂残渣的温度，阻止残渣中可燃物质的继续燃烧，为烟剂安全使用提供保障。

④降温剂。也称缓冲剂，作用与导燃剂相反，是能大量吸收或带走燃烧热量，降低燃烧温度，减缓燃烧速度的助剂。常用于燃点低、易引燃或燃烧速度过快、温度过高的烟剂配方中。常用的降温剂有$NH_4Cl$、$NH_4HCO_3$、硅藻土、白炭黑、膨润土、滑石粉、ZnO、MgO等。

⑤稳定剂。在常温下可防止烟剂中有效成分和有关助剂在贮藏过程中分解及相互作用的物质。常用的稳定剂有$NH_4Cl$、高岭土、惰性无机物等。

⑥防潮剂。为一类非水溶性物质，能在烟剂界面或烟剂粉粒表面形成蜡膜或油膜，

防止烟剂吸潮（燃料和助燃剂等易从空气中吸潮而不能引燃）。常用的防潮剂有柴油、润滑油、锭子油、高沸点芳烷烃、蜡类等。

⑦加重剂。是一种特殊的发烟剂，其形成的烟微粒密度大，使整个烟云加重不易升空。含有加重剂的烟剂称重烟剂。重烟剂的烟云靠近地面飘移、沉降，受气候条件（特别是风）影响小，对矮秆作物田间的使用有特殊意义。常用的加重剂有对硝基酚、水杨酸、S、$FeCl_3$、$ZnCl_2$、$SnCl_2$等 。

⑧黏结剂。能将烟剂粉粒黏合并使烟剂成型和保持一定机械强度的黏胶性物质。多在线香、盘香、蚊香片中采用。常用的黏结剂有酚醛树脂、树脂酸钙、虫胶、石蜡、糊精、石膏等。

上述材料中，主剂、燃料、助燃剂和发烟剂是烟剂的基本组成部分，其他组分可根据加工配制的实际情况予以选择。

### （三）烟剂的加工方法

与其他农药剂型相比，烟剂的加工配制难度较大。理想的烟剂，既要燃烧迅速、彻底、成烟率高、药效好，又不能在燃烧过程中产生明火或燃烧后留有余烬，同时还要保证在贮运、使用过程中有效成分的稳定性和安全性等。一般而言，烟剂的加工配制都先按供热剂、主剂、引线三部分分别加工处理，然后进行混合、组装或成型处理。

1. 供热剂的加工

供热剂的加工配制方法主要分为干法、湿法和热熔法三种，其中以干法最为常用。

（1）干法。将燃料、助燃剂和其他助剂分别粉碎至 80~100 目，按比例混合均匀后，用塑料袋包装即成粉状固体供热剂。这种方法是最简单的加工配制供热剂的方法，几乎适用于所有参与加工配制供热剂的助燃剂。

（2）湿法。将助燃剂溶于 60~80℃的水中，制成饱和溶液，然后加入燃料和其他助剂，搅拌均匀后经干燥、粉碎即成供热剂。此法助燃剂渗透于燃料之中，易引燃，燃烧性能比干法配制的烟剂好，适用于在热水中溶解度较大且不易燃烧的助燃剂和燃点高的燃料。但此法较为烦琐，且在干燥粉碎时易着火，故不常用。

（3）热熔法。在铁锅中加助燃剂质量 2%~3%的水（少量水可以降低助燃剂熔点）与粉碎后的助燃剂混合加热至全部熔化后，停止加热并立即加入干燥的燃料，充分拌匀，趁热取出粉碎至 4mm 以下细度，再与其他助剂混拌均匀。此法具湿法配制的优点，生产的供热剂含水量低，点燃和燃烧的性能均佳，但加工过程危险性大（比湿法更危险），只适用于熔点低的助燃剂（如 $NH_4NO_3$）和燃点高的燃料（如木粉及木炭组成的供热剂）。

2. 引线的制作

一般而言，烟剂在使用时都是通过引线引燃的。引线由燃料和助燃剂组成，与烟剂紧密接触，燃点比烟剂低。引线燃料包括麻刀纸、棉纸、毛边纸、文昌纸、木炭、硫黄、木粉、树脂、锑粉、铁粉等，引线助燃剂包括硝酸盐、氯酸盐和高锰酸钾等。其制作方法主要有以下两种。

（1）浸药法。将文昌纸或麻刀纸（占引线45%~35%）在$KNO_3$或$NaNO_3$（占引线55%~65%）饱和溶液中浸2~3次，晾干后裁剪成条，搓成纸捻即可。

（2）药粉引线。首先将助燃剂和燃料粉碎，按照一定比例混合均匀制成引燃剂，然后包卷在棉纸条内，再将其拧成双股纸绳即可。常用的引燃剂包括70%硝酸钾、16%硫黄与14%木炭组成的黑药，70%氯酸钾与30%木粉组成的白药以及50%高锰酸钾与50%还原铁粉组成的紫药等。

3. 烟剂的组装

烟剂的组装成型方法主要有混合法、隔离法和分层法三种，其中以混合法较为常见。

（1）混合法。将主剂和供热剂的各组分放在一起混合配制的方法。首先将加工好的主剂、供热剂直接混匀，然后根据需要，按定量分装在塑料袋、硬纸筒等传热不良的容器内，埋好引线，开好出烟孔，接缝处和出烟孔用蜡纸封牢，使用时撕下出烟孔纸条，点燃引线即可。混合法适用于农药性质稳定、不与供热剂等发生反应的固体原药。如30%百菌清烟剂即由百菌清（35%）、$NH_4NO_3$（10%）、$KNO_3$（10%）、甘蔗渣（20%）等混合加工而成。

（2）隔离法。又称分离法，是指将主剂与供热剂分别加工、隔离包装存放，使用时再组装在一起的方法。即主剂装在塑料软管中，供热剂装在塑料袋或纸筒中，使用时将装有主剂的塑料软管插入供热剂内。此法适用于农药易挥发、分解或混合后易与其他组分发生反应的液体或溶于液体溶剂的固体农药。

（3）分层法。将主剂与供热剂分上下两层装于包装筒或盒中的方法。即包装时将配制好的供热剂放在包装筒下部，主剂则放在包装筒上部，两者之间用塑料薄膜或铝箔隔开。该法可防止农药有效成分在发烟过程中燃烧和分解。配制过程中，有的主剂可以不经粉碎或只粉碎成较粗的颗粒，也可以将主剂加热熔化后倒入包装筒上部。此法适用于易燃和易分解的低熔点蜡状或固体农药。

## 八、除草地膜

除草地膜是伴随地膜栽培技术而产生的农药剂型。它是普通地膜在生产过程中加入选择性化学除草剂或有色母粒及助剂制成的一种具有除草功能的复合膜。显而易见，除草地膜兼具除草功能和普通地膜保温、保墒及促进作物增产、早熟的作用。它不仅具有普通地膜的优点，而且由于控制杂草，比普通地膜还要增产10%~20%，因此有着广阔的应用前景。随着农药剂型加工业的发展和现代农业进程的增快，除草地膜呈现出多功能的发展趋势。如在含阳光屏蔽剂的除草地膜领域，一种新型双色除草地膜已于2011年问世，该除草地膜具除草防虫等多项功能，特别适合绿色有机农产品的生产需要。随着材料工业的迅猛发展，今后除草地膜的载体将会更加绿色、环保。

### （一）除草地膜的种类及特点

除草地膜在生产和使用过程中对人畜是比较安全的。根据所含除草活性成分及除草机制的不同，除草地膜分为含除草剂的除草地膜和含阳光屏蔽剂的除草地膜两类。

1. 含除草剂的除草地膜

含除草剂的除草地膜通常有单层和双层两种，根据涂药层所在的位置又可将其分为以下三类：a. 单层双面含药除草地膜；b. 单层单面含药除草地膜；c. 双层单面含药除草地膜。

含除草剂的除草地膜虽然涂药层各异，但它们有一些共性。首先，基本组成相同，是除草剂和普通地膜的二合体。即均以不同型号的聚乙烯树脂为成膜材料，均含有不同种类的除草剂和助剂。其次，除草机制相同，均借助于土壤墒情逐步溶解膜中除草剂，在地表形成药层，从而达到杀死杂草种子或幼苗的目的。即覆用后，膜下地表层土壤中的水分在阳光照射下受热蒸发变成蒸汽，其后这些蒸汽在膜下遇冷凝结成水珠而附于膜表面，致使混于或涂于膜表层的除草剂被溶解萃取出来，并随这些水珠一起落回地表土层而形成一层带有除草剂的薄土处理层，位于这些薄土处理层的杂草种子或幼苗吸收除草剂后即中毒死亡。根据这个原理，在使用这一类除草地膜时要做到播种后地面尽可能平整，使地膜与地面充分接触。

2. 含阳光屏蔽剂的除草地膜

这种除草地膜是在低密度聚乙烯树脂、线性低密度聚乙烯树脂中加入一定比例的有色母粒和助剂，经吹塑而成的一种有色地膜。它通过地膜本身的颜色，阻隔杂草进行光合作用的有效光线，达到杀灭杂草的目的。因此，这种除草地膜无药害、杀草周期长，可使作物根系发达，有利于改善作物品质，不过这种地膜影响地温升高。

含阳光屏蔽剂的除草地膜品种有黑色地膜、黑白两面地膜、绿色地膜等，其中以黑色地膜最为常见。黑色地膜是在树脂中加入炭黑或炭黑母粒，经吹制而成的。黑膜有阻隔阳光作用，可显著抑制杂草生长；也有降低地温的作用，高温季节有利于根系生长，适用于草害严重、增温不是主要矛盾的地区，也可用于移栽作物或夏秋播种的西瓜等作物。由于黑色膜本身能吸收大量热量，而又很少向土壤中传递，表面温度可达50~60℃，因此耐久性较差。

### （二）除草地膜的加工方法

1. 含除草剂的除草地膜加工方法

如前所述，含除草剂的除草地膜有单层双面含药、双层单面含药和单层面涂药的区别。在生产实践中，国内以单层双面含药除草地膜最为常见。总体上讲，单层双面含药除草地膜的加工工艺较简单，就是在对成膜材料聚乙烯树脂加工的同时，向其中加入化学除草剂。但由于聚乙烯的惰性很强，一般情况下难以和其他物质相混溶，因此在加工过程中通常需要选用不同功能的助剂来完善工艺。换言之，单层双面含药除草地膜就是在一定工艺条件下，由聚乙烯、除草剂和助剂组成的混合物通过挤出吹塑机吹制成型而得的除草地膜。

（1）原料的选择。

①除草剂。选作除草地膜的除草剂除去必要的药效外，通常必须在220℃时有较好的热稳定性。这是因为聚乙烯吹塑工艺一般要加热到200 ℃，最高可达220℃。不过，当除草剂热稳定性不够时，可根据其分解物的不同，选择加入相应的热稳定剂，使其保

持稳定。

②助剂。在生产除草地膜时必须加入助剂。第一，加入助剂能够促进聚乙烯和其他物质相混溶。具体来说，就是加入适量的亲油性表面活性剂。第二，是由除草地膜的除草原理决定的。除草地膜是通过蒸汽在膜面遇冷凝结成的水，将膜中除草剂萃取出来，最终杀死杂草或杂草种子的。而聚乙烯吸水率很低，欲使冷凝水均匀附着在其表面是困难的，因此必须选用一种亲水的表面活性剂来实现。总而言之，只有加入助剂才能保证膜的除草活性及贮存稳定性。

③聚乙烯树脂除草剂及助剂的加入会降低生产中的膜泡强度及成品率，得到的产品的机械强度达不到标准要求。因此，必须选用适当型号的树脂及配比。通常线性聚乙烯成膜性好，强度高，加入适量的该种原料，可很好地解决膜的机械强度及成膜率问题。

（2）加工过程。

①配料混炼。配料有两种方法。一种是将除草剂和助剂做成母粒，然后再将母粒与聚乙烯进行成膜加工。另一种是将除草剂、助剂和聚乙烯三者在高速混合机中混匀，再加工成膜。此法相对节省能量。但不管采取何种方法，都必须使配料混炼均匀，否则将影响药剂在膜中的分散性。

②吹塑成膜。这一过程包括升温、加料、提料、喂料以及吹胀等。首先，将挤出机各段升温。具体工艺条件要求是，加料段 150～160℃；压缩段 170～180℃；挤出段 175～190℃；机颈及机头 180～185℃。挤出机保温处理完毕，即向其料斗中加入已制备好的配料，然后启动挤出机电机。操作时先开低速，其后根据进料情况再调节转速。将挤出熔融物料前段封闭，由压缩空气管通入空气，形成管状膜泡，再将其缓缓提起，通过人字板进入夹辊牵引成膜，最后经导辊送入卷取装置。管状膜泡送入夹辊以后，用压缩空气将膜泡继续吹胀，达到要求宽度后，以定量的空气在膜泡中稳压运转。

③卷筒计量。待膜的宽窄、薄厚调整合格后，再将其卷在成品卷上，其质量按卷重要求成卷，此即为成品。

2. 含阳光屏蔽剂的除草地膜加工方法

含阳光屏蔽剂的除草地膜是在基础树脂中加入一定比例的有色母粒和助剂，经吹塑而成的一种除草地膜。这类地膜中较常见的是黑色地膜。

黑色地膜中聚乙烯混合料占 85%～90%，黑色母料占 10%～15%。生产工艺过程与双面含药单层除草地膜的过程基本一样。生产黑色微膜，由于炭黑的加入，吹膜难度大为增加，对微膜强度、破膜次数、着色均匀性都有很大影响。为解决这些问题，在吹塑前增加色母料制造工艺。此即黑色地膜与双面含药单层除草地膜在生产加工中的区别。色母料系将专用炭黑与适量的助剂预先混合好，再与基料按一定比例在双螺杆挤出机中进行充分混炼、挤出、切粒而制得黑色母料。

### （三）除草地膜的质量控制

产品规格。除草地膜产品规格允许误差、外观、物理力学性能测定，分别按 SG 369、HG 2-167、GB 1040、GB 1039 的有关规定和测定方法进行。

## 九、饵剂

饵剂（bait，RG）又称毒饵（RB），不同文献定义有所差异，朱成璞在《卫生杀虫药械应用指南》中给出的定义为：将杀虫有效成分加入卫生害虫喜食的饵料中，引诱害虫取食以杀灭害虫的剂型，固体称为毒饵，液体称为毒液；刘步林在《农药剂型加工技术》第二版对其定义是：引诱目标害物取食而设计的制剂。

综合上述，狭义的饵剂是指针对目标害物的取食习性而设计的，将胃毒剂与目标害物喜食的饵料混合经加工而成，通过引诱目标害物取食以杀灭目标害物的制剂，一般由饵料、胃毒剂和添加剂组成。而广义的饵剂是指针对目标害物的某种习性而设计的，通过引诱目标害物前来取食或发生其他行为而致死或干扰行为或抑制生长发育等，从而达到预防、消灭或控制目标害物的目的的一种剂型。

饵剂中的“原药”与农药基本概念中原药的含义不同，这里的“原药”可能是原粉或原油，也可能是加工好的制剂。饵剂通常可以直接使用，若需经过稀释作为诱饵的固体或固体制剂称为浓诱饵。

以饵剂进行诱杀有害生物的方法称为毒饵法。毒饵法适用于诱杀具有迁移活动能力的有害动物，通常用于防治害鼠、卫生害虫（如蟑螂、家蝇、蚊子、蚂蚁）及地下害虫（如蝼蛄、地老虎、蟋蟀），也可以用来防治蝗虫、棉铃虫、金龟子、天牛、蝽、实蝇、蛞蝓、蜗牛、臭虫等。由于这些有害生物在为害过程中的迁移活动能力较强，采用喷雾、喷粉等定点施药的方法进行防治时效果不理想，以毒饵进行诱杀是最好的防治方法。近年来，随着毒饵剂型研发的投入，国际上对饵剂的配制，尤其对引诱剂和增效剂，开展了大量的研究工作，以及结合不同地区毒饵站的建立，饵剂在对有害生物的防治中应用越来越广泛。

### （一）饵剂的分类

饵剂种类繁多，为了便于认识、研究和使用，通常将饵剂进行分类。按形态可分为固体饵剂、液体饵剂和混合体饵剂。固体饵剂按照形状可分为屑状饵剂、粒状饵剂、片状饵剂、块状饵剂、条状饵剂、丸状饵剂和粉状饵剂等；混合体饵剂又可分为膏状饵剂和糊状饵剂。按防治对象分类，可分为灭虫饵剂（灭卫生害虫饵剂和灭地下害虫饵剂）、灭鼠饵剂、灭软体动物饵剂和灭其他有害动物饵剂。根据作用机制，饵剂可分为杀灭饵剂、生长调节饵剂和不育饵剂。按饵剂原药的原料来源及成分，又可以分为无机饵剂和有机饵剂。有机饵剂通常又可以根据其来源及性质分为化学合成饵剂、植物源饵剂、动物源饵剂和微生物源饵剂。按饵剂的加工配制方法，可以将其分为商品饵剂和现配现用饵剂。

### （二）饵剂的特点

饵剂是针对目标害物的取食习性而设计的，它是将原药与目标害物喜食的饵料混合经加工而成，通过引诱目标害物取食以达到防治害物的目的，加上饵剂特有的施药方法，形成了农药饵剂自身的许多优良性能，其突出特点主要表现在以下几个方面。

（1）使用方便，施药者容易掌握。与其他农药剂型相比，饵剂的使用技术更加简单，主要采取抛撒、散布或分放的方法。例如，防治农田地下害虫时，播种期间可将饵剂撒在播种沟里或随种播下，幼苗期则可将饵剂撒施在幼苗基部。

（2）对有害生物防治效率高。配制饵剂剂型过程中所使用的饵料均是根据不同有害物种的喜食习性进行选择物料的，个别种类还针对有害物种添加了引诱剂，而且饵剂在加工过程中，根据使用方式的不同，可加工成粒状饵剂、蜡状饵剂、鲜料毒饵、毒粉等剂型进行使用。从而使得饵剂在对有害生物的防治过程中防效明显提高。

（3）成本低，对环境污染小。饵剂作为一种特殊剂型与其他农药剂型有很大区别，其有效成分含量往往较低，组成成分中主要以饵料为主，可以手工成批量配制。在配制过程中饵料除用有害生物喜食的食物外，还可以采用新鲜水草或野菜，这样不仅可以节约粮食，而且对许多草食性有害生物的防治效果可以超过粮食作饵料配制的饵剂。

（4）性能优越，持效时间长。饵剂在加工过程中，其原药与饵料完全混合均匀，尤其在其普通加工基础上改进的胶饵，对原药有着良好的固有特性，即使在表面层失水分后也能形成一种特殊的保护膜防止内部水分散失，使饵料能保持水分长达数月，这保证了饵料长期优良的适口性和杀灭效果。

### （三）饵剂的组成

#### 1. 原药

作为饵剂组成部分的原药大多都是胃毒剂，原药可能是通常所说的原粉或原油，也可能是加工好的制剂。原药要根据防治对象来选定。饵剂原药的品种复杂多样，根据防治对象可以概括为杀虫剂、杀软体动物剂和杀鼠剂三大类。

#### 2. 载体

指目标害物喜食的饵料，饵料也被称为基饵，在饵剂组分中一般都占据最大的质量百分比。载体作为诱饵，大多数饵料本身可以散发出特定引诱目标害物气味的化学物质，从而引诱害物前来取食，但饵料应与引诱剂区分开来，不应被列为引诱剂的范畴。一般来说，凡是有害生物喜欢取食的食物均可以作为饵料。如防治家鼠的饵剂可选择家鼠喜食的粮食、油料、植物种子、茎叶、蔬菜、瓜果、新鲜杂草或干草等作载体；防治家蝇的饵剂可用糖、饭菜、果、牛奶、奶粉、鱼、鱼粉、肉、肉松、面粉、淀粉等作载体；蟑螂喜食含糖和淀粉的食物，可用米饭、面包、米糖、土豆、大豆粉、红糖等食品和各种动植物油作载体。

#### 3. 添加剂

添加剂是饵剂制剂加工或使用过程中添加的辅助物质，主要用于改善饵剂的理化性质，增加饵剂的引诱力，提高饵剂的警戒作用和安全感。添加剂主要包括引诱剂、增效剂、黏合剂、防霉剂、脱模剂、防虫剂、缓释剂、警戒剂、稀释剂和安全添加剂等。大多数添加剂本身基本不具有相同于有效成分的生物活性，但是能影响防治效果。也有的添加剂本身就具有生物活性，比如某些增效剂本身就具有杀灭效果，但又能作为其他药剂的增效剂。

（1）引诱剂。指赋予毒物对有害生物产生引诱力的物质。例如，在研制防治害鼠的引诱剂时，可选用巧克力、各种香料、香精和油类等作引诱剂：矿物油能增强含有抗凝血剂的杀鼠剂饵剂的香气，麦芽糖浓度为2%~3%时，能改进鼠类对各种饵剂的喜食性，正烷基乙二醇可作为鼠类的引诱剂。

制备饵料时，应根据不同的防治对象选择不同的引诱剂。引诱剂在配方中的用量要适度，用量低时对有害生物的引诱作用不理想，过高时有时会出现趋避作用。在某些条件下，嗅觉引诱剂可以转化为强烈的拒食信号，因此反复使用同种诱饵，尤其是短期内连用，会加强其拒食性，使杀灭效果迅速下降。

（2）黏合剂。指具有良好的黏结性能，能将两种相同或不同的固体材料连接在一起的物质，又称黏着剂。黏合剂的种类很多，分亲水性和疏水性两种。亲水性黏合剂常见的有植物性淀粉、糖、胶、羧甲基纤维素、硅酸钠、聚乙烯醇、明胶、阿拉伯胶等；疏水性黏合剂常见的有石蜡、硬脂酸、牛脂等。配制饵剂时可以根据实际情况选择。当选用含水的黏着剂配制完饵剂后，应及时投放或必须晾干、烤干，否则容易发霉变质。

（3）增效剂。增效剂通常本身无生物活性，但能抑制生物体内的解毒酶，与胃毒剂混用时，能大幅度提高饵剂的毒力和防效。常用品种有芝麻灵、胡椒碱、增效酯、增效醚、增效环、增效特、增效散、增效醛、增效胺、氧硫氰醚、羧酸硫氰酯、杀那特、二硫氰甲基烷、三苯磷、八氯二丙醚、三丁磷、增效磷、芝麻素、蒎烯乙二醇醚等。配制饵剂时，应根据不同毒物、不同防治对象，合理选用增效剂。

（4）防霉剂。在下水道、阴沟或其他潮湿场所投下饵剂后易发霉、变质，适口性下降，用于野外投放的饵剂在多雨季节也会遇到同样的问题。发霉往往是因为饵料存在而引起的。为防止饵剂由于微生物引起霉变，其适口性降低，需加入少量防霉剂。作为饵剂防腐剂的种类很少，常用的防霉剂主要有硫酸钠、苯甲酸、山梨酸、硝基苯酚、三氯苯基醋酸盐、丙酸、丙酯、脱氢醋酸及某些食品防腐剂等。

（5）防虫剂。指饵剂为了防止生虫变质而加入的杀虫剂。饵料不但容易霉变，长期贮存和运输还会被贮藏害虫取食为害，造成饵剂变质，影响饵剂灭效。因此也常在饵剂中加入杀虫剂作防虫剂。防虫剂可根据饵料本身的贮藏害虫种类来进行选择，一般选择无怪味的广谱杀虫剂。

（6）脱模剂。脱模剂的作用是保证饵剂制作过程中饵剂不与模具粘在一起，并使产品外表光滑，比如滑石粉。

（7）稀释剂。对于毒力大、浓度低的药物，直接配制饵剂不易均匀。应先在原药内加适量稀释剂研细拌匀，再配制饵剂。若药物颗粒较粗，需要研磨，而研磨时又易结块，亦应加稀释剂后再研磨成细粉末。至于原药的稀释倍数，应视药物的性质和黏着剂的种类而定，一般稀释后的用量不超过诱饵质量的5%。对于亲脂性的药剂，若用植物油作黏着剂时，就不必稀释。常用稀释剂有滑石粉、淀粉等。

（8）警戒剂。为防止人、畜、家禽误食中毒，常在饵剂中加入有害生物不拒食而能引起人们特别注意的颜色物质，即警戒剂，以提高其警戒作用。警戒剂的选择标准以着色明显、能起警戒作用、不影响饵剂适口性和廉价易得为原则。警戒色可以把饵剂和其他无毒食物明显区分开，使用后剩余的饵剂可以统一收集进行处理。警戒剂最好选择适口性好、易溶于水、醒目、使用方便、对饵剂没有不利影响的染料。

（9）安全剂。为避免饵剂偶然被非靶标动物吃下，加工时可在饵剂里掺入能使害物不呕吐但又能使非靶标动物呕吐的催吐剂作为安全剂。鼠类没有呕吐中枢，食入没有反应，而非靶标动物误食后呕吐，不至于中毒。吐酒石是通常使用的催吐剂。例如，为了减少人畜中毒的可能性，在杀鼠剂中加入人畜嗅觉和味觉不喜爱、鼠类却察觉不出来的苦味剂 Bitrex。

此外，在进行饵剂研制时，还可在饵剂中添加除水剂和矫味剂等以增强饵剂的适口性。

### （四）饵剂的加工方法

饵剂的加工方法比较复杂，而且很不规范，目前大多为人工制造。饵剂配制加工的方法有两类：一类为经过工厂加工的定形商品，可以长期贮藏和远距离运输，需要严格按照产品的技术标准，通过专门的设备进行生产；另一类为根据需要现配现用，大都不需要专用设备，技术标准也不规范。

1. 商品饵剂的加工工艺

商品饵剂的加工主要分为两部分，首先将原药加工成易于配制的相应剂型，再以水或其他溶剂将原药制剂或粉剂等与饵料、引诱剂、警戒剂等混合成型，制成定形的商品饵剂。规范的饵剂加工，通常必须具备一定的加工设备，常见的加工设备有混合设备、粉碎机械、造粒机、压片机、干燥器、包装机械等。

商品饵剂的加工工艺大体上分为浸泡吸附法、滚动包衣法和捏合成型法。

（1）浸泡吸附法。用水或有机溶剂将原药溶解，加入警戒剂，将具有一定几何尺寸的饵料与原药溶液混合，浸泡一定时间，晾干（或干燥）即成。

（2）滚动包衣法。将原药（通常是原粉或粉剂）加适量淀粉或面粉混合均匀，将具有一定几何尺寸（通常是颗粒）的饵料与黏合剂混合均匀，而后将原药与淀粉混拌均匀，经干燥后得成品。

（3）捏合成型法。将原药粉碎成一定细度，加入适量具有一定细度所筛选的饵剂（淀粉或面粉）混合均匀，然后再加入适量水和少量黏结剂，捏合成型，经干燥后得成品。

2. 现配现用饵剂的配制方法

现配现用的饵剂，药剂事先加工成相应母药，使用时根据需要选择合适的饵料进行现场配制。对于不宜久存的饵料，一般采用现配现用的方法。这种方法大都不需要专用设备，技术标准也不规范，配制操作过程也比较粗放。相反，由于现配饵剂的饵料新鲜，适口性往往比商品饵剂好，害物更喜爱取食，因而正确使用的情况下防治效果也可能会比商品饵剂更好。

现配现用饵剂的配制主要根据药剂的理化性质和诱饵的形状、大小来选择。常用的配制方法有黏附法、浸泡法、湿润法和混合法 4 种。

（1）黏附法配制。适用于药剂不溶于水、饵料为粮食或其他颗粒或块状物的饵剂配制。对于表面干燥的饵料，配制时需加黏结剂。

（2）浸泡法配制。可溶于水的药剂用浸泡法配制较好。这种方法不用黏着剂，但一定要掌握好饵剂的浓度。

(3) 湿润法配制。适用于水溶性的药剂。与浸泡法相比，湿润法更方便。

浸泡法和湿润法适用于水溶性药剂，耐热的药物可以冷浸，也可以热煮，不耐热的药物只能冷浸。常温下溶解度不大，但能溶于热水且热稳定的药剂可以先用热水或沸水溶解，再浸泡或热煮制成饵剂。

(4) 混合法配制。混合法配制饵剂时不需加黏结剂，这种方法配成饵剂，原药均匀分布在诱饵中不会脱落，适合于接受性较差的药剂，尤其适用于粉末状诱饵与各种药剂。若用块状食物如甘薯、胡萝卜瓜果等作饵料，也可以采用混合法。可直接均匀加入药剂，搅拌均匀即制成饵剂，以新鲜饵料配制的饵剂不能久存，应尽快用完。面粉与药剂充分混合制成颗粒即可使用，也可干燥后贮存备用，勿发霉，以免影响防治效果。

## 第二节　液体制剂

液体制剂包括乳油、微乳剂、水乳剂、可溶性液剂、悬浮剂、超低容量喷雾剂、热雾剂等。这类剂型的物理状态为液态，一般是以有机溶剂或水为液态介质，与农药有效成分和其他助剂一起，加工成的液体制剂。较早出现的液体制剂是乳油，由于使用对环境不友好的芳烃溶剂，使得该剂型使用越来越受到限制。随之出现的水基化制剂，如微乳剂、水乳剂、悬浮剂等剂型，不使用或较少使用有机溶剂，因符合环境保护要求而受到各国青睐。下面对常见的液体制剂进行介绍。

### 一、乳油

乳油（emulsifiable concentrate，EC）是农药的基本剂型之一。它是由农药原药（原油或原粉）按一定比例溶解在有机溶剂中，再加入一定量的农药专用乳化剂，制成均相透明油状液体，与水能形成相对稳定的乳状液，这种油状液体称为乳油。乳油是在早期使用油乳剂（矿物油和植物油）基础上，将现配现用改为预先配制、贮存备用而发展起来的一种剂型。

#### （一）乳油的组成

农药乳油是将较高浓度的有效成分溶解在溶剂中，加乳化剂调制而成的液体。一般用大量水稀释成稳定的乳状液后，用喷雾器散布。近年来也进行低容量喷雾以至于超低量喷雾。乳油的物理性状中，最重要的是乳化性。配成稀释液后，必须至少有 2h 的乳化稳定性，还要求有良好的分散性。

#### （二）乳油的发展现状和趋势

乳油是一种发展十分成熟的农药剂型。一般来说，凡是液态或在有机溶剂中有足够溶解度的原药，都可以加工成乳油。但乳油是一种面临淘汰的剂型，因为乳油耗用大量对环境有害的有机溶剂。特别是芳香烃有机溶剂，要求禁用的呼声越来越高。乳油曾是我国农药市场的第一大剂型。不过，国家发展和改革委员会 2006 年第 4 号公告，“自

2006年7月1日起，不再受理申请乳油农药企业的核准”；工业和信息化部〔工原（2009）29号〕公告，“从2009年8月1日起停止颁发新申请的乳油产品农药生产批准证书”，预示着乳油将逐渐被其他剂型替代。

从最近几年我国农药制剂的实际生产情况来看，制剂年产量约200万t。其中乳油产量占比很高，使用各类溶剂总量在30万t左右，绝大部分是高挥发性芳香烃，如苯、甲苯、二甲苯等。乳油产品居所有剂型产品的首位，之所以倍受批评，并不是乳油剂型不好，乳油问题的关键是溶剂。目前我国乳油所使用的溶剂主要是易挥发轻芳香烃溶剂，这类溶剂具有毒性较高、易燃、半衰期长、对环境影响大等缺点。此外，在其他一些剂型中还使用较多的毒性较高或具有致癌性的溶剂，如甲醇、二甲基甲酰胺（DMF）等。如果用其他毒性较低、安全性较高的溶剂，乳油仍然是一种好的剂型，因为同样有效成分情况下，一般乳油速效性要强于其他常见剂型。其实乳油产品本身没有过，全是溶剂惹的祸。乳油产品要从替罪羊中走出来，关键是要解决有毒有害溶剂问题。

据报道，美国1987年就开始对农药中惰性成分进行管理，将农药中惰性成分分为4组，要求企业使用安全的惰性成分；我国台湾地区1996年起对农药产品中有机溶剂加强管理，截至2006年2月，对农药产品中使用的38种有机溶剂进行了限期禁用或限量管理；经济合作与发展组织（organization for economic co-operation and development，OECD）调查报告称，其他一些国家和地区也先后出台了一些限制规定，更多的国家正在考虑出台相关管理规定。中国要解决乳油问题，必须从源头抓起，从根本上解决有毒有害溶剂问题。一是对目前在乳油生产中大量使用的二甲苯、甲苯、苯、甲醇、二甲基甲酰胺等有毒有害溶剂实施限制使用；二是组织开展专题技术交流，鼓励企业与科研院所、高校开展技术合作、技术转让，对关联度大的技术难题设立科技专项予以扶持，扎扎实实做好有毒有害溶剂的替代工作。

一些发达国家先后颁布了某些乳油产品禁令，中国也正在大力推进乳油产品的削减和部分替代工作。除了大力开发、推广、使用环境友好型水乳剂、悬浮剂、悬浮乳剂等水基性剂型的制剂，压缩乳油的品种和产量外，开发易降解、毒性低、可再生和环境相容的绿色非芳烃乳油是降低乳油中芳烃溶剂用量的重要举措。乳油产品不可怕，关键是要淘汰和禁止使用可怕的溶剂。不可否认，有些乳油类农药衍生出来的污染及农药残留问题，正威胁生态环境和人类健康，但只要我们很好地控制、利用好它，是仍然可以进入市场的。一方面，我们要禁止或限制使用一批对社会环境有不良影响的乳油产品，而对国民经济发展起着重大作用的农药品种，则必须加强引导，科学、合理、安全地使用农药；另一方面，要加强政策和经济支撑，一手着力开发高效、低毒、低残留、符合社会发展的新农药，另一手对乳油类农药产品进行技术创新，用其利，抑其弊。

由于历史的原因，乳油在一定的时期内仍将是我国农药制剂的主导剂型。对必须加工成乳油的农药，应尽量提高农药有效成分的含量，发展高浓度乳油制剂，不用或尽量少用有毒副作用的有机溶剂，尽可能避免传统乳油大量使用有机溶剂给环境带来的危害。

### （三）乳油的主要特点

乳油的主要特点是药效高、施用方便、性质较稳定。由于乳油的发展历史较长，具有成熟的加工技术，所以品种多、产量大、应用范围广，是目前中国乃至东南亚农药的一种主要剂型。乳油的有效成分含量一般在20%~90%。常见的品种有1.8%阿维菌素乳油、20%三唑酮乳油、20%异丙威乳油等。

### （四）乳油的加工工艺

乳油的制备一般包括以下几个步骤。

（1）有效成分含量的选定。主要取决于原药在有机溶剂中的溶解度。一般制成50%~80%的乳油，某些特殊用途或高效农药产品，有效成分含量也可以在5%以下。

（2）调制工艺。调制乳油的主要设备是调制釜，由带夹套的搪瓷玻璃反应釜、搅拌器和冷凝器等组成。

（3）过滤。配好的乳油中常含有少量或微量来自乳化剂和原药的不溶性杂质，悬浮在乳油中，因此需要过滤去除。

（4）调整混合均匀后的物料，将温度调节到室温，取样分析有效成分含量、水分、pH值以及乳化性能等各项指标，如不合格，应进行调整。

乳油的调制需要严格操作，要特别注意水分的控制，因为水分能加速大多数农药的分解速率，水分过高，乳油的贮存稳定性就很差，甚至导致乳油失效变质。

### （五）乳油的包装

农药乳油是有毒的有机溶剂，因此在产品的包装、贮存和运输等方面，都必须严格按照《农药包装通则》（GB 3796—2006）、《农药乳油包装》（GB 4838—2000）和《危险货物包装标志》（GB 190—2009）等规定进行，保证乳油产品在正常的贮运条件下安全可靠，不受任何损伤，在两年内能正常贮存和运输。

1. 包装材料及其技术要求

（1）内包装按规定应选用合格的玻璃瓶、铝制瓶等。不能直接用聚氯乙烯之类的塑料瓶包装，因为乳油中的有机溶剂、乳化剂及农药原油对这些材料都有腐蚀作用。同时必须加内塞和外盖，保证乳油在贮运过程中不会渗漏。每瓶必有标签，粘贴在瓶身中部。

（2）外包装按规定应选用符合危险品包装箱标准的木箱，或符合国家标准的农药用钙塑箱，也可以采用农药用纸箱标准的双面瓦楞纸箱，但不允许使用普通箱和柳条箱。

2. 标志和说明

（1）产品标签是内包装的标志。按规定农药乳油的产品标签应包括农药通用名称、有效成分及含量、剂型（应与外包装的名称、颜色相同）；产品规格、净重及注册商标；农药产品标准号、品种登记号和产品生产许可证号（或证书号）；产品毒性标志、使用说明和注意事项；产品批号、生产日期和有效期；生产厂名称、地址、邮政编码、电话等内容。在标签下边，按农药类别加一条与底边平行、不褪色的特征标志条，除草剂为绿色，杀虫剂为红色，杀菌剂为黑色，杀鼠剂为蓝色，植物生长调节剂为深黄色。

（2）外包装标志通常直接印刷在包装箱上。按规定在包装箱的两个侧面的左上角为注册商标：中上部为农药名称、剂型（应与内包装的名称、颜色相同），其字高为箱高的三分之一，字的颜色按农药类别与内包装标签下边特征标志条的颜色相同；下部为农药生产厂家名称。包装箱的两头，上部为毒性标志及注有易燃、请勿倒置、防晒、防潮防雨等字样；中下部为净重、毛重（kg）、产品批号及箱子尺寸。

3. 农药包装物的回收

农药是现代农业生产的基本生产资料，随着农药使用范围的扩大和使用时间的延长，农药包装废弃物成为了一个不可忽视的农业生态污染源。农药包装物包括塑料瓶、塑料袋、玻璃瓶、铝箔袋、纸袋等几十种包装物，其中有些材料需要上百年的时间才能降解。此外，废弃的农药包装物上残留的不同毒性级别的农药本身也是潜在的危害。

（1）国外对农药包装物的回收处理，有的立法强制执行；有的行业倡导执行等。

（2）近几年中国也开始尝试着各种方案对农药包装废弃物进行管理。《中华人民共和国固体废物污染环境防治法》规定，农药生产销售单位、使用者承担农药包装废弃物污染防治责任，国家鼓励扶持社会企业从事有利于环境保护的废弃物处理工作，对包装物进行充分回收和合理利用。

## 二、微乳剂

微乳剂（microemulsion，ME）是农药原药分散在含有大量表面活性剂的水溶液后，形成的透明或半透明的溶液。农药微乳剂分散质点的粒度很小，通常为 0.01～0.1μm，可见光能够通过微乳液。农药微乳剂是水包油型（O/W）胶体。

### （一）微乳剂的特点

农药微乳剂是农药有效成分或其有机溶剂溶液和水在表面活性剂存在下形成的热力学稳定、各向同性、光学透明或半透明的分散体系，是微乳液科学研究与发展的重要分支，其特点如下。

（1）有效成分的高度分散性。农药微乳剂对水稀释，液滴粒径在 0.01～0.1μm 范围内，实现了农药有效成分使用过程中的高度分散。

（2）分散体系的热力学稳定性。微乳剂分散体系属于热力学稳定的乳液体系，对水稀释自发形成的二次分散体系同样属于热力学稳定的微乳体系。稳定性较高，可长时间放置。

（3）较高的农药有效利用率。高浓度的表面活性剂对农药有效成分起到增溶作用，有助于农药成分向昆虫及植物组织半透膜的渗透；还可有效地降低表面张力，利于其在植物表面的黏附、润湿和铺展。另外，许多微乳剂农药液滴在蒸发浓缩时生成黏度很高的液晶相，能牢固地将农药黏附在植物表面上而不易被雨水冲刷掉。

（4）良好的环境相容性。微乳剂以水为连续相，不用或很少使用对人类自身，或对环境有害的有机溶剂；另外水不易燃、不易爆的性质也增加了农药制剂在生产、贮运过程中的安全性，储运成本也随之有所下降。

### （二）微乳剂的组成

微乳剂的有效成分、乳化剂和水是微乳剂的三个基本组分。有时还加入适量溶剂、稳定剂和助溶剂等。

（1）有效成分。微乳剂配制技术要求高，难度较大。原药最好是液态农药。农用微乳剂有效成分含量一般为5%~50%。

（2）乳化剂。在亲水亲油平衡值（hydrophile lipophilic balance，HLB）8~18范围挑选。离子型或非离子型均可，实际应用中更多的是两种类型表面活性剂的复配。

阴离子型乳化剂常用的有：烷基苯磺酸钙盐（或镁盐、钠盐、铝盐、钡盐等）、$C_8$~$C_{20}$烷基硫酸钠盐，苯乙烯聚氧乙烯醚硫酸铵盐等。非离子乳化剂常用的有：苄基联苯酚聚氧乙烯醚、苯乙基酚聚氧乙烯（$n=15$~$30$）醚、苯乙基酚聚氧乙烯聚氧丙烯醚、壬基酚聚氧乙烯醚、氨基酚聚氧乙烯醚甲醛缩合物、联苯酚聚氧乙烯醚、国产农乳300号与700号等。

（3）溶剂。可选择非极性溶剂如芳烃、石蜡烃、重芳烃、脂肪酸的酯化物、植物油和醇类、酮类等极性溶剂。

（4）水及水质要求。用蒸馏水制备微乳剂是最理想、最稳定的，但成本高。对大吨位的产品采用软化水（去离子水），用于配制微乳剂具有既经济又稳定的优点，处理设备简单易行、便于推广。

### （三）微乳剂的生产工艺

微乳剂的制备工艺简单，生产中按配方从原辅料贮罐中抽料，添加到调制釜中调配，配以一般框式或浆式搅拌器，边搅拌边进料，制成透明制剂。制备方法有：常规加工法、可乳化油法、转相法（反相法）、二次乳化法等。

## 三、水乳剂

农药的水乳剂（emulsion in water，EW）也称浓乳剂，将不溶于水的原油或原粉溶于不溶于水的有机溶剂所得的液体分散于水中形成的一种农药制剂。为不透明的乳状液，油滴粒径通常为0.7~20μm。

### （一）水乳剂的特点

水乳剂有水包油型（O/W）和油包水型（W/O）两类。农药水乳剂有实用价值的是水包油型，农药有效成分布在油相。与乳油相比，水乳剂以廉价的水为基质，无着火危险，难闻的有毒气味很小，对眼睛刺激性小，减少了对环境的污染，大大提高了对生产、贮运和使用者的安全。

乳化剂用量2%~10%，与乳油相近，虽然在选择配方和加工技术方面比乳油难，增加了一些共乳化剂、抗冻剂等助剂，但有些配方在经济上已经可以与相应乳油竞争。但贮存过程中，容易随着温度和时间的变化，油珠可能逐渐聚集变大破乳，有效成分因水解而失效，所以油珠要尽可能小才能稳定。

## （二）水乳剂的组成

水乳剂常含有有效成分、溶剂、乳化剂或分散剂、共乳化剂、水、抗冻剂、抗微生物剂、密度调节剂、pH 调节剂、增稠剂、着色剂和气味调节剂。

（1）有效成分。水溶性高的农药对乳状液稳定性影响很大，不能加工成水乳剂。一般来说，用于加工水乳剂的农药水溶性最好在 1 000mg/L 以下。因制剂中含有大量的水，对水解不敏感的农药容易加工成化学上稳定的水乳剂。

熔点很低的原油，熔点较高或者溶于适当溶剂的原粉均可加工成水乳剂。适合加工成乳油的农药，如能以水全部或部分代替溶剂而加工成水乳剂是更好的选择。

（2）溶剂。某些液态农药在低温条件下会析出结晶，有的常温下就是固体，将这类农药配成水乳剂，还需借助于溶剂。所用溶剂应当理化性质稳定，不溶于水，闪点高、低毒环保、廉价易得。因此需要寻找甲苯、二甲苯等有害溶剂的替代品。N-长链烷基吡咯烷酮是可以取代二甲苯的优良溶剂。

（3）乳化剂。水乳剂中，乳化剂的作用是降低表面和界面张力，形成乳状液，乳化剂的选择是水乳剂配方研究的关键，如环氧乙烷环氧丙烷嵌段共聚物的混合物、聚氧丙烯嵌段等，用量在 10%以内。

（4）分散剂。如聚乙烯醇、阿拉伯树胶等。

（5）共乳化剂。共乳化剂是小的极性分子，因有极性头，在水乳剂中，被吸附在油水界面上。如丁醇、异丁醇、1-十二烷醇等，用量 0.2%~5%。

（6）抗冻剂。常用的抗冻剂有乙二醇、丙二醇、丙三醇、NaCl、$CaCl_2$等。其中较为常用的是乙二醇，用量 3%~10%。

（7）消泡剂。常用的是有机硅消泡剂，用量 0.1%。

（8）抗微生物剂。有 2-羟基联苯、山梨酸、对羟基苯甲醛、甲醛、对羟基苯甲酯、1,2-苯并噻唑啉-3-酮（BIT）。

（9）pH 调节剂。除了一般的无机和有机酸碱作 pH 调节剂外，用磷酸化表面活性剂调节 pH 值稳定效果好，不容易出现结晶。

（10）密度调节剂。通常的无机盐、尿素等可作密度调节剂。

（11）增稠剂。常用增稠剂有黄原胶、聚乙烯醇、明胶、硅酸铝镁、CMC 有酸钠、阿拉伯酸胶、聚丙烯酸、无机增稠剂等。

（12）着色剂和气味调节剂。如偶氮颜料和酞菁染料等。对于家庭卫生用药，可加入香味油调节气味。

（13）水质。配水乳剂用水的水质比较重要。有的配方要求用去离子水，以提高制剂的稳定性。

## （三）水乳剂的加工工艺

通常将原药、溶剂、乳化剂、共乳化剂加在一起，使其溶解成均匀油相，将水、抗冻剂、抗微生物剂等混合在一起，形成均一水相。在高速搅拌下，将水相加入油相或将油相加入水相，形成分散良好的水乳剂。分散相细度对水乳剂稳定性影响很大，油珠越小稳定性越好。加工通常在常温下进行，也有加热到60~70℃进行加工的。

## 四、可溶液剂

可溶液剂（soluble concentrate，SL）是指一类可以加水溶解形成真溶液的均相液态剂型。在可溶液剂中，药剂以分子或离子状态分散在介质中，介质可以是水、有机溶剂或水与有机溶剂的混合物。其中，以水作溶剂的可溶液亦称水剂（aqueous solution，AS）。在国际市场上，通常将二者统称为可溶液剂。

可溶液剂在水中呈分子状态，由于活性物分子上的极性吸引了亲水性的极性溶剂和增溶剂并补以乳化剂，使溶解度迅速增大而溶于水中。一般认为在水中溶解度大于1 000mg/L 的农药适宜制备可溶液剂。

### （一）可溶液剂的特点

可溶液剂是一种均一、透明的液体制剂，其农药有效成分以分子状态溶解在溶剂中，使用后有效成分能够快速充分地发挥作用，加工生产也比较方便。如杀虫双水剂、助壮素水剂。某些农药原药，如赤霉素，在水中的溶解度比较小，但在有机溶剂中的溶解度较大，可加工成乙醇溶液制剂。

可溶液剂的农药原药必须在介质中保持稳定，同时，存放期间应避免高温和阳光暴晒，如农药水剂应注意防止水分蒸发，否则液剂的浓度会升高，以致计量出现误差。可溶液剂，特别是水剂，与环境相容性很好，制造工艺简单。截至 2012 年 12 月 31 日，我国已登记在册的农药产品约 2.7 万个，其中水剂约占 7%。

### （二）可溶液剂的组成

可溶液剂包括农药原药、溶剂及助剂三部分。

（1）农药原药。须溶于水或不溶于水但能制成水溶性盐，或溶于与水互溶的有机溶剂中。

（2）溶剂。通常为水、水溶性有机溶剂及其复合溶剂。

（3）助剂。除表面活性剂外，还需要加入防冻剂、防霉剂，增溶剂常选酰胺类，如 DMF、酮类等。

### （三）可溶液剂的加工方法

能溶于水的农药原药可以直接配制成水剂，但大多数农药原药难溶于水或溶解度低，因此，必须通过一定的加工配制，才可能成为可溶液剂。包括物理方法和化学方法。

（1）物理方法。即根据农药有效成分的物理特性及各功能基团的结构组成，寻找溶解介质，利用增溶作用、助溶作用及其助剂的功能配制成可溶性液剂。

（2）化学方法。即改变农药有效成分结构，增大在介质中的溶解度。

## 五、悬浮剂

悬浮剂（suspension concentration，SC）又称水悬浮剂、浓悬浮剂、胶悬剂，是在表面活性剂和其他助剂作用下，将不溶于或难溶于水的原药分散到水中去，形成均匀稳定的粗悬剂体系。悬浮剂主要是由农药原药、润湿剂、分散剂、增稠剂、pH 调节剂、防冻剂、消泡剂和水等组成。由于分散介质是水，所以悬浮剂具有成本低，生产、贮运和使用安全等特点。而且可以与水以任意比例混合，不受水质、水温影响，使用方便。与以有机溶剂为介质的农药剂型相比，悬浮剂同时具有对环境影响小和药害轻等优点。

根据物理性状，悬浮剂可以分为两类：一是由不溶于水的固体原药分散在水中制成的浓缩悬浮剂（SC），是最常见的悬浮剂品种；二是悬乳剂（SE），分散相由两种原药组成，一种为事先以有机溶剂溶解并乳化了的原油或不溶于水的固体原药，另一种为可直接悬浮（不需有机溶剂溶解）的固体原药，两类原药共同分散在水中，制成具有油相、固相和连续水相的多悬浮体系。

### （一）悬浮剂的特点

与其他农药剂型相比，农药悬浮剂有如下优点：

（1）无有机溶剂，生产中避免了易燃、易爆和中毒问题，使用后对环境影响小。

（2）加工、生产、使用无粉尘产生，安全，清洁。

（3）以水为介质，环境污染小，成本低。

（4）毒性低和刺激性小。

（5）可加工高浓度制剂，包装、贮运和运输费用少。

（6）农药悬浮剂计量和使用方便。

（7）比可湿性粉剂粒径小，比表面积较大，悬浮率和药效高，持效时间长。

（8）农药悬浮剂可用来加工悬乳剂（SE）、悬浮种衣剂（FC）、微胶囊悬浮剂（CS）等，扩大了农药的应用范围。

### （二）悬浮剂的组成

农药活性成分的固体粒子可在油相中悬浮（油悬浮剂），也可在水分散相悬浮（水悬浮剂，简称悬浮剂），大部分悬浮剂是指水悬浮剂。农药悬浮剂主要由农药原药、润湿剂、分散剂、防冻剂、增稠剂等助剂和水组成。

1. 原药

无论是除草剂、杀菌剂和杀虫剂，也不论它们是单剂还是混剂，都可以加工成悬浮剂。悬浮剂中除草剂居多，其次是杀菌剂和杀虫剂，一般来说，在有机溶剂和水中有很低溶解度的固体农药活性成分都适合加工成悬浮剂。对原药的一般要求是：

（1）原粉的熔点应>60℃（最好>90℃），以保证农药活性成分在砂磨中不被熔化，呈颗粒状，以便研磨成微细粒子。同时，表面活性剂和抗冻剂的加入可起到提高可塑性和降低农药固体活性成分熔化温度的作用。

（2）在水中有低的溶解度，一般在 20~40℃条件下最好低于 200mg/L。太大的水溶性易絮凝成团，低温时易析晶，质量难以保证。

（3）农药活性成分在化学上是稳定的（如在水中不水解和光照时不分解）。

2. 助剂

悬浮剂助剂的要求是不能对有效成分有分解、破坏作用，不能降低生物效果，用量少，对作物无药害，对人、畜低毒，成本低，总用量一般为0.5%～15%。

（1）润湿剂。润湿剂使用的目的是加快粒子在水中的润湿速度并降低黏度，一般加入0.2%～1%的润湿剂。

通常选用低泡、浊点大于60℃的非离子表面活性剂作润湿剂，常用的有烃基磺酸盐、硫酸盐和某些非离子表面活性剂，阴离子型表面活性剂等，还有脂肪醇乙氧基化物、烷基酚乙氧基化物、十八烷基磺基琥珀酸钠等。常用的非离子型润湿剂有脂肪醇聚氧乙烯醚、农乳100号、农乳600号、吐温等。其中HLB值（亲水亲油平衡值）较大的品种润湿性能和分散能力较强。

（2）分散剂。悬浮剂是不稳定的多相体系，为了促使粒子分散和阻止研磨粒子的絮凝和凝聚，保证粒子呈悬浮状态，既可使用提供静电斥力的离子型分散剂，也可使用提供空间位阻效应的非离子型分散剂来阻止研磨粒子的絮凝和凝聚。分散剂用量一般为0.8%～3%。

分散剂主要通过以下几个途径提高悬浮剂的抗聚结稳定性：①分散剂在原药粒子上吸附，使原药粒子界面的界面能减少，从而减少粒子聚结合并。②当离子型分散剂在原药粒子上吸附时，可使原药粒子带有电荷，并在原药粒子周围形成扩散双电子层，产生电动势。③大分子分散剂对悬浮剂的稳定作用则是通过大分子分散剂在原药粒子上吸附并在原药粒子界面上形成一个较密集的保护层实现的。

（3）增稠剂。黏度是悬浮剂的一项重要物理指标，适宜的黏稠度是保证质量和使用效果十分重要的因素。适宜的黏度在喷雾时可控制雾滴大小，减少水分蒸发和飘移，从而减少药剂损失和对环境的污染。常用的有黄原胶、明胶、羧甲基纤维素钠、羧乙基纤维素和改性淀粉等，一般为0.2%～5%，黏度一般控制在0.2～1 Pa·s最适合。

（4）稳定剂。悬浮剂用稳定剂有膨润土、轻质碳酸钙、硅酸钙、白炭黑、硅藻土、硅胶、珍珠岩粉、滑石粉等，一般用量为0.1%～10%。

（5）抗冻剂。有多元醇类（如乙二醇、丙二醇、丙三醇）、甘醇类（二甘醇、三甘醇）、聚乙二醇等。

（6）消泡剂。如有机硅类、脂肪酸类、脂肪醇类和椰子酸EO-PO聚合物等，用量为0～5%。

（7）防霉剂。常用的有苯甲酸钠、丙酸、水杨酸钠和山梨酸及其钠盐或其他生物杀菌剂。

（8）pH调节剂。为了调整悬浮剂中达到农药活性成分合适的pH值范围，常用的有有机酸类、有机碱类、脂类和醇类。

（9）结晶抑制剂。通常使用的梳型或接枝共聚物作为结晶长大抑制剂，它们吸附在晶体表面，能够防止溶质沉降，对结晶长大起抑制作用。

### （三）悬浮剂的加工

农药悬浮剂以水为介质，是最实用，最有意义和最有应用前景的一种农药剂型。农药悬浮剂物理状态为黏稠可流动的液固态体系。农药悬浮剂制备原理是将水溶解度小的农药原药细粉、载体以及各种助剂混合，以水为介质进行制备。以获得粒径在0.5~5μm（平均粒径2~3μm）细度的成品。

由于农药品种和配方组成不同，悬浮剂的生产流程略有差异，但一般的制造过程有两种：用机械或气流粉碎、结晶造粒或喷雾造粒；或先把原药与表面活性剂、消泡剂和水均匀分散，经粗细两级粉碎制成原药浆料，然后与增稠剂、防冻剂、防腐剂和水混合，经过过滤即得悬浮剂。

### （四）悬浮剂的性能指标

悬浮剂的性能指标包含外观、有效含量、悬浮率、密度、细度、分散性和稀释稳定性、离心稳定性、pH值、冷热贮稳定性、黏度、水质、水温适应性等。

## 六、超低容量喷雾剂

超低容量喷雾剂（ultra low volμme concentrate，ULV）是供超低容量喷雾装备施用的一种专用剂型。超低容量喷雾剂是一种特制的油剂。用地面施药设备或用飞机将ULV喷洒成70~120μm的细小雾滴，均匀分布在植物茎叶的表面上，从而有效地发挥防治病虫害的作用。

根据使用方法，可分为地面超低容量喷雾剂和空中超低容量喷雾剂；按制剂组成可分为超低容量喷雾油剂（ULV formulation）、静电超低容量油剂（electrostatic formulation）和油悬剂（oil flowable formulation），其中应用最多的是超低容量喷雾油剂。静电超低容量油剂，是专供静电超低容量喷雾使用的，需加静电剂，调整药液的介电常数和电导率，使药液在一定电场力作用下，充分雾化并带电。

超低容量制剂最初用于卫生害虫控制，目前在农林作物病虫害防治方面有少量应用，属于“高功效植保”剂型，近年来较受关注。

### （一）超低容量喷雾的特点

超低容量喷雾与常规喷雾相比有如下特点：

（1）药液浓度高，单位面积施药液量少，工效高。超低容量喷雾时，药液浓度比常规喷雾的药液浓度高数百倍，施药液量通常少于5 000mL/hm$^2$，采用飘移累积性喷雾，比常规针对性喷雾工效高几十倍。

（2）雾滴直径小，易于在靶标上附着。超低容量喷雾的雾滴直径一般在70~120μm范围内，比常规喷雾的雾滴直径（200~300μm）小，细小雾滴附着在靶标上后，不易从靶标滚落。

（3）用油质溶剂作载体。超低容量喷雾的药液主要采用高沸点的油质溶剂作载体，挥发性低，油质小雾滴沉积后，耐雨水冲刷，持效期长，药效高。

（4）局限性。超低容量喷雾受施药时气象因素影响较大，防治范围窄，对操作者技术要求较高。另外，超低容量制剂的油基载体选择不当时，易对作物产生药害，小雾滴也更易进入施药人员呼吸系统，因而安全性相对较低。对所用药剂、载体等性能要求较严。

常见的超低容量制剂为油基制剂，因为超低容量喷雾法所产生的雾滴极细，而且必须在有风的条件下才能使用。若使用水基制剂，细小雾滴在空气中极易迅速蒸发，变成超细雾滴而随风飘散或消失在大气中，无法沉降在作物上。基于无人直升机的航空施药发展较快，以加入雾滴蒸发抑制剂（如纸浆废液、皮糖蜜、甘油、尿素、食盐、黄原胶等）的水为载体的超低容量制剂以及加入填料、增加雾滴体积及密度，并使其迅速沉降而超低容量制剂得到研究。目前也有采用农药乳油、水剂及可湿性粉剂进行超低容量喷雾剂喷雾的，以防效来说，只要适当增加雾滴粒径、密度和喷雾容量，理论上是可以收到较好效果的，但很少有生物学防治效果的报道。

### （二）超低容量喷雾制剂的组成

超低容量喷雾剂在使用时，一般地面喷雾用药量为900～2 250mL/hm$^2$，而飞机喷雾用药量为900～1 500mL/hm$^2$。超低容量喷雾剂含量应根据不同农药品种、防治对象及生产实践而定。

超低容量喷雾剂一般由原药、溶剂及其他助剂组成。原药一般均为高效、低毒的品种，原药对大鼠的经口急性毒性 $LD_{50} \geq 100mg/kg$，制剂的 $LD_{50} > 30mg/kg$。超低容量喷雾雾滴表面积大，挥发率高，必须选用挥发性低的溶剂。沸点在170℃以上的溶剂，如多烷基苯、多烷基萘等。其他助剂还有助溶剂、减黏剂、化学稳定剂、降低药害剂、防冻剂。

### （三）超低容量喷雾剂的加工方法

通超低容量喷雾制剂加工时按制剂各组分（原药、溶制、增溶制、降低药害剂、减黏剂、静电剂等）的定额数量，通过计量槽，投入一个反应釜中，充分拌均匀。过滤并对制剂进行检测后即可包装成成品。

## 七、热雾剂

热雾剂（hot fogging concentrate，HN）是用热能使制剂分散成细雾，可直接或用高沸点的溶剂或油稀释后，在液雾器械上使用油性液体制剂，热雾剂除原药之外，还有溶剂、展着剂、助溶剂、闪点和黏度调节剂以及稳定剂等组分。

传统的热雾剂按载体种类及其来源的不同可分为油基热雾剂和多元醇基热雾剂。油基热雾剂在使用时，可用矿物油或植物油稀释，多元醇基热雾剂使用时可添加适量的水。目前，也有以水、矿物油、表面活性剂以及沉降剂如白炭黑等调制而成的热雾剂配方报道，其雾滴主要由热雾机产生的高温、高速热气流冲散雾化而形成，可被认为属于气力雾化范畴。

### (一) 热雾剂的特点

热雾剂多用于保护地、森林、高秆作物、果园、仓库、下水道等场合的病虫害防治，近年来由于制剂学家的努力和农药助剂品种的迅速发展，热雾剂的性能日益完善，适用的农药品种日趋增多。

热雾剂的特点主要是药效高、持效期长，工效高，且可节省大量淡水资源；耐雨水冲刷能力强；药液烟雾会穿透作物繁茂的枝叶；雾滴沉积行为受气流影响大。

### (二) 热雾剂的组成

热雾剂通常由有效成分、溶剂、表面活性剂、稳定剂、防药害剂、防飘移剂、增效剂、闪点和黏度调节剂等组成。通常有效成分的浓度在10%~15%为宜。

(1) 有效成分。要求毒性较低；挥发性较低；在正常使用浓度下，对植物不产生药害；能与溶剂互溶或在溶剂中的溶解度较大；化学稳定性和物理稳定性好。

(2) 溶剂。溶剂的选择要从溶剂对有效成分的溶解性能、溶剂的挥发性、闪点、黏度等方面考虑，并通过试验来选择适宜的溶剂。

热雾剂要求溶剂对农药原药的溶解性强，沸点在170 ℃以上，通常挥发性较低，要制取黏度较低的热雾剂，必须选用低黏度的溶剂。

选择一个性能好又经济的溶剂通常是很困难的，需要添加少量的助溶剂。如吡咯烷酮、矿物油（较常用）、二甲基甲酰胺、低碳醇类、乙酸乙酯等。

(3) 表面活性剂。配制热雾剂时，需要在体系中加入适量的表面活性剂来降低液体的表面能力，使有效成分容易分散。要根据不同的原药和溶剂，通过试验来选用常用的表面活性剂。

(4) 稳定剂。一般热雾剂的热贮稳定性都比较好，如果热贮稳定性不符合标准，可加入适量妥尔油、有机酸类、酚类、醇类、抗氧剂、环氧氯丙烷等作为稳定剂。

(5) 增效剂。根据主剂的品种，通过药效筛选试验来选用增效剂，常用的增效剂有增效砜、增效磷和增效醚等。

(6) 防药害剂。植物表面是由抗水而亲油的油溶性物质组成的，油剂往往对植物容易引起药害。国外曾用过植物或动物蜡或它们的水解物，如蜂蜡、糖、羊毛脂酸和羊毛醇等用作降低药害剂。

### (三) 热雾剂的加工方法

热雾剂的加工技术和农药乳油、超低容量制剂加工方法基本相同。热雾剂通常采用塑料桶包装。目前联合国粮农组织和世界卫生组织颁布的农药制剂标准中尚无农药热雾剂产品的技术标准。根据符合安全使用要求以及实践中所积累的经验，可建立热雾剂产品的技术标准。

# 第三节　微生物制剂

微生物农药是指微生物及其代谢产物和由它加工成的具有杀虫、杀菌、除草、杀鼠或调节植物生长等活性的物质。包括活体微生物农药和农用抗生素两大类。前者主要包括苏云金芽孢杆菌（*Bacillus thuringiensis*，Bt）制剂、真菌杀虫剂、病毒杀虫剂和真菌除草剂；后者主要指微生物所产生的一些有活性的次级代谢产物及其化学修饰物。

微生物农药具有特异性强、选择性高、对人畜无害、防治效果良好，能自然传播感染、不易产生抗药性、能保护害虫天敌、绿色环保等优点。但部分产品的药效慢、成本高也带来了推广受阻问题。微生物农药的加工与化学农药相比，难度更大，技术含量更高，施用时对环境条件的改变更敏感，与化学农药的加工方式差异大。

## 一、微生物农药的生产

一般情况下微生物的生命周期短，对外界环境条件比较敏感，如紫外线、温度、酸碱度、光照强度等。如球形芽孢杆悬浮剂在碱性条件下杀虫活性迅速降低；Bt 在自然环境下的半衰期 4~7 天，受紫外线辐射影响 Bt 制剂的药效期仅有 3~5 天。所以，在微生物农药生产加工、贮存、运输、施用等各个环节都要采取相应的措施以保证微生物的活性，使其发挥真正的效用。

### （一）细菌类微生物农药的生产

本书以苏云金芽孢杆菌（Bt）杀虫剂的生产为例，陈述细菌类微生物农药的生产过程。

（1）菌种选育。采用诱变的方法筛选高毒力的菌株，菌种一旦出现退化，应立即采取措施，使菌种复壮。

（2）菌种保藏。苏云金芽孢杆菌的保藏方法一般有土壤保藏法、沙土管保藏法、液体石蜡法、滤纸带保藏法和昆虫尸体保藏法等。

经过长期人工培养或保藏，苏云金芽孢杆菌会发生毒力减退、杀虫率降低等现象。可用退化的菌株去感染菜青虫的幼虫，然后再从病死的虫体内重新分离典型菌株，如此反复多次，就可提高菌株的杀虫率。

（3）菌种活化。将具有高活性的菌株在专用培养基上活化。

（4）发酵。Bt 杀虫剂的生产主要有深层液态发酵和固态发酵两种方式。其中深层液态发酵适用范围广，能精确控制，效率高，易于机械化和自动化。固态发酵具有环境污染小、能耗低、工艺简单、投资省、产物浓度高且后处理方便等优点，在 Bt 生物农药的生产中逐渐显示出其优越性。合格的成品一般每克应含有 50 亿~100 亿个活芽孢。

### （二）真菌类微生物农药的生产

1. 白僵菌的生产

（1）菌种筛选。筛选方法有土壤分离法、僵虫法、大蜡螟诱饵法、活虫体法等，以此获得活性菌株。

(2) 菌种选育。为了减少菌株退化，通过诱变处理、单孢分离、原生质体融合、基因克隆等技术或手段，获得稳定的活性。

(3) 菌种退化及其控制。①保持良好的培养条件，定期进行虫体复壮；②人工强制形成异核体；③筛选稳定的高毒力单孢株；④最有效的调控措施是采取生物工程技术，培育出稳定的高毒力菌株。

(4) 固体发酵。发酵是当前白僵菌 工业生产采用的主要方式，生产工艺是：菌种→斜面菌种→二级固体→三级固体扩大培养→干燥→粉碎过筛→成品包装。

(5) 质量标准。平均活孢子 80 亿个/g，幅度 50 亿~90 亿个/g，孢子萌发率 90% 以上，水分 5%以下。颗粒剂，含活孢子 50 亿个/g。白僵菌产品为白色至灰色粉状物。

2. 绿僵菌的生产

绿僵菌主要以气生分生孢子、液生分生孢子和干菌丝为田间害虫防治的制剂成分。目前，国内外发酵绿僵菌的方法主要有液体深层发酵、固体发酵和液固双相发酵。

(1) 液体深层发酵。绿僵菌的液体深层发酵主要在发酵罐里进行，其在液体培养条件下，通过菌丝隔膜间裂殖或细胞酵母式芽殖产生芽生孢子或深层发酵分生孢子。绿僵菌在液体深层发酵中，生长发育过程大致为：振荡培养 24h，绿僵菌分生孢子开始萌发，原生质转至芽管生长点，芽管白孢子一端或两端伸出。36h 菌体呈网状，48h 菌体呈团状，60h 菌体出现产孢结构，开始形成液生芽孢子，液生芽孢子呈长卵形，72h 液生芽孢子开始大量形成。部分芽孢子以循环产孢方式，不经营养生长阶段，直接从芽孢子形成分生孢子。液体分生孢子卵球形，与气生孢子有明显差别。

发酵流程：斜面菌种→摇瓶培养→发酵罐培养→干燥→包装。

培养基质：蔗糖、可溶性淀粉和乳糖是液体培养基培养产生分生孢子的较好碳源，而花生饼粉、酵母浸出汁和蛋白胨是较理想的氮源，且复杂的氮源比简单的氮源更有利于分生孢子的形成。

(2) 固体发酵。固体发酵是指利用自然底物作碳源及能源，或利用惰性底物作固体支持物，其体系无水或接近无水发酵过程。

①发酵流程：原始菌种→斜面菌种→固体种子→固体培养→预干燥分离孢子→后干燥→包装→保存。

②发酵方式：固体发酵根据具体条件和生产规模可采用多种方式。如瓶、盘培养及厚层通风培养等。固体发酵比较适合真菌杀虫剂的生产，因为虫生真菌几乎都是好氧的，它们在固态培养料的细小颗粒表面可形成大量的气生分生孢子。所以，固体发酵在绿僵菌生产中越来越受到人们的重视。

③培养基质：固体发酵培养基组成简单，常采用来源广泛且便宜的天然基质或工农业下脚料，如麸皮、玉米芯粉、大米等，同时也可以包括没有营养的蛭石、海绵甚至织物等。

(3) 液固双相发酵。液固双相发酵是指经液体深层培养出菌丝或芽生孢子后，接入浅盘或其他容器的固体培养基上产生分生孢子的方法。由于物理学、酶学及生物学特性，液固双相发酵是迄今所知国内外气生分生孢子最成熟的生产工艺，由于其经济实用、生产效率高而被广泛采用。其发酵过程包括液体发酵和固体发酵两个阶段，具体是通过摇瓶或发酵罐快速产生大量菌丝或芽生孢子，然后转移到固体培养基或惰性基质上产孢。

①发酵生产工艺流程：原始菌种→斜面菌种→摇瓶培养→发酵罐→固体培养→预干燥→分离孢子→后干燥→包装→保存。

②培养基质液：大规模发酵生产绿僵菌分生孢子主要以大米、麦麸和米糠为基质。其中，大米及大米副产品广泛应用于绿僵菌发酵的培养机制。

液固双向发酵综合了液体发酵和固体发酵的优势：①提高培养真菌的竞争力，降低杂菌的污染；②提高真菌产分生孢子的速度，降低真菌的培养时间和使用空间；③液体培养阶段对可能受杂菌污染种子斜面培养基做进一步筛选；④确保接种菌液对固体颗粒物质的均匀覆盖，使菌体能同步生长。

3. 虫霉杀虫剂的生产

大多数虫霉为专性昆虫病原真菌，对营养要求很高甚至苛刻。人工分离培养的难度很大。这使得虫霉菌种在应用方面一直受到限制。

（1）虫霉分离培养。虫霉大致可分为4类：①新月霉科的耳霉，最容易分离培养，在普通培养基上即可生长良好；②巴科霉、虫疫霉、虫瘟霉等，这些需加入蛋黄、牛奶等特殊的营养才能正常生长；③虫霉、噬虫霉、新接霉，需用昆虫组织培养的方法进行分离和有限繁殖；④斯魏霉，不能进行人工分离培养。蝇虫霉和实蝇虫霉是蝇类的重要生防因子，目前只采用活体接种的方法。得到受感染的活蝇或蝇尸，捣碎后再释放到环境中防治蝇类和实蝇类。

（2）虫霉的生产。在虫霉的生活史中，有3个阶段可在人工培养基上产生和采收：菌丝、分生孢子和休眠孢子。到目前为止，虫霉应用技术的研究主要针对菌丝和休眠孢子。

目前虫霉杀虫剂在生产过程中主要存在的问题是：虫霉的培养条件苛刻，有些虫霉至今无法人工培养，即使能够人工培养，也需要较高的营养条件，使得培养成本高，不利于大规模生产。

### （三）病毒类微生物农药的生产

目前研究较多、应用较广的是核型多角体病毒（nucleo polyhedro virus，NPV）、颗粒体病毒（granulo virus，GV）和质型多角体病毒（cytoplasmic polyhedrosis virus，CPV）。目前病毒杀虫剂的生产方式主要有：①以健康寄主昆虫作为活体培养基生产病毒杀虫剂；②虫害大发生时，在田间直接喷洒病毒悬浮液。任其自然感染并在昆虫体内大量增殖；③在室内人工大量饲养昆虫，然后接种病毒，病毒大量增殖后破碎虫体，回收病毒。其中第三种方式是目前病毒杀虫剂所采用的主要方式。不同病毒的生产工艺类似。

1. 核型多角体病毒杀虫剂的生产

核型多角体病毒杀虫剂（NPV）是应用最广泛的昆虫病毒。在中国已进行生产的核型多角体病毒杀虫剂有：棉铃虫核多角体病毒（*Helicoverpa armigera* nucleo polyhedro virus, HearNPV)、斜纹夜蛾核多角体病毒（*Spodoptera litura* multiple nucleo polyhedro virus, SpltMNPV)、油桐尺蠖核多角体病毒（*Buzura suppressatia* nucleo polydro virus, BusuNPV））、茶尺蠖核多角体病毒（*Ectropis obliqua* nucleo polyhedro virus, EcobNPV)、舞毒蛾核多角体病毒（*Lymantria dispar* multiple nucleo polyhedro virus, LdMNPV)、美国白蛾核多角体病毒（*Hyphan cunea* nucleo polyhedro virus, HcNPV)、杨尺蠖核多角体病毒（*Apocheima cinerarius* nucleo polyhedro virus, AciNPV)、甘蓝夜蛾核多角体病毒（*Mamestra brassciae* multiple nucleo polyhedro virus, MabrMNPV）等。现以斜纹夜蛾核型多角体病毒为例，介绍核型多角体病毒杀虫剂的生产工艺及流程。

（1）健康斜纹夜蛾幼虫的人工饲养。

人工饲料的成分：黄豆粉、山梨酸、麸皮、酵母粉、水、琼脂、L-抗坏血酸。

卵：在幼虫孵化前一天，用5%福尔马林溶液将卵块浸泡15min，无菌水漂洗3次，灭菌纸上晾干，移入盛有人工饲料的塑料盒里，放置25℃条件下孵育。

幼虫：根据幼虫的生活习性和饲养密度要求，把幼虫分为两阶段进行饲养。1~4龄幼虫饲养密度可为300~500粒/盒；4龄后，饲养密度要适当调小。由于4~6龄幼虫蜕皮会吐水，造成容器湿度过大，影响其生长发育，所以相对湿度应适度调低。

蛹：将老熟幼虫放入自制沙管造蛹室（在已消毒的有纱盖的木盒里，放入10cm高的已高温消毒的沙子)，待蛹体变黑后，挑取个体大、富有光泽、有活力的蛹，放入产卵箱羽化。

成虫：将蛹放入垫有湿滤纸的培养皿中，移入纸制养虫笼内，每笼放10对蛹，成虫交配产卵后收捡卵块。

（2）幼虫感染和回收。将饲养至4龄的幼虫，按一定浓度进行饲喂感染，饲养24h后换无毒饲料。从感染后的第5天开始收集病死虫。收集的死虫及时处理或冷藏。

（3）病毒提取干燥。将病毒致死的虫尸以1：10与自来水混合，倒入电动匀浆机研磨过滤，滤液经差速离心法，离心3~4次，收集沉淀，20℃保存。取冻结的沉淀物机械粉碎，便可获多角体干粉。显微镜下细胞计数确定含量，4℃保存备用。

（4）产品的质量检测与药效含量—毒力测定卫生性检测安全性检测。

2. 颗粒体病毒杀虫剂的生产

颗粒体病毒（GV）有菜粉蝶颗粒体病毒（*Pieris rapae* granulo virus, PrGV)、小菜蛾颗粒体病毒（*Plutella xylostella* granulo virus, PxGV)、黄地老虎颗粒体病毒（*Agrotis segetum* granulo virus, AgseGV）等。菜粉蝶颗粒体病毒杀虫剂的生产工艺与核型多角体病毒类似，简易生产流程如下：①人工饲料饲养菜青虫；②感染回收；③颗粒体提取；④分装；⑤产品质量检验。

由于病毒杀虫剂具有致病力强、专一性强、抗逆性强和生产简便等优点，发展前景十分广阔。但病毒杀虫剂也还存在着许多问题，如病毒的工业化生产还有困难、病毒多角体在紫外线及日光下易失活等，这都需要进一步的研究并加以解决。

### （四）农用抗生素的生产

从放线菌中寻找新的农用抗生素，是最有成效的来源之一。从放线菌中寻找新的农用抗生素大致包括下列一系列综合性的工作：农用抗生素产生菌的分离；农用抗生素产生菌的筛选；农用抗生素早期鉴别；农用抗生素的生产工艺；农用抗生素的提取和精制；农用抗生素的效价估计和毒性测定；农用抗生素的理化性质和结构的确定等。

1. 农用抗生素产生菌的分离和筛选

采集不同的土壤样本。用高氏 1 号、甘油精氨酸、葡萄糖天门冬素、黄豆饼粉浸汁和马铃薯葡萄糖等培养基分离培养放线菌。

农用抗生素杀菌剂的筛选，以体外测定抑菌圈的大小作用为筛选手段和依据；农药抗生素杀虫剂的筛选，可直接使用如绿豆象、红蜘蛛等供试昆虫作为杀虫剂活性的测定，也可以用幼龄蚕作为筛选模型。

2. 农用抗生素的发酵、分离和纯化

现代抗生素工业生产过程：菌种孢子制备→种子制备→发酵→发酵液预处理→提取及精制→成品包装。

## 二、微生物制剂的加工

与化学农药相比，微生物农药市场份额不足全球市场的 5%。究其原因，首先与微生物农药自身的发展状况有关，其次与当前微生物农药的制剂水平和施药技术有关。生物农药的制剂加工好坏或制剂水平的高低，在一定程度上已成为微生物农药开发成功的瓶颈。因此微生物农药的制剂加工比化学农药的加工难度更大，如果只是简单地模仿化学农药的加工方式，很难达到预期的施用效果。

### （一）微生物制剂的特性

（1）微生物农药中的有效成分是活体微生物，一般微生物都是颗粒物质，是不溶于水的生物体，其颗粒直径大小可以从纳米级到微米级不等，这种颗粒性和疏水性直接影响其制剂的润湿性、分散性和悬浮性等物理性能。但在使用过程中，又必须将有效活体与载体混合均匀施用于不同的靶标上，使其均匀分布以获得有效沉积并维持活性。

按照化学制剂模式制成的微生物农药制剂在润湿性、分散性、悬浮性等物化性能方面相对于化学农药都存在很大的差距。目前在农药制剂的考察指标中，几乎没有针对施药液后药液分布情况的考察，而微生物农药正因为不同于化学农药，除了制剂中的微生物含量是其中一项考察指标外，如孢子（菌）数、活孢（菌）率，施药液后的物化指标（如润湿性、展着性能等）也是考察的重点。

（2）微生物作为生物体，具有对外界各种环境因素如温度、湿度和光照等比较敏感，制剂贮存稳定性差，田间持效期短，作用速度慢等缺点。所以在选择助剂时除需考虑制剂理化性能之外，还要考虑选择一些特殊助剂，如防光剂、增效剂等。

（3）微生物农药的活体对某些农药助剂敏感，可能造成活体死亡、孢子自然萌发或者微生物能够降解该助剂，使得该助剂可能完全不能发挥作用。所以，在选择助剂时，必须选择与微生物农药具有良好相容性的助剂。

（4）微生物制剂的一些加工手段也限制了微生物农药制剂的加工。例如，为了提高悬浮率，在生产悬浮剂时减小颗粒细度进行高剪切的打磨，容易对活体微生物的细胞造成机械损伤，使其失活或致死。生产粉剂时的粉碎过程也可能对微生物个体产生伤害，生产乳油制剂的有机溶剂对环境有副作用，这与生物农药的环保原则背道而驰。

有些制剂是微生物农药所特有的，如细菌杀虫剂苏云金芽孢杆菌（Bt）可加工为乳悬剂、水分散粒剂、微胶囊剂等；真菌杀虫剂白僵菌和绿僵菌可制成可湿性粉剂、孢子粉油剂、孢子水悬剂、白僵菌微囊剂和绿僵菌菌丝体颗粒剂等；真菌除草剂粉剂和干粉状制剂等。总的趋势是微生物农药剂型的加工逐渐由水基剂向油基剂、从液体制剂向固体制剂、从粉末状制剂向颗粒状制剂方向发展。

### （二）微生物农药助剂

微生物农药助剂的选择，如改善制剂理化性能的各种助剂的选择与化学农药大致相同。但由于微生物农药在贮存过程中和田间使用后易受环境条件的影响，作用速度较慢，防效不稳定等，所以微生物农药制剂的保护剂和增效剂一直是研究重点。

1. 微生物农药保护剂

微生物农药保护剂主要有两类，一类在贮存过程中防止微生物菌体受到损伤，如防止 Bt 晶体蛋白分解，防止真菌孢子萌发，防止线虫死亡等。这类保护剂研究较少。目前主要靠选择适当的剂型来防止微生物体在贮存过程中受到损伤。另一类是保护微生物农药施用到田间后免受不利环境的影响的保护剂，如防光剂等。

（1）紫外线保护剂。由于阳光紫外线对微生物农药的破坏作用最突出，所以 Bt 杀虫剂和病毒杀虫剂的保护剂研究主要是筛选紫外线（UV）防护剂。阳光中紫外线划分为三组射线，分别是 A 射线、B 射线和 C 射线（UVA、UVB 和 UVC），波长范围分别为 400~315nm、315~280nm、280~190nm。其中波长为 240~300nm 的紫外线对昆虫病原微生物有致死作用，作用最强的波长为 265~266nm。紫外线保护剂的筛选工作已有 20 多年的历史，研究发现很多种紫外线保护剂对病毒和 Bt 都有保护效果。

①黄酮类。黄酮类化合物是一类分布广泛的天然植物成分，为植物多酚类代谢物。主要包括异黄酮（isoflavone）、黄酮（flavone）、黄酮醇（flavonol）、异黄酮醇（isoflavonol）、黄烷酮（flavanone）、异黄烷酮（isoflavanone）、查耳酮（chalcone）等。黄酮类化合物不仅是一种较强的捕捉剂和淬灭剂，而且由于分子结构中主要含有 5，4，7-三羟基黄酮和葡糖苷酸，具有很强的紫外线吸收能力，因此是良好的紫外线保护剂。

核型多角体病毒（NPV）在田间环境中易受紫外线照射而失活，在该病毒制剂中加入适量黄酮类紫外线保护剂，可提高核型多角体病毒对害虫的致病率，延长其持效，增强杀虫活性。

②卵磷脂类。广义的卵磷脂是指各种市售有机磷酸及其盐产品的惯用名称。主要成分有磷脂酰胆碱（PC）、磷脂酰胆胺（PE）、磷脂酸和磷酸肌醇（PI）；而狭义的卵磷脂是指磷脂酰胆碱。卵磷脂为两性分子，既具有脂溶性，又具有亲水性，其等电点的 pH 值为 6.7。纯净的卵磷脂呈液态，淡黄色，有清淡、柔和的风味和香味，可溶于乙醇、甲醇、氯仿等有机溶剂中，也能溶于水成为胶体状态，但不溶于丙酮。卵磷脂具有乳化功能、溶解作用、润湿作用、抗氧化作用、发泡作用、晶化控制功能、与蛋白质的结合作用和防止淀粉老化作用等，也是农药紫外线保护剂的良好材料。

③刺槐毒素。刺槐毒素可作为核型多角体病毒的紫外线保护剂，具有明显提高核型多角体病毒对紫外线的抵抗能力。

④牛奶。根据紫外线难以穿透牛奶的特性，有些学者研究了牛奶对农药的紫外线保护作用，使用布氏白僵菌芽生孢子防治欧洲鳃角丽金龟时，曾用脱脂牛奶作为芽生孢子的黏着剂和紫外线保护剂，提高了防治效果。

（2）染料。有研究认为，对紫外光（UV）吸收能力强的染料对核型多角体病毒的保护能力强，对330~400nm紫外光有吸收的物质可作为Bt保护剂。刚果红可作为舞毒蛾核多角体病毒的紫外线保护剂，当浓度为0.1%时，刚果红就能对舞毒蛾核多角体病毒起到保护作用，当加入浓度为1%时，舞毒蛾核多角体病毒暴露在紫外线下60min后仍能保持100%的活性。此外，果绿、翠蓝、黑染料等都可作为紫外线保护剂，对多种微生物农药具有紫外线保护作用。

（3）荧光增白剂。荧光增白剂（fluorescent brightener）是一类能显著提高昆虫病毒杀虫能力，加快病毒致昆虫死亡速度，提高昆虫病毒对紫外线的保护作用的化学因子。荧光增白剂本身结构性能稳定，在360nm紫外线照射下，其增强作用和光保护作用不被破坏，有望发展成为有效提高和改善昆虫病毒制剂性能，并持续控制农林害虫的重要助剂。荧光增白剂主要品种有1，2-二苯乙烯类、二氨基-1，2-二苯乙烯类等。

关于荧光增白剂，目前的研究表明：①只有二苯乙烯类荧光增白剂对病毒具有保护和增效双重作用，但不是所有的二苯乙烯类荧光增白剂都有效；②病毒荧光增白剂复合物必须能被昆虫消化；③荧光增白剂对病毒无不良影响；④荧光增白剂作用于昆虫中肠；⑤荧光增白剂可扩大病毒的杀虫谱。荧光增白剂的作用机制目前尚不清楚，可能作用于昆虫中肠几丁质微纤丝，改变围食膜的透性，有些荧光增白剂可增加昆虫中肠对病毒的吸收作用。

（4）抗氧化剂。有研究认为UV辐射可使生物分子产生过氧化物自由基或氧自由基，然后破坏生物分子。所以，抗氧化剂可以对Bt和核多角体病毒有保护作用。

2. 微生物农药增效剂

微生物农药增效剂的研究主要集中在荧光增白剂和病毒增效蛋白（viral enhancing actor，VEF，现改称enhancin）两方面，近来有研究报道杆状病毒（baculovirus）GP37蛋白也具有增效作用。

荧光增白剂方面，目前只有二苯乙烯类荧光增白剂对病毒具有保护和增效双重作用。黏虫颗粒体病毒（Pseudaletia unipuncta granulo virus，PuGV）的夏威夷株系对黏虫核型多角体病毒（NPV）有增效作用，这种作用是由包涵体内部一种被称为病毒增效因子（增效蛋白）的组分引起的。后来很多科学家又发现和研究了其他病毒增效蛋白，并对病毒增效蛋白的分子生物学进行了深入研究。病毒增效蛋白的作用是破坏昆虫中肠围食膜。

一些化学添加剂（目的是提高昆虫肠道pH值或提高蛋白酶活性），如无机盐、氨基酸、有机酸、蛋白质溶解剂等；植物次生物质（有适当毒性的物质），如烟碱、印楝素、单宁酸等；取食刺激剂（增加昆虫对毒素的摄入量），如COAX（棉籽粉+棉籽油+蔗糖吐温-80）等，都有不同程度的增效作用。

3. 微生物农药喷雾助剂

喷雾助剂是有别于农药加工的助剂，在农药喷施前临时加入药桶或药箱中，混合均匀后改善药液理化性质的农药助剂，又被称为桶混助剂。农药喷雾助剂主要有非离子表面活性剂、矿物油型助剂、植物油型助剂等。

对微生物农药喷雾助剂的功能要求如下：

（1）喷雾助剂对活体生物不会造成伤害，最好是无毒的天然产品，可被植物吸收利用和土壤微生物分解，符合绿色食品和有机食品的生产要求。

（2）能增进药液在靶标叶片或害虫体表的润湿、渗透和黏着性能，减少水分挥发、飘移损失，耐雨水冲刷，增加药效，减少用药量，提高农药利用率。

（3）混合均匀后，药液中的活体生物个体具有良好的分散性、悬浮性和被保护作用。

（4）对环境的适应性好，在高温低湿、强光照下能维持活体活性，保证药效持续时间长。

（5）喷雾助剂容易获得，用量省，操作使用方便。

（6）可采用现有喷洒机具进行低容量或超低容量喷雾，节水节能，提高作业效率。

喷雾助剂应用于微生物农药的可行性：

（1）喷雾助剂的使用是随用随混，即可以将微生物农药冷藏后，采用冷藏箱将微生物农药带至田间，解冻后可保持微生物农药活体的活性。不仅直接冷藏微生物农药费用比制成制剂后冷藏的费用低很多，而且冷藏方式可以提高微生物农药的贮存稳定性。另外，也可以减少场地空间的占用，减少耗能。

（2）由于微生物农药的个体与水或其他载体不能互溶，当以雾滴形式喷施时，一般不宜采用太细小雾滴喷雾。因为采用小孔径喷头以细雾喷施，容易堵塞喷嘴；细小雾滴虽然穿透性、附着性好，覆盖率高，用药省，但单个小雾滴含有效物少，甚至为空白的无效雾滴；同时小雾滴易受环境因素影响，飘移到非靶标区，或者在空气中水分蒸发，微生物个体失水可能导致微生物个体死亡或半衰期缩短。而大雾滴含有足够的活性成分，又保持有一定的湿度，有利于活体的存活，但施药量大，大雾滴容易从叶面上滚落，附着性、捕获性差，有效利用率低。如果加入喷雾助剂增加雾滴的黏着性能和展布性能后，大雾滴则能黏附于靶标表面并迅速展布，可以避免飘移和流失。

（3）一般作物表皮覆盖着亲油性蜡质。若雾滴表面张力高于叶面临界表面张力，则形成与叶面不浸润的液珠，极易滑落。加入喷雾助剂后，药液表面张力降低，增加药液浸润叶面的能力和药液持留能力。目前大多数农药制剂未考虑该问题。某些化学农药中表面活性剂的用量没有达到其本身的临界胶束浓度（CMC），有些药剂的推荐浓度与表面活性剂达到临界胶束浓度时的药液浓度相差 10 倍以上，所以无从考察药液与作物临界表面张力的关系，这也是目前造成化学农药喷施后流失和污染环境的重要原因。微生物农药若采用喷雾助剂，则可针对所喷施作物的临界表面张力，进行合理配比施药，使得药液所载微生物农药均匀地分布于作物表面。不过需要注意的是，降低药液的表面张力易使药液喷施后持留量减少。

（4）对于外界环境对微生物农药的影响，可在药液中增加防紫外线助剂如荧光素钠、七叶灵、小檗碱等；为防止药液蒸发过快而导致微生物个体死亡或半衰期缩短，可在助剂中加入抗蒸发剂以保持微生物个体生存所需的水分。

（5）由于微生物农药药效发挥缓慢，目前微生物农药多与化学农药混用。这既能迅速控制病虫的危害，又能长远治理病虫害。但是某些微生物农药和化学制剂的相容性差，加入喷雾助剂可增强微生物农药与化学农药制剂的相容性，达到综合治理的目的。

（6）喷雾助剂多为易降解的化合物，可被植物和土壤微生物分解，被植物吸收利用，而且用量少，有效解决了大剂量施药所带来的环境污染问题。

尽管喷雾助剂在应用于微生物农药中有很多优势，但是要真正实现喷雾助剂添加于微生物农药中还要做大量工作。首先，应对喷雾助剂的配方进行筛选；其次，应研究不同作物表面的临界表面张力和表皮性质；最后，由于环境因素对微生物农药的影响明显，所以对微生物农药添加喷雾助剂后的生物测定工作也很重要。

### （三）微生物可湿性粉剂

可湿性粉剂（WP）是由农药原药、惰性填料、表面活性剂和一定量的助剂，按比例经充分混合粉碎后，达到一定细度的粉体剂型。在微生物农药中，该剂型最为常见。如云南农业大学与中国农业大学以枯草芽孢杆菌 B908 为有效成分共同研制的“百抗”可湿性粉剂；河北省农林科学院以枯草芽孢杆菌 $NCD_2$ 菌株为有效活性成分研制的“萎菌净”可湿性粉剂；美国 AgraQuest 公司以枯草芽孢杆菌 QST713 为菌剂有效成分研制出“Serenade”可湿性粉剂。

### （四）微生物水分散粒剂

微生物水分散粒剂与普通化学农药相比，其制剂加工更复杂。原因是：①活体微生物是颗粒物质，是不溶于水的生物体。它的颗粒性和疏水性直接影响制剂的润湿性、分散性和悬浮性等物理性能。②活体微生物对外界环境因素如温度、湿度和光照等比较敏感，制剂贮存稳定性差，田间持效期短，作用速度慢。所以在选择助剂时还要考虑选择一些特殊助剂，如保护剂、稳定剂等。③活的微生物与各种助剂的相容性比一般化学农药都差，某些助剂完全不能使用，因此选择助剂时要考虑与分生孢子的生物相容性。

以一种 5 亿活孢子/g 木霉菌水分散粒剂为例，用挤压造粒法加工木霉菌水分散粒剂，称量各种助剂，混合均匀，经气流粉碎机粉碎，加入超细木霉菌分生孢子粉以及 15%～25%的含有 0.1%～3%黏结剂的水溶液，搅拌捏合成可塑形状，挤压造粒，然后在 50℃的烘箱内干燥 1～2h，得到产品。

（1）含孢量的测定。称取 1g 木霉菌水分散粒剂成品，悬于 10mL 的 0.5%Tween-80 溶液中，磁力搅拌 30min，用血球计数板测定孢子悬液浓度，计算木霉菌水分散粒剂成品的含孢量。用血球计数板计数时，通常数 5 个中方格中的总孢子数，然后求得每个中方格的平均值，再乘以 25 或 16，就得出一个大方格的总孢子数，然后换算成 1 mL 悬浮液中的总孢子数。设 5 个中方格中的总孢子数为 A，孢子悬浮液稀释倍数为 B，如果是 25 个中方格的计数板，则 1 mL 孢子悬浮液中的总孢子数为：

$$1\text{mL 孢子悬浮液中的总孢子数} = \left(\frac{A}{5}\right) \times 25 \times 10^4 B = 50\ 000A \times B(\text{个})$$

计算出1mL孢子悬浮液中的总孢子数后，再乘以10即为1g木霉菌水分散粒剂成品的含孢量。

（2）活孢率的测定。称取1g木霉菌水分散粒剂成品，悬于10mL无菌水中，磁力搅拌30min，取0.1mL孢子悬浮液涂布在琼脂培养基（WA）平板上，设3个重复，(28±1)℃条件下12h光照，12h黑暗，培养24h后镜检，每个平板所计孢子总数约500个。用出芽孢子数除以所计孢子总数即为活孢率。

（3）润湿性的测定。湿润时间采用刻度量筒试验法测定：①加500mL 342mg/L硬度水于500mL量筒内；②用称量皿快速倒1.0g样品于量筒中，不搅动；③立刻记秒表；④记录99%样品沉入桶底的时间。小于1min为合格。

（4）悬浮率的测定。制剂悬浮率和孢子悬浮率的测定，参照GB/T 14825—2006《农药悬浮率测定方法》。量筒中剩余物为下悬液，用血球计数板检测悬液中孢子的含量。

（5）崩解性的测定。采用刻度量筒混合法进行，小于3min为合格。

（6）湿筛试验测定。参照GB/T 16150—1995《农药粉剂、可湿性粉剂细度测定方法》中的湿筛法，崩解后通过325目试验筛，残留物不大于0.3%为合格。

（7）水分的测定。按GB/T 1600—2001《农药水分测定方法》中的共沸法，水分小于2%为合格。

（8）粒度范围的测定。使用激光粒度分析仪测定产品的粒度范围。

（9）贮存期的测定。可湿性粉剂制成品在室温（10~20℃）下贮存，每隔15d测定活孢率，连续测定150d。

### （五）微生物悬乳剂

#### 1. 白僵菌孢子悬乳剂

白僵菌孢子悬乳剂是指将分生孢子悬浮在由矿物油或植物油与乳化剂等助剂组成的乳液中配制的制剂，可用水稀释成孢子悬浮液喷雾，有利于提高孢子附着率，且与常规用药习惯相符。以惰性矿物油作为球孢白僵菌制剂的主要载体，辅以生物学相容的乳化剂、紫外线保护剂和悬浮稳定剂而配制的孢子悬乳剂，在田间试验中对蚜虫、粉虱及茶叶蝉表现出良好效果，持效期达15~20d，甚至更长。

#### 2. 苏云金芽孢杆菌（Bt）悬乳剂

本书以一种简便方法制备的苏云金芽孢杆菌悬乳剂为例，简介微生物农药悬乳剂的制备方法。

（1）发酵液的后处理。将苏云金芽孢杆菌的发酵液用工业盐酸pH值调至5.0~6.5。并用薄膜浓缩器（或离心机）进行真空浓缩。

（2）检测。根据发酵液的含菌数及浓缩倍数估算含菌数为100亿/mL时取样检测，化验符合产品质量标准时即可终止浓缩，压入贮罐。

（3）制备方法。取上述苏云金芽孢杆菌5g，加入0.2g十二烷基苯磺酸钙、0.2g蓖麻油环氧乙烷加成物、2g 棉籽油、3g 二苄基联苯酚聚氧乙烯醚、5g 二甲苯，加热至 60~80℃，同时不断搅拌，再加入 12g 的水，备用；再将 8g 淀粉胶、8g 褐藻酸钠分别加入 92g 水中进行水解，分别加热至 60℃，取上述水解后的胶液各 20g 进行过滤，过滤后混合，并搅拌均匀，将搅拌均匀的胶液加入前面制成的备用液中，在 300~600r/min 的转速下混合搅拌，同时自然降温 2h 后，即得苏云金芽孢杆菌悬乳剂。

（4）质量检验方法（芽孢数的测定）。将待测样品摇匀后迅速吸取 10mL 于等量的 0.5mol/mL 的 NaOH 溶液中。间歇摇动，处理 1~2h，使晶体全部自溶，直至显微镜检查无晶体为止。在 500L 三角瓶（内装玻璃珠）中，装入 99.5mL 无菌水，将 NaOH 处理过的样品摇匀后迅速用吸管吸取 0.5mL 于三角瓶中（即共稀释 400 倍）。用无菌吸管从充分摇匀的 400 倍稀释液中吸取少许，从盖玻片的端注入血球计数板，使菌液沿玻片间渗入，并用滤纸吸干槽中流出的多余菌液，操作过程中血球计数板不得产生气泡。静置 15min 后再计数。计数方法同水分散粒剂中所介绍的方法。

（5）毒效测定。

①供试虫用人工饲养或野外采集（最好在特定区域范围内同一株植物上收集）龄期一致（1 龄或 2 龄）、生长发育良好的健康昆虫（常用菜青虫，但要避免在喷药不久的作物上采取），在室内观察 1~2 d 后备用。

②一切用具洗净，用湿热灭菌 30min，备用。

③将样品稀释 500 倍、1 000 倍、150 倍、2 000 倍，每个浓度设 3 个重复。用 12cm 培养皿或罐头瓶做容器，其中放 2~3 片白菜叶，将菌液涂在菜叶上（正、反两面），晾干后放入 20~25 头 2 龄菜青虫，以不加药剂的菜叶作为对照。在 27~28℃光照下，饲养试验幼虫。试验后 24h、48h、72h 分别观察和记录死活虫数以及虫体化蛹数，计算 72h 菜青虫死亡率。

### （六）微生物微胶囊剂

微胶囊是以天然或合成的高分子材料作为囊壁，通过化学法、物理法或物理化学法将一种活性物质（囊心）包裹起来形成具有半透性或密封囊膜的微型胶囊。其优势在于形成微胶囊时，囊心被包裹在内而与外界环境隔离，使其免受外界的温度、氧气和紫外线等因素的影响，即使是性质不稳定的囊心也不会变质。而在适当条件下，壁材被破坏时又能将囊心释放出来，发挥药效。

利用微胶囊技术可以把微生物农药活性物质包覆在囊壁材料中形成微小的囊状制剂，从而起到延长药效、降低农药毒性、降低药物挥发、减少溶剂用量、减轻对环境的污染和提高药剂选择性等作用。微胶囊剂从外观看很像水乳剂，也是以水作为基质的非均相体系，活性成分包含在分散的油相之中。所不同的是在分散的油粒外层，微胶囊包以高分子聚合物构成的极薄的囊膜。此囊膜赋予了该微生物农药剂型许多重要的功能：①减少了环境因素（雨水和紫外线等）对微生物造成的失效影响，提高了药剂本身的稳定性；②囊膜可抑制活性成分的挥发性，掩蔽其原有的异味，降低它的接触毒性、吸入毒性和药害；③引入控制释放的功能，提高农药的利用率，延长其持效期，从而减少施药的用量和频率；④为多种不同性能的农药活性物质的有效复配提供极大的方便，如具杀虫活性的 Bt 与杀螨活性的阿维菌素的复配；⑤囊膜材料是惰性的，不会改变昆虫病原菌的休眠状态；⑥粒状或液体状的防护剂、增效剂都易于加入到微胶囊中，提高农药的药效。可见，微胶囊的上述功能，无论是对现有的微生物农药品种的改进和完善，还是促成新的微生物农药品种的成功开发和推广应用，都将是极其重要的。

1. 微胶囊的组成

（1）芯材。芯材亦称囊心物质，是微胶囊的活性组分，通常是液体、固体或气体，其组成可以是单一物质或混合物。微生物农药微胶囊芯材是微生物活体或其所产生的生物活性物质。

（2）壁材。壁材亦称包囊材料，是影响微胶囊性能的关键。壁材首先应具有成膜性，能在囊心物质上形成一层具有黏附力的薄膜，又与其发生化学反应没有毒副作用。同时还要考虑到产品的渗透性、稳定性、强度及囊心的释放速率等因素。工业上常用的壁材可分为 2 类，即天然的、半合成或合成的高分子化合物。天然或半合成的高分子化合物包括：①蛋白质类，如明胶和酪蛋白等；②高分子糖类，如阿拉伯胶、淀粉、琼脂和黄原胶等；③纤维素类，如甲基纤维素、乙基纤维素、醋酸纤维素和羧甲基纤维素等；④脂肪酸及衍生物，如硬脂酸、软脂酸、虫胶和蜂蜡等；⑤无机高分子，如水玻璃胶等。合成高分子化合物包括：①乙烯基聚合物，如聚乙烯醇、聚甲基丙烯酸甲酯、聚乙烯吡咯烷酮和聚苯乙烯等；②聚酰胺、聚脲聚氨酯和聚酯等；③其他，如氨基树脂、醇酸树脂、聚硅氧烷和环氧树脂等。

2. 微囊剂制备技术

微胶囊的制备方法种类繁多，主要有界面聚合法、原位聚合法、锐孔—凝固浴法、复合凝聚法、单凝聚法、油相分离法、复相乳液法、粉末床法、锅包法、空气悬浮成膜法、喷雾干燥法、蒸发法、包结络合法、静电结合法、流化床包衣法等。目前制备农药微胶囊，主要使用的是界面聚合法、锐孔—凝固浴法、复合凝聚法及流化床包衣法等方法。

（1）界面聚合法。界面聚合是指将农药以及能够形成囊壁材料的 2 种反应单体分别溶于互不相溶的 2 种溶液（通常为油相和水相）中，在两相界面发生聚合反应，生成的聚合物囊壁材料包覆农药，从而形成农药微胶囊。界面聚合法制备农药微胶囊的优点是：①反应速率快，在两相界面发生的缩聚反应可在几分钟内完成；②反应条件温和，通常在室温下即可；③对 2 种反应原料配比及纯度要求不严，易于实现工业化生产；④由于反应在界面进行，产物可不断离开界面，因而反应为不可逆反应，从而提高收率。

（2）锐孔—凝固浴法。锐孔—凝固浴法与界面聚合法不同之处在于，不是以单体通过聚合反应生成膜，而是以可溶性高聚物壁材为原料包覆囊心，在凝固浴中固化形成微胶囊。锐孔—凝固浴法的固化过程可能是化学反应，也可能是物理变化。如把褐藻酸钠水溶液用滴管或注射器一滴滴加入氯化钙溶液中时，液滴表面就会凝固形成胶囊。滴管或注射器是一种锐孔装置，而氯化钙溶液是凝固浴。

（3）复合凝聚法。复合凝聚法是水相分离法中的一种，其特点是使用 2 种带有相反电荷的水溶性高分子电解质做成膜材料，当 2 种溶液混合时，电荷相互中和而引起成膜材料从溶液中凝聚产生凝聚相。在该方法中，由于微胶囊化是在水溶液中进行的，所以囊心只能是非水溶性物质。

(4) 流化床包衣法。将囊心置于流化床内，在气流的作用下快速规则运转，当囊心通过包衣区域时，包衣液在气压作用下呈雾化状均匀喷射在囊心表面，液滴在囊心表面铺展并相互结合，同时有机溶剂蒸发，聚合物由原来的伸展状变成卷曲交叉状，形成一小块一小块的衣膜，随着囊心反复被包衣液喷射，整个表面都被包裹起来。因为流化床能提供较高的蒸发热，故包衣效率高，在包衣区内，颗粒高度密集，物料混合均匀，被雾滴喷射的概率相等，包衣均匀度好。

3. 常见的微生物农药微胶囊制剂

常见的微生物农药微胶囊制剂有 Bt 淀粉胶囊剂、Bt 生物微囊化产品、白僵菌微囊剂和线虫的海藻酸凝胶剂等。

(1) Bt 淀粉胶囊剂。Bt 淀粉胶囊剂目前已开发了一种可喷洒型制剂，是由 Bt、蔗糖、预胶化淀粉或预胶化玉米面粉及其他助剂和防光剂等制成的预混物（淀粉比例较小）。该预混物加水后形成的悬液可直接用常规喷雾器喷洒，随着滞留在作物叶片上的雾滴不断干燥，淀粉浓度增加，雾滴便形成不溶性薄膜并将有效成分和其他成分捕集在膜内，加入蔗糖可使薄膜不易剥落。除 Bt 淀粉胶囊剂外，该剂型也适用于其他微生物农药，如真菌、病毒、原生动物和线虫等。

(2) Bt 生物微囊化产品。采用生物微囊化技术（CellCap 系统）研制的革兰氏阴性细菌荧光假单胞菌细胞微囊化 Bt 毒素蛋白产品 MVP 和 M-TrakTM 已经获得 EPA 登记。

## 第四节 其他制剂

### 一、种衣剂

种衣剂是由农药原药（杀虫剂、杀菌剂等）、肥料、生长调节剂、成膜剂及配套助剂经特定工艺流程加工制成的，可直接或经稀释后包覆于种子表面，形成具有一定强度和通透性的保护层膜的农药制剂。

1926 年美国的 Thornton 和 Granules 首先提出种子包衣。20 世纪 60 年代苏联首先提出“衣剂”的概念。国内发展概况：1976 年我国原轻工业部甜菜糖业研究所对甜菜种子包衣进行了研究；1978 年沈阳化工研究院进行了甲拌磷与多菌灵或五氯硝基苯为有效组分混配开发的种衣剂的探讨；1981 年中国农业科学院土肥所研制成功适用于牧草种子飞播的种子包衣技术；20 世纪 80 年代，中国农业大学主持种衣剂的研制，率先在国内开展了种衣剂系列产品配方、制造工艺及应用效果的研究和推广应用工作，先后研制成功适用于不同地区、不同作物良种包衣的种衣剂产品 30 多个型号。

#### （一）种衣剂的特点和功能

种子包衣时，种衣剂中的成膜剂能在种子表面形成具有毛细管型、膨胀型或裂缝型孔道的膜，并将杀虫杀菌剂、肥料等活性成分及其他非活性成分网结在一起，从而在种子周围形成一个暂时“无活性”的微型“活性物质库”。种子播种后，膜质种衣在土壤中吸水膨胀，此时“无活性”的“活性物质库”转变为有活性的“活性物质库”，其活性成分通过膜孔道或者膜本身极缓慢地溶解或降解而逐步与种子及邻近土壤接触；丸化种衣则通过毛细管作用吸水膨胀、产生裂缝，其活性成分缓慢通过裂缝与种子及邻近土壤接触，从而参与作物苗期生长发育阶段的生理生化过程，由于活性物质系缓慢释放，不会因迅速淋溶或溶解而导致活性物质快速损失或因农药、养分等突然聚集而产生药害。

“活性物质库”中的杀虫、杀菌剂在种衣吸水膨胀后，与种子表面及内部接触，杀死种传病菌、虫害；并在种子周围形成保护屏障，使其周围的病虫难以生存，从而有效防治土传和空气传播病菌、地下害虫以及有害生物、鼠、雀等。种子萌发后“活性物质库”中的内吸性杀虫杀菌剂在渗透剂等助剂的帮助下，逐步被种子及植株吸收传导至地上未施药部位，继续起防病治虫作用，从而有效防控作物苗期病虫害。由于药力集中，利用率较高，加之与土壤接触，种衣剂不易受日晒雨淋及高温的影响，因而药效期远远长于其他施药方式，可节省用药量及次数，省工省时；同时高毒农药包裹于膜内，使之低毒化，施药方式变为隐蔽式，从而有效降低人畜、害虫天敌的中毒机会，减少环境污染。“活性物质库”中生长素类及赤霉素类激素可以打破种子休眠，促进萌发，促进根系生长，提高出苗率、抗逆性及成苗率。

种衣剂的主要作用有以下几点：有效防治苗期病虫害；促控幼苗生长，提高作物产量；节约种子和农药，降低生产成本；减少环境污染；便于机播和匀播；利于精准施药。

### (二) 种衣剂的分类

按种衣剂组成成分分为单元型种衣剂和复合型种衣剂；按种衣剂的使用时间分为预结合型种衣剂和现制现用型种衣剂；按种衣剂处理后种子形状是否改变分为薄膜种衣剂和丸化种衣剂；按种衣剂应用范围分为多作物种衣剂和单一作物种衣剂；按适用作物分类分为旱地作物种衣剂和水田作物种衣剂；按种衣剂的制剂形态分类，可以是悬浮剂、悬乳剂、水乳剂、水剂、干悬浮剂、微粉剂等，只是在这些剂型的基础上引入了缓释剂和成膜剂。目前，悬浮型种衣剂的应用最为广泛，占90%以上。按种衣剂用途分为农药型种衣剂，微肥型种衣剂，除草种衣剂，促进作物生长种衣剂；调节花期的种衣剂；利于播种的种衣剂；蓄水抗旱种衣剂；抗流失种衣剂；生物种衣剂；调节pH值种衣剂；抑制除草剂残效型种衣剂。

### (三) 种衣剂的组成

种衣剂的组成大致包括活性成分和非活性成分两部分。种衣剂的活性成分主要包括农药、激素、肥料、有益微生物等，其种类、组成及含量直接反映种衣剂的功效。

常用农药通常根据作物种类及病虫害防治对象加以选择，并考虑与其他组分的配伍。所选组分之间应具有互补或增效作用。常用激素主要包括生长素类、赤霉素类及生长延缓剂，其选择应考虑相应作物生长特性。常用肥料包括尿素、$KH_2PO_4$等常量肥料

和 $ZnSO_4$（$ZnO$、$CuSO_4$、$MnSO_4$、$MnO_2$）、硼肥、钼肥等微量肥料，通常根据作物生长需要及土壤肥力状况加以选择。

常用有益微生物包括根瘤菌、固氮菌、木霉菌、肠杆菌、芽孢杆菌等。非活性成分(助剂系统）一般包含润湿分散剂、防冻剂、消泡剂、增稠剂、成膜剂、警戒色、稳定剂等，丸化种衣剂还含有泥炭、膨润土、硅藻土、石膏、滑石粉、石棉纤维等，起填充、崩解、吸水等作用。根据不同要求还可加入防腐剂、pH 调节剂、载体等，这些成分决定了种衣剂的理化性状，并在一定程度上提高了药效。

（1）润湿剂和分散剂。使用润湿剂的目的是帮助排除农药活性成分粒子表面上的空气，加快粒子进入水中的润湿速度，使粒子迅速润湿。分散剂主要促进粒子分散和阻止粒子的絮凝和凝聚，保证粒子呈悬浮状态。

（2）抗冻剂。抗冻剂能增加种衣剂承受的冻融能力，提高制剂的低温稳定性。

（3）消泡剂。悬浮种衣剂是水基性制剂，由于加工时加入表面活性剂，在生产和稀释产品时，会产生泡沫。泡沫将给加工带来诸多不便（如生产中产生冲料、降低生产能力和不易计量），而且还会影响用户使用和药效，所以加入消泡剂是必要的。

（4）增稠剂。为了调整制剂的流动性，防止分散的粒子因受重力作用产生分离和沉淀，使产品具有良好的长期贮存性能，常使用增稠剂。常用的增稠剂有：①多糖类高分子化合物，如羧甲基淀粉钠、可溶性淀粉等；②纤维素衍生物，如羧甲基纤维素钠等；③海藻类，如海藻酸钠、琼脂等；④无机物类，如石膏、水泥、黏土、硅酸铝镁水玻璃。

（5）成膜剂。成膜剂包覆于种子表面形成透气、吸水的衣膜，使药效缓慢释放而达到防治病虫害的作用。成膜剂作为种衣剂最关键的非活性成分，直接影响着种衣剂的质量和应用效果。常用的成膜剂有淀粉及其衍生物类、纤维素及其衍生物类、合成高聚物类以及其他天然物质类，其中目前应用最广泛的是合成高聚物类，如聚乙烯醇、聚丙烯酸酯等，并逐渐由单一型向复合型发展。

成膜剂可分为四大类：①淀粉及其衍生物类，如可溶性淀粉、羧甲基淀粉、磷酸化淀粉、氧化淀粉以及接枝淀粉；②纤维素及其衍生物类，如乙基纤维素、轻丙基纤维素、轻丙基甲基纤维素等；③合成高聚物类，如聚醋酸内酯、聚丙烯酰胺、聚乙烯吡咯烷酮等；④其他类，如碱性木质素、阿拉伯树胶、海藻酸钠等。

成膜剂的主要作用：①可使空气和适量水分通过，维持种子生命的功能；②播种种子后，土壤中包衣的膜吸水膨胀而不被溶解，同时允许种子正常发芽、出苗生长；③使所含农药和种肥等物质能缓慢释放，确保较长时间防治病虫害的侵袭，促进幼苗的生长，增加作物的产量。

（6）防霉剂。当使用改性淀粉和黄原胶等增稠剂时，加入防霉剂是必要的，它可避免药剂受到细菌分解而失去作用。

（7）pH 调节剂。调整悬浮种衣剂的 pH 值，以达到农药活性成分发挥最大功效的 pH 值范围。

（8）安全剂。安全剂（亦称警戒剂）主要是用于标记悬浮种衣剂产品，起警戒作用（与未包衣的种子有区别）。一般以有颜色的染料或颜料作为安全剂。国际上不同作物用不同的颜色作为警示，以区分类别。通常谷物种子是红色，水稻是黄色，棉花为黑色，瓜菜为紫、蓝、绿色。安全剂色料已由原来用的染料改用颜料，有时还可增加荧光色料，以对检查包衣的均匀度有利或为了满足不同作物种子包衣的需要。对同一种作物使用同样的色料，其外观色泽度往往与悬浮种衣剂的粒子细度有关联（国外样品一般显得较亮丽）。通常粒子细度越细，则色泽亮，牢固度强，稀释时也不易变淡。颜料一般不会影响使用效果。

（9）稳定剂。加工过程中因农药活性成分含量低，带进的杂质或加入各种助剂成分有时会影响制剂化学稳定性。加入稳定剂是为了提高农药活性成分的化学稳定性和制剂质量。

（10）填充剂或稀释剂。水基、干种衣剂常用硅藻土、高岭土、膨润土、白炭黑等填充剂或尿素、$K_2HPO_4$等；粉体种衣剂常用尿素、钙镁磷肥、硼泥、磷矿渣、泥炭、硅石、长石、重晶石、石灰石等。

### （四）种子包衣技术

1. 包衣技术条件

（1）种衣剂对包衣的作物种子应是专用型的。对种子安全。

（2）种衣剂包衣时，首先应明确种衣剂、助剂和种子的最佳比例，确定的比例不能随意改变。

（3）种衣剂包衣的种子应是良种，发芽率一般在85%以上，种子含水量在12%以下，同时种子应去杂去劣后再包衣。

（4）种子包衣的力学性能要好。均匀一致。

（5）种子包衣一般应由种子公司或农技推广部门统一加工，应采用专用的包衣机进行，不提倡用塑料袋、大锅等土法包衣，以免包衣不匀造成药害。

2. 种衣剂的加工类型

干粉种子处理剂（dry powder for seed treatment，DS）。干粉种子处理剂是最老的一种剂型，它类似于农药剂型中的粉剂，也称干拌种剂。加工工艺和设备较简单，除了使用矿物油或十二烷基苯作增稠剂代替润湿剂和分散剂之外，还用红色颜料作为种子的安全标记。干拌种剂的优点是易于贮藏，而且很少存在种子发芽问题。不过这种干粉种子处理剂不能被种子黏附住，为了改善它们在种子上的黏附性，一般需要加入黏合剂。

水浆粉种子处理剂（water slurriable powder for seed treatment，WS）。水浆粉种子处理剂类似于可湿性粉剂，也称湿拌种剂。为了使粉能容易进入水中成为浆料，更容易应用在种子上，必须使用润湿剂和分散剂。目前，湿拌种剂在许多国家还十分流行，如法国在杀菌剂中还经常应用。它的优点是容易生产、贮藏稳定性好以及可用水稀释。

液体溶液种子处理剂（liquid solutions for seed treatment，LS）。液体溶液种子处理剂即非水溶液种子处理剂（non aqueous solutions for seed treatment）。它是一种农药活性成分溶解在（例如丙二醇、甘醇醚类或N-甲基吡咯烷酮等）有机溶剂中的剂型。此外它还含有一种可溶的染料作为种子的安全标记。LS剂型的优点是对合适的农药活性成分比较容易生产，有较好的贮藏稳定性和种子黏附性。缺点是使用有机溶剂存在安全问题，不能用水稀释产品，同时因含有有机溶剂可能会存在某些种子发芽问题。

流动的悬浮种子处理剂（flowable suspensions for seed treatment，FSs）。流动的悬浮种子处理剂是以水为介质加工成的在水中悬浮的种子处理剂。一般也认为，它是一种可应用泵送直接到种子的液体剂型。这种剂型非常像悬浮剂（SC），它一般含有类似悬浮剂的分散剂，含有成膜物质，也含有一种红色颜料作为种子的安全标记。还需要一种凝胶或增稠剂来控制其黏度，既要有足够的黏度防止粒子分离，又要确保药剂易于泵送到种子。流动的悬浮种子处理剂具有水基性，应用安全，农药活性成分在种子上可很好地持留，无粉尘问题，很少存在种子发芽问题，种子处理设备容易被清理等优点。

种衣剂加工的制剂形态有油悬浮剂、悬乳剂、水乳剂、水剂、干悬浮剂和微粉剂等。实际上国内外加工和应用的悬浮种衣剂占90%以上，是全球最流行、最安全和最有效应用的种衣剂。

3. 种子包衣的方法

种子包衣的加工流程是由种子计量装置、药液计量箱、种药混合室、搅拌混合装置和供液器等5大工作部分组成。

合格种子进入贮料箱后，通过定量喂入装置，按额定量连续进料，同时，给药机构按预先设定的药液量，由药液流量控制器连续定量给药，种子和药液在混合室混合后进入搅拌滚筒，经过充分搅拌后由排种口排出，完成种子包衣。

## 二、熏蒸剂

熏蒸剂（fumigant）是在室温下可以气化的药剂。它与烟剂和雾剂不同，它不是依靠外界热源使药剂挥发气化成微小的固体粒子悬浮在空中成烟，也不是依靠外界热源使药剂挥发气化成微小的液滴悬浮在空气中成雾，而是以分子状态分散在空气中形成混合气体，发挥控制有害生物的作用。

熏蒸剂的扩散和渗透能力很强，在密闭条件下，消灭有害生物更彻底，常用于仓库、房屋、温室、帐幕、土壤及田间生长茂密的作物、苗木等防治线虫、害虫、病菌、鼠类等有害生物。在植物检疫部门，用于彻底消灭检疫的有害生物。由于熏蒸剂在加工过程中没有专门加助燃剂、燃料等易燃物质，使用过程中不点燃，没有燃烧过程，因此药剂损失少。在加工、贮藏、运输和使用中较烟剂安全。对于熏蒸剂的基本要求是：对人、畜尽可能低毒，有警戒气味；对保护对象无腐蚀、变质、药害和残毒；药剂使用时挥发性、渗透性强，不易燃，不易爆；原料易得，加工容易，贮存、运输和使用方便等。

### （一）熏蒸剂的分类

根据熏蒸剂的防治对象、物理形态和制作原理可将熏蒸剂分为以下几种类型。根据防治对象分为杀虫熏蒸剂、杀菌熏蒸剂、杀鼠熏蒸剂等；根据物理形态分为气体熏蒸剂（如HCN、$CH_3Br$、$PH_3$、$SO_2$、$H_2S$、$CO_2$）、液体熏蒸剂（如$C_3NO_2$、二溴乙烷、二溴氯丙烷、二氯乙院、$CCl_4$、敌敌畏等）、固体熏蒸剂（如樟脑、多聚甲醛、偶氮苯等）；

根据制作原理分为化学型熏蒸剂、物理型熏蒸剂等。

### （二）化学型熏蒸剂及加工

1. 磷化物化学型熏蒸剂

（1）原理。$PH_3$气体有强烈的杀虫、杀鼠作用，但对人、畜也剧毒，且易燃，无法直接使用。若制成它的三个磷化物，如 $Ca_3P_2$、AlP、$Zn_3P_2$等使用就避免对人畜的毒害。这些化合物本身都是固体，没有气味。但遇水即发生化学反应，放出毒力很强的$PH_3$气体，在密闭环境中对虫、螨、鼠都有强力毒杀作用。

（2）制作方法及质量控制。磷化物 $Ca_3P_2$、AlP、$Zn_3P_2$的制造方法和质量要求基本相同，但具体操作条件各异。AlP 效果好，应用广泛。

2. 焦亚硫酸盐化学型熏蒸剂

（1）原理。焦亚硫酸钾或钠盐在潮湿空气中能缓慢放出有生物活性的$SO_2$气体，可作为杀虫、杀菌熏蒸剂使用。$SO_2$对青霉、绿霉、毛霉、灰霉、木霉、丝核、镰刀菌等有强抑制作用，将亚硫酸盐或焦亚硫酸盐加工成片剂，置于葡萄、柑橘、蒜薹等水果和蔬菜袋内，防腐保鲜除虫效果良好。

（2）制作方法。在焦亚硫酸钠中适当加入$SO_2$释放抑制剂、黏合剂（如淀粉浆）、填料及吸附剂（如硬脂酸钯、硅胶），捏合造粒，或用打片机打片，包装于聚乙烯薄膜中。使用时用针打孔，放入装水果、蔬菜的聚乙烯袋中，封好，即能起到保鲜和杀菌作用。

3. 漂白粉化学型熏蒸剂

（1）原理。漂白粉在空气中吸收水分和 $CO_2$而分解，放出氯气和新生态氧，具有漂白、消毒和驱虫作用。

（2）制作方法。将漂白粉或氯胺 T、二氯异氰尿酸钠、钾盐等含活性氯化合物，与硼酸、黏合剂、滑石粉等混合均匀，压片（7.5g/片）即成产品。除有消毒作用外，对蟑螂亦有良好的驱避作用。

4. 多聚甲醛化学型熏蒸剂

（1）原理。甲醛是一广谱杀菌剂，对多种杆菌、球孢子菌、细菌芽孢、芽生菌和病毒等均有杀灭和抑制作用。但单分子甲醛气体刺激性很强，使用不方便，如果制成聚甲醛，刺激性大大降低，并能在一定条件下缓慢解聚放出甲醛，熏蒸杀菌。

（2）制作方法。将37%的工业甲醛在水浴上加热，蒸去甲醇，浓缩，加入0.3%的NaOH，在50~60℃下反应制得聚甲醛。聚甲醛与苯甲酸、水杨酸以3：1：1的比例混合，可制得消毒用熏蒸剂。用于蚕室、蚕具消毒；仓库、书库防霉和病房、棉种的消毒等。

5. 过氧化钙化学型熏蒸剂

（1）原理。过氧化钙在干燥时十分稳定，但在水或潮湿的空气中会逐渐水解，生成氧气和氢氧化钙。利用这一原理，可将过氧化钙作为动植物的增氧剂、水质和空气净化剂、水果蔬菜保鲜剂等。该熏蒸剂已在对虾养殖、水稻栽培、冰箱除臭等方面得到应用。

（2）制作方法。如加25%~50%的过氧化钙、10%~15%分解促进剂、3%~5%杀菌剂、2%~5%的毒藻抑制剂，以及35%~60%的水质消毒净化剂混合而成。

### （三）物理型熏蒸剂及加工

1. 原药直接成型熏蒸剂

有些原药可以由固态直接升华成气态发挥杀虫或杀菌作用。如萘、樟脑苯、六氯乙烷等，可以直接压制成球或块状使用。也可以用几种药剂混合加工成型使用。

2. 载体成型熏蒸剂

更多的物理型熏蒸剂是靠载体与挥发性强的药剂结合成型并控制药剂挥发，发挥熏蒸作用的，具体剂型有以下几种类型：

（1）塑料块剂。如敌敌畏塑料块熏蒸剂，就是敌敌畏原油与聚氯乙烯加工而成。

（2）凝胶剂。如乙醇凝胶剂，是乙醇与成型剂、黏合剂、水及其他添加物混合加工而成的，能缓慢释放乙醇到环境中消毒灭菌并起保鲜作用。

（3）驱虫油和驱虫霜剂。将挥发性强的驱避剂加工成油或霜剂涂在身上，使其缓慢释放熏蒸驱除害虫。

3. 高压容器包装型熏蒸剂

常温下为气体的熏蒸剂，为贮运安全和使用方便，常装在高压容器内作为商品出售使用。如溴甲烷、硫酰氟等通常都是压缩成液体装钢瓶使用的。

## 三、气雾剂

气雾剂（aerosols）是利用低沸点发射剂急剧气化时所产生的高速气流将药液分散雾化的一种罐装制剂。常用的有油质气雾剂和水质气雾剂两大类。前者是以油为溶剂的油状均相液体，后者是以水为分散介质的水乳剂或水悬液。由于药液是靠发射剂在常温下急速气化喷射成雾的，所以都需要灌装在特制的耐压罐里并配有阀门喷嘴使用。显然与其他剂型不同的是，它把药液与雾化的手段结合起来了，形成了一个特殊剂型。

### （一）气雾剂的特点

气雾剂由于受到其自身及生产的制约，即需要耐压容器、气雾阀。特殊的生产设备和流水线，容器的一次性使用等因素，造成相对高的成本。当前，国内外都没有广泛应用在农业上。但是，气雾剂也有其独特的优点。

（1）使用简单、便捷，内容物密封在容器内，不易分解变质。使用时，只需开启阀门，按需要量喷雾，在有效期内，可以持续使用；在短时间内，能将药剂喷出，这极有利于害虫出没时使用。加上定向性好，因而见效快。由于容器（气雾罐）体积小，在小空间如居室、车船、飞机上也应用自如。

（2）用量省、药效高。药液从阀门喷出后，均匀分散在空气中并形成气溶胶，其雾粒粒径范围为1~100μm，数量中值粒径（NMD）为25~35μm，接近30μm的最佳雾粒粒径。雾粒细，沉降慢，在空间滞留时间长，增大了飞虫与雾粒接触的概率，大大提高了药效。而常规喷雾，其雾粒NMD值为250μm左右，在空气中迅速沉降，对付飞虫的效果要差些。在驱除爬行害虫、防霉、蚊虫驱避时，雾粒细，单位药量喷布面积大，节省药量。另外，由于它们的渗透性、润湿性、穿透性较普通剂型强，提高了击倒速度（KTs 值缩短）和致死率，也显示出高效、速效、省药的特点。

（3）使用安全，药剂对环境的影响较小。用量少，雾粒细，不留下痕迹，喷雾处很少受到污染。药液靠特殊阀门控制，使用时不会污染使用者手指。因此，适用于家庭、宾馆、医院等公共场所作为防虫、驱虫、杀菌消毒等使用。

### （二）气雾剂的组成

1. 农药气雾剂分类方式

（1）按包装容器分为：①铁质罐罐装气雾剂；②铝质罐罐装气雾剂。

（2）按分散系分为：①油基气雾剂（用脱臭煤油作为分散系）；②水基气雾剂（用乳化液作为分散系）；③醇基气雾剂（用醇溶液作为分散系）。

2. 主要组成

（1）有效成分。选用低毒、无刺激性、持效期长、易挥发、击倒力强、在有机溶剂中溶解性好的。如天然除虫菊素、拟除虫菊酯、高效低毒的有机磷和氨基甲酸酯品种等。

（2）发射剂。是气雾剂的雾化动力，又是有效成分的溶剂和稀释剂。其组成和用量直接影响气雾剂喷雾的粒径大小和质量。其用量一般为农药有效成分的 60% 左右。对发射剂的要求是低沸点高蒸气压，易挥发，气化速度快，毒性低，不易燃，价格低廉等。常用的发射剂有一氟二氯甲烷（氟利昂 F1）、二氟二氯甲烷（氟利昂 F12）、四氟二氯乙烷（氟利昂 F14）、丙烷、异丁烷、正丁烷、氯乙烯、氯甲烷、二氯甲烷、氮气、二氧化碳、环氧乙烷等。为弥补各发射剂性能不足，常根据需要选择几种发射剂混合使用。氟利昂因破坏大气臭氧层而被逐渐减少使用。

（3）其他助剂。用作气雾剂的其他助剂有溶剂、助溶剂、增效剂、香料等，根据药剂有效成分的特性和使用的要求而添加。常用的有机溶剂有石油醚、乙醇、乙酸乙酯、环己酮、二甲基甲酰胺、精炼煤油等。

### （三）气雾剂的加工

1. 油基剂及醇基剂的加工

通常先用溶剂或助溶剂将原料分别配成母液，经分析检验，确定每批母液的含量。配料时，先通过计量槽把溶剂等加到反应釜内，然后边搅拌，边按投料顺序加入各种母液。加完后，继续搅拌半小时即可用于配料的各种原材料，要有严格的质量要求。如油基剂配制时，原材料的酸度和水分对气雾剂质量影响较大。水分含量高，酸值大，极有可能出现不可弥补的气雾罐穿孔问题，也会促进有效成分分解。不溶性杂质，如铁锈等，即使是非常细小，也要杜绝，以免混入。一般采用纱网过滤清除，如果是装入了气雾罐，势必堵塞喷嘴。

2. 水基剂的加工

水基剂药液的配制有两种方法。

（1）先配成油剂母液，即含有有效成分、助溶剂（通常为脱臭煤油）；再用去离子水（或蒸馏水）、乳化剂和其他水溶性辅料制成乳化水液。在充填时分三步，即油剂母液、乳化水液、推进剂。

（2）将有效成分、乳化剂、助溶剂、辅料配成乳剂，最后装罐。

## 四、缓释剂

农药是一类特殊的商品，其原药大多数需要加工成不同的剂型后才能被应用。因此，农药剂型的研究一直是农药开发应用的一个极为重要的环节。但常规农药剂型利用率只有20%~30%，而且存在有效成分释放速度快、药效持效时间短、生态污染严重等问题。为解决这些问题，人们对农药剂型提出了更高的科学要求。作为一种新兴技术，农药缓释技术可以有效地解决农药活性制剂释放速度快、有效作用时间短的问题，减少或避免农药的不良影响，以延长农药的使用寿命。

缓释技术是利用物理或化学手段，使农药贮存于农药的加工品种中，然后又使之缓慢地释放出来，该制剂就称为缓释剂。按农药有效成分的释放特性分类，农药缓释剂型可分为自由释放的常规型和控制释放剂型两大类。自由释放包括匀速释放和非匀速"S"曲线释放，匀速释放指的是农药活性成分在相同时间从缓释材料释放到环境中的浓度相同；非匀速"S"曲线释放指的是农药活性成分从缓释材料释放到环境中的速度随着时间的推移不断增加，到了最大值后又随着时间的推移不断减少、释放呈"S"形。缓释的技术有物理法和化学法，或者二者兼备。缓释和控释的原理是利用渗透、扩散、析出和解聚而实现。

农药缓释剂主要是根据病虫害发生规律、特点及环境条件，通过农药加工手段使农药按照需要的剂量、特定的时间持续稳定地释放，以达到经济、安全、有效地控制病虫害的目的。

### （一）缓释剂的特点

缓释剂主要优点为：

（1）药物释放量和时间得到了控制，使施药到位、到时，原药的功效得到提高。

（2）有效降低了环境中光、空气、水和微生物对原药的分解，减少了挥发、流失的可能性，从而使残效期延长，用药量和用药次数减少。

（3）同时使高毒农药低毒化，降低了毒性，减少了农药的飘移，减轻了环境污染和对作物的药害。

（4）改善了药剂的物理性能，液体农药固型化，贮存、运输、使用和后处理都很简便。缓释剂可以控制原药在适当长的时间内缓慢释放出来，属于发展迅速的新兴领域。

### （二）缓释剂的分类

缓释剂通常分为物理型和化学型两大类，物理型缓释剂主要依靠原药与高分子化合物之间的物理作用结合，化学型缓释剂则是利用原药与高分子化合物之间的化学反应结合。其中，物理型缓释剂目前发展速度比化学型缓释剂快。

1. 物理型缓释剂

物理型缓释剂的形式各不相同，加工方法也不尽相同。根据其加工方法，大致分为4种。

（1）微胶囊缓释剂。微胶囊技术是一种用成膜材料把固体或液体包覆形成微小粒子的技术。包覆所得的微胶囊粒子大小一般在微米至毫米级范围，包在微胶囊内部的物质称为囊心，成膜材料称为壁材，壁材通常由天然或合成的高分子材料形成。研究表明，药物是通过溶解、渗透、扩散等过程透过胶囊壁而缓慢释放出来，可以使瞬间毒性降低，并延长释放周期。药物的释放速度可以通过改变囊壁的组成、壁厚、孔径等因素加以控制。1974年，美国的Pennwalt公司首先把微胶囊农药推向市场，从此缓释技术在农药界受到广泛关注。同时，我国也开始了农药微胶囊化技术的研究和应用，但直到20世纪80年代第一种微胶囊化农药25%对硫磷微胶囊剂才问世。近年来，微胶囊剂得到了长足的发展。Schwartz等以珍珠岩为核心，采用界面聚合法制备了聚氨酯微胶囊，并作为蚊蝇醚的缓释系统，药效显著。

由于利用微胶囊技术可以把固体、液体农药等活性物质包覆在囊壁材料中形成微小的囊状制剂，从而具有降低接触毒性和对人畜禽的毒性、延长药效、缓释及控制释放、减少污染、掩蔽气味、提高稳定性、减少防治次数和农药用量、经济、安全、防效好的特点。但该剂型也有缺点：一是作微胶囊壁材的高分子化合物不易降解，残留在环境中，会导致新的污染；二是微胶囊剂技术含量高，工艺烦琐、成本高。

（2）均一体缓释剂。均一体缓释剂是指在一定温度下，把原药均匀分散在高分子聚合物中，使二者混为一体，形成固溶体、分散体或凝胶体，然后按需加工成型制成缓释剂型。将乙基纤维素利用溶剂挥干法制备达草灭缓释微球的研究表明，通过改变达草灭有效成分和乙基纤维素的配方比，可以控制达草灭的释放速率，充分发挥药效。此剂型不仅操作简单，而且药效长久，但同样也存在着一些明显缺点：比如，成型时有时需要高温处理，导致活性成分损失；初始释放速度较快，以后降至较低的恒定速度。

（3）包结型缓释剂。包结型农药缓释剂是指原药分子通过不同分子间相互作用，与其他化合物形成具有不同空间结构的新的分子化合物。β-环糊精与农药分子形成包结化物后，农药分子进入β-环糊精空腔内可以得到保护，增强分子稳定性，降低挥发性，从而提高了农药药效期和水溶性。有人采用液相法制备了联苯菊酯与β-环糊精包和比为1∶1的包结化物，其是由联苯菊酯的苯环端从β-环糊精的较大端进入β-环糊精的空腔内形成。此包结化物是靠疏水作用和分子间作用力结合形成的超分子结构，没有产生新的化学键。该包结化合物改变了被包物的理化性质，如挥发性、稳定性、溶解性、气味和颜色等，起到了保护和控制释放作用，从而提高了被包物的稳定性，延长了持效期，降低了毒性。

（4）吸附型缓释剂。吸附型缓释剂是将原药吸附于无机、有机等吸附性载体中，作为贮存体，如凹凸棒土、膨润土、海泡石、硅藻土、沸石、氧化铝、树脂等。黏土矿物内部可进行离子交换，所以，其经常被用作吸附性载体，制成性能优良的缓释剂。Hermosin等将除草剂2,4-D吸附于有机改性黏土中，制备了吸附型农药缓释剂，有效地延长了除草剂的药效期，还减少了使用过程中农药的大量损失。含有有机和无机阳离子的黏土可以作为吸附载体，制成持效期长、化学稳定性好的缓释剂。吸附型缓释剂制备工艺简单、周期短、成本较低，但载药量有限，并且容易受周围环境变化影响，使其达不到真正控制释放的目的。

2. 化学型缓释剂

化学型农药缓释剂是在不破坏农药本身化学结构的条件下，农药自身包含的活性基团，通过自身缩聚或与高分子化合物之间采取共价键和离子键相结合而形成的农药剂型。由于化学型缓释剂中的农药是以分子状态与高分子化合物结合，能够达到真正的控制释放。按高分子与农药的不同化学结合方式分类，化学型缓释剂可分为以下 4 种类型：

(1) 农药自身聚合或缩聚。如防污剂砷酸钠可以自身熔融脱水生成无机酸酐，可作为一种化学型缓释剂。

(2) 农药与高分子化合物不通过连接剂直接结合。常用的高分子化合物主要有纤维素、海藻胶、淀粉和树皮。有人用道格拉斯冷杉树皮和牛皮纸木质素与 2,4-二氯苯氧乙基氯直接结合反应，得到农药缓释剂，大大延长了药效期，减少了给药频率。

(3) 农药与高分子化合物通过架桥剂间接结合。架桥剂通常是指连接农药与高分子化合物，起到桥梁作用的化学性质较活泼的物质。例如用氯乙酸作为交联剂，让萘乙酸与纤维素间接结合，制得了农药缓释剂，进行了释放动力学试验。研究发现，萘乙酸活组分的释放速度是由介质环境的 pH 值和高分子骨架的亲水性所决定的。

(4) 农药与无机或有机化合物反应，生成络合物或分子化合物。有报道，通过共沉淀法，将草甘膦与镁铝水滑石和镁铝双金属氢氧化物反应，得到一种超分子结构的新物质作为农药缓释剂，达到缓慢释放的效果。

# 第四章　农药的施用方法

农药施用方法（pesticide application method）就是指把农药施用到目标物上所采用的各种施药技术措施，按农药的剂型和喷撒方式可分为喷雾法、喷粉法、施粒法、熏烟法、烟雾法及毒饵法等。由于耕作制度的演变、农药新剂型、新药械的不断出现，以及人们环境意识的不断提高，施药技术在持续发展和提高。

对农药的科学使用并非易事。现代农药使用技术的目标是使农药最大限度地击中靶标生物而对非靶标生物及环境影响最小。这一目标实现的影响因素很多，内在因素如药剂本身的性质、剂型的种类以及药械的性能等，外在因素更为复杂，而且往往具有可变性，诸如不同作物种类、不同发育阶段、不同土壤性质、施药前后的气候条件等。这些因素对施药质量和效果既可产生有利作用，也可能产生不利影响，甚至副作用。例如，对作物产生药害，有益生物中毒以及环境污染等。

做到农药科学施用，应掌握以下基础理论和知识：

（1）熟知靶标生物和非靶标生物的生物学特性、发生和发展特点。

（2）了解农药的理化性质、生物活性、作用方式、防治谱等。

（3）掌握农药剂型及制剂特点，以确定施药方法。

（4）了解施药地的自然环境条件，尤其是小气候条件。

（5）对施药机械工作原理应有所了解，以利于操作和提高施药质量，并需理解当农药喷洒出去后它的运动行为，达到靶标后的演变与自然环境条件的关系等。

农药的科学使用是建立在对农药特性、剂型特点、防治对象和保护对象的生物学特性以及环境条件的全面了解和科学分析的基础上进行的。

## 第一节　喷雾法

喷雾法（spraying）是利用喷雾机具将液态农药或其稀释液雾化并分散到空气中，形成液气分散体系的施药方法，是目前病、虫、草防治中使用频率最高的施药技术。供喷雾使用的农药剂型中除超低容量喷雾剂不需加水稀释而可直接喷洒外，其他剂型如乳油、可湿性粉剂、悬浮剂、水剂、水分散粒剂以及可溶性粉剂等，一般需加水调配成稀释液后才能供喷洒使用。

不同喷雾容量要求根据药液理化性质采用恰当的药液雾化方式。此外，靶标的表面结构、稀释药液的水质等因素对喷雾的质量也存在较大的影响。

## 一、雾化方式、原理及药械

药液的雾化（atomization）是靠机械来完成的。雾化的实质是药液在喷雾机具提供的外力作用下克服自身的表面张力，实现比表面积大幅增加的过程。雾滴的大小与雾化方式以及药械的性能有直接关系。按药液雾化原理，可分为以下几种类型。

### （一）液力雾化法

药液在液力下通过狭小喷孔而雾化的方法称液力雾化法。药液通过孔口后通常先形成薄膜状，然后再扩散成不稳定的、大小不等的雾滴。影响薄膜形成的因素有药液的压力、药液的性质，如药液的表面张力、浓度、黏度和周围的空气条件等。

液力雾化法喷出雾滴的细度决定于喷雾器内的压力和喷孔的孔径。雾滴直径与压力的平方根呈反比，因此，必须要保证在整个工作期间内喷雾器内有足够的压力。压力一定时，喷孔越小，雾滴越细。单位时间内排出的液量，与压力强弱和喷孔直径大小呈正相关，尤以喷孔直径的影响为大。

中国通常使用的有预压式和背囊压杆式两种类型喷雾器。预压式喷雾器如 3WS-6 型喷雾器，常用压力为（3~4）$\times 10^{-4}$Pa。使用时先向喷雾器内压缩空气，喷雾时压力逐渐降低，雾滴逐渐变粗，需再向喷雾器内压缩空气。背囊压杆式喷雾器的型号很多，如 3WB-16 型背负式喷雾器，可边打气边喷雾，在喷雾期间压力较为均匀，因而雾滴大小也较为一致。这两种类型喷雾器的喷头都是切向离心式空心雾锥喷头。其主要构造由涡流室、涡流芯和喷孔片组成。受高压的药液沿切线方向进入涡流室后，绕涡流芯而产生高速旋转，最后从喷孔排出。药液高速旋转而产生的离心力使药液排出喷孔时形成锥形液膜，中心部位是空的，锥形药膜与空气碰撞而分散成雾，这样使锥体的中心雾滴少，而锥体周围的雾滴多。因此，操作时要使喷头不断地平行移动或转动才能使雾滴在受药表面上均匀分布。

### （二）气力雾化法

利用高速气流对药液的拉伸作用而使药液分散雾化的方法。因为空气和药液都是流体，因此又称为双流体雾化法。这种雾化方法利用双流体喷头能产生细而均匀的雾滴，在气流压力波动的情况下雾滴变化不大。气力雾化方式可分为内混式和外混式两种。内混式是气体和液体在喷头体内撞混，外混式则在喷头体外撞混。

常见的药械为东方红-18 型背负机动喷雾喷粉机，药液的雾化过程分为两步连续进行。药液箱内的药液受压力而以一定的流量流出，先与喷嘴叶片相撞，初步雾化，再在喷口处被喉管的高速气流吹张开，形成一个个小液膜，膜与空气碰撞破裂而成雾。使用这种机械雾化药液，其液滴直径大小一是受药液箱内空气压力强弱的影响，二是受喉管里气流速度的影响，而且后者更为重要，它不但左右雾滴的细度，而且还影响到雾滴被运送的距离。

### （三）离心雾化法

离心雾化法又叫转碟雾化法、超低容量弥雾法。利用圆盘高速旋转时产生的离心力，在离心力的作用下，药液被抛向盘的边缘并先形成液膜，在接近或到达边缘后再形成雾滴。其雾化原理是药液在离心力的作用下脱离转盘边缘而延伸成液丝，液丝断裂后形成细雾滴。

离心雾化法的药械有两种。一种是电动手持超低容量喷雾器，在喷头上已安装圆盘转碟，转碟边缘有一定数量的半角锥齿，当药液滴落到这个圆盘转碟上，电机带动转碟迅速转动，转碟上的药液受离心力作用而向外缘移动到齿尖上，进而将齿尖上的药滴抛到空中，形成雾浪，随气流而弥散，喷幅大小主要取决于风力和风向。另一种是弥雾机械，利用上述的东方红-18 型机动弥雾喷粉机，将该机的配件即超低容量雾化喷头（基本构造同上述手持超低容量喷雾器的喷头）安装在喷管的端部，以电机所产生的气流吹动圆盘转碟迅速转动，将齿尖的药液抛向空气中，同时，还靠喷管中的另一股气流将雾滴运送到远方，所以较上述的手持超低容量喷雾器的喷幅宽，受大气气流影响也相对较小。

$$d = \frac{3.8}{\omega} \times \sqrt{\frac{\gamma}{D\rho}}$$

式中：$d$ 为雾滴直径（μm）；$\rho$ 为液体密度（g/cm）；$D$ 为圆盘直径（cm）；$\omega$ 为圆盘角速度（r/min）；$\gamma$ 为液体表面张力（mN/m）。

上式表明，在一定的液体相对密度与表面张力下，雾滴大小与角速度呈反比，与圆盘直径的平方根呈反比。试验结果证明，如手持超低容量喷雾器转速 7 000~8 000r/min，雾滴直径多为 15~75μm，东方红-18 型超低容量喷雾器转速 8 000~10 000 r/min，雾滴直径多为 50~80μm，均匀性良好。另外，圆盘的齿数及齿尖锐度也影响雾滴大小。齿尖越锐，雾滴越小。

手持超低容量喷雾器和东方红-18AC 型超低容量喷雾器施药防治多种害虫在实践上已获成功，而实际上一般每公顷喷超低容量剂 5L 左右。证明在同等有效成分用量下，超低容量喷雾与常量喷雾具有相似的杀虫效果，而超低容量喷雾的工效却高出常量喷雾 30~100 倍，且可减轻劳动强度和不受水源的限制。但这一施药技术也有其局限性，适宜风速仅为 1~3m/s，还受阵风及上升气流影响。从作物着药量看，以迎风面或上部为多，下部及内部则较少。可见，这一技术适用于喷洒内吸剂，或喷洒触杀剂以防治具有相当移动能力的害虫，不适用于喷洒保护性杀菌剂、除草剂。适合超低容量喷雾的剂型应为油剂或黏度小的乳油。

## 二、雾滴的运动行为

雾滴的运动行为取决于雾滴尺寸、药液密度以及气流状况。喷雾法喷出的雾滴落到作物表面上以后，将会有雾滴的聚并和雾滴的反弹两种行为。

### （一）雾滴的聚并

采取大容量常规喷雾法所产生的雾滴比较粗。若药液的湿润性不好，雾滴即呈不稳定状态，特别是在倾斜的表面上。作物的叶片不可能是水平状态，因此，不能湿润叶片表面的雾滴有可能发生滚动，犹如水珠在荷叶上的状况。早在20世纪60年代就已有许多人研究了雾滴在叶面上的滚动现象，发现雾滴最初虽呈球珠状，但由于表面的倾斜度而发生变形，斜度越大变形越快越剧烈，在难湿润的表面上，当雾滴尺寸达到1mm左右时，就会发生滚动，并随着倾斜角的增大而加强，雾滴的形状也由球珠状变形为椭圆状。

雾滴在滚动过程中与其他雾滴相撞，就会发生雾滴聚并而变成较大的液珠。这个过程如果由于喷雾量的不断增大或由于机械振动而持续进行，液珠就会变得更大。当液珠的重力超过叶面对液珠的持着力后，就发生液珠从叶面滚落的现象。这种现象在常规粗雾大容量喷雾中非常容易发生，药液从叶面发生滴淌就是由于液珠聚集所造成的。但是若叶面很容易湿润或药液湿润能力过大，雾滴在叶面很容易展散成为很薄的液膜，这种情况也会使药液的实际沉积量显著降低，在此情况下，若喷药液量过大，其结果是靶标表面不能滞留太多的药液，也会发生药液从叶面流失的现象，最后沉积量反而降低。所以，必须根据靶标的实际情况恰当地调节药液的湿润展布能力。

### （二）雾滴的反弹

对雾滴在叶片上的行为观察发现，当雾滴喷落到叶面的瞬间，会出现从叶面上反弹的现象（亦称为弹跳现象，bouncing），特别是在药液与叶片表面的界面张力较大的情况下更容易出现。反弹是由雾滴撞击叶表面时所给予雾滴的运动能量，使雾滴展成扁平液饼后，再发生液饼回缩而使雾滴向上弹起的结果。弹起的雾滴仍可再次回落到叶面上，但也可能弹落脱离叶面。较粗的雾滴在撞击叶面时会发生雾滴破碎，成为更小的雾珠；适当大小的雾滴可能经过反弹后迅速稳定地沉积在叶面上；较细的雾滴则可能沉积到叶背面或反弹后脱离叶表面而飘失。

若药液湿润展布性能较强，则可能在雾滴尚未弹起的瞬间即被叶片表面所捕获而稳定沉积下来。所以，配制的药液其湿润展布性能很重要，应根据作物的实际情况确定喷洒液的技术标准。

## 三、喷雾技术

### （一）根据单位面积所施用的药液量来划分

受到喷雾机具、作物种类和覆盖密度等因素的影响，喷雾时通常单位面积上用药液量差异甚大。根据药液量的不同一般划分为5个级别（表4-1）。

**表 4-1　几种容量喷雾法的性能特点**

| 分级 | 指标 | | | | | |
|---|---|---|---|---|---|---|
| | 施药量（L/hm$^2$） | 雾滴数量中径（μm） | 喷洒液浓度（%） | 药液覆盖度 | 载体种类 | 喷洒方式 |
| 高容量（high volume，HV） | >600 | 250 | 0.05~0.1 | 大部分 | 水质 | 针对性 |
| 中容量（medium volume，MV） | 150~600 | 150~250 | 0.1~0.3 | 一部分 | 水质 | 针对性 |
| 低容量（low volume，LV） | 15~150 | 100~150 | 0.3~3 | 小部分 | 水质 | 针对性或飘移 |
| 很低容量（very low volume，VLV） | 5~15 | 50~100 | 3~10 | 很小部分 | 水质或油质 | 飘移 |
| 超低容量（ultra low volume，ULV） | <5 | <50 | 10~15 | 微量部分 | 油质 | 飘移 |

1. 常量喷雾技术

常量喷雾技术采用液力雾化法，雾滴直径一般为 150~400μm，覆盖密度大，但雾滴流失也较严重。常用的喷雾机具为手动喷雾器。喷雾器喷片孔径 1.3mm 和 1.6mm，喷雾方法是摆动喷杆，带动喷头喷雾。

国外利用喷杆式喷雾机喷洒化学除草剂、土壤处理剂和利用喷射式机动喷雾机对水稻、小麦等大面积农田和果树林木及枝叶繁茂的作物作业时也多采用常量喷雾法。

常量喷雾法具有目标性强、穿透性好、农药覆盖度好、受环境因素影响小等优点。但单位面积上施药量多，用水量大，农药利用率低，环境污染较大。

2. 低容量喷雾技术

将常量喷雾器的喷片的孔径缩小为 0.7mm 以下，就可以进行低容量喷雾。当然也可利用高速气流把药液吹散成雾的方法。雾滴直径 100~150μm，单位面积用水量大大减少。低容量喷雾时可利用风力把雾滴分散、飘移、穿透、沉积在靶标上，也可将喷头对准靶标直接喷雾。行走状态为匀速连续行走，边走边喷，通常行走速度为 1~1.2m/s。

3. 超低容量喷雾技术

1963 年，Messenger 首先用飞机喷洒马拉硫磷原油防治害虫获得成功，开创了超低容量喷雾的先例。超低容量喷雾每公顷大田作物喷液量在 5L 以下。具有工效高、节省用药、不用水、防治费用低等优点。缺点是受风力、风向和上升气流等气象因素影响大，喷施技术要求较高。

由于无法通过控制药液流量或改变喷雾压力而实现超低容量喷雾，故药液的雾化一般使用对药液分散性能更高的气力雾化法或旋转离心雾化法等，使雾滴的体积中径（VMD）在 10μm 以下，超低容量喷雾技术由于喷药液量极少，不可能采取常规喷雾法的整株喷湿方法，必须采取飘移累积性喷洒法。利用气流的吹送作用，把雾滴分布在田间作物上，称为“雾滴覆盖”，即根据单位面积上沉积的雾滴数量来决定喷洒质量。每平方厘米叶面内所能获得的雾滴数，决定于雾滴尺寸，雾滴直径与雾滴沉积密度的关系如表 4-2 所示。

**表 4-2　雾滴直径与雾滴沉积密度**

| 雾滴直径（μm） | 雾滴数［个/（L·$hm^2$）］ | 雾滴密度（雾滴数/$cm^2$） |
| --- | --- | --- |
| 20 | $2.385\times10^{11}$ | 2 385 |
| 50 | $1.526\times10^{10}$ | 153 |
| 80 | $3.75\times10^{9}$ | 37 |
| 100 | $2\times10^{9}$ | 20 |
| 150 | $5.61\times10^{8}$ | 6 |
| 200 | $2.4\times10^{8}$ | 2 |

由表 4-2 可见，减小雾滴直径，对提高雾滴密度具有非常显著的效果。若在单位面积上喷同等液量（1L/$hm^2$），雾滴直径由 200μm（代表常量喷雾）降低到 80μm 或 50μm 时，其单位面积上的雾滴数，后者较前者则提高 18.5 倍或 76.5 倍。而实际上，常量喷雾较超低容量喷雾在单位面积上所用的药液量要大得多。按理论推算，常量喷雾若每公顷喷液为 100L，雾滴直径为 200μm 时，则每平方厘米上雾滴数 2 000个；而超低容量喷雾若每公顷喷药液为 1L，雾滴直径为 50μm 时，每平方厘米上雾滴数则为 153 个。由于单位面积上用药量不同，常量喷雾的雾滴分布密度显著高于超低容量喷雾的雾滴密度，但超低容量喷雾剂性能较用水稀释的药液有所不同。实验研究表明，超低容量喷雾当达到每平方厘米上有雾滴 10~20 个时，已具有实际防治效果。每公顷喷药液 1L 时，只要把雾滴直径控制在 100μm 以下，可以达到超低容量喷雾理论上的雾滴分布有效密度的要求。

### （二）根据喷雾方式划分

1. 针对性喷雾法

把喷头对准靶标直接喷雾称作针对性喷雾，又称为定向喷雾法。

2. 飘移喷雾法

利用风力把雾滴分散、飘移、穿透、沉积在靶标上的喷雾方法。该法特点是雾滴按大小顺序沉降，距离喷头近处飘落的雾滴多而大，远处飘落的雾滴少而小。该法工作幅宽内降落的雾滴是多个单程喷射雾滴沉降累积的结果，故又称为飘移累积喷雾法。

3. 循环喷雾法

在喷雾机的喷洒部件对面加装单个或多个药液回收装置，把没有沉积在靶标作物上的药液回收返送回药箱中，循环利用，以节省农药，减轻对环境污染的喷雾方法。

4. 泡沫喷雾技术

将药液形成泡沫状雾流喷向靶标的喷雾方法。喷药前在药液中加入一种能强烈发泡的起泡剂，作业时由一种特制的喷头自动吸入空气，使药液形成泡沫雾喷出。该法主要特点是泡沫雾流扩散范围窄，雾滴不易飘移，对邻近作物及环境的影响小。

5. 静电喷雾技术

通过高压静电发生装置使喷出的雾滴带电的喷雾方法。带电雾滴在电场力的作用下快速均匀地飞向目标物，由此提高雾滴的命中率。由于雾滴带有相同电荷，在空间的运动行程中相互排斥，不会发生凝聚现象，所以目标物覆盖比较均匀，黏附牢固，飘失减少，因此效果好，污染小。但静电发生装置结构复杂，成本较高。

6. 手动吹雾技术

手动吹雾技术需要用到手动吹雾机。手动吹雾机是以手动方式提供压力，以压缩药箱内空气，进而对药液产生压力，迫使药液通过雾化器，于药液出口处在气流的冲击下实现雾化。

吹雾机的雾头是窄幅实心雾锥，雾锥角为25°左右。这种窄幅实心雾锥，以喷出的较强气流携带着雾滴吹向远方（即雾滴上带有向前方冲击的动能），为对靶喷雾提供了有利条件。对靶喷雾是对弥雾法的改进，而喷出的雾滴较小是对手动压力喷雾法的改造。据在田间小麦上测定，该吹雾法的雾滴在穗、叶、茎及地面上沉积分配率为2.1：2.92：1.17：1。而传统喷雾分配率为0.17：0.05：0.01：1。对比可知，前者散落到土壤中药剂占总量的14%，而后者为77%。

7. 弥雾技术

弥雾技术指采用气流作动力，通过特制的雾化部件把药液分散成小于20μm的极细雾滴，并能在空气中保持较长时间不挥发消失的施药技术。施药器械统称为弥雾器或弥雾机（mistblower）。弥雾技术可分为热法和冷法两种。热法采用热雾机，选用不易挥发的油类作载体，以高沸点燃油所产生的高温气体为动力，使农药油剂迅速气化，脱离喷口后在冷空气中又迅速冷却而凝聚成极细的油雾，雾滴尺寸1～10μm。热雾法工效高，可用于森林、竹林和果园等郁闭度高的地方，便携式热雾机还可用于仓库、车间、场馆、剧院、集装箱等封闭空间的药剂处理。冷法以空压机所产生的高压高速空气为动力，药剂可以用水作载体，也可用不易挥发的溶剂作载体。以水为载体的冷法弥雾主要适用于温室大棚等设施农业中。

## 四、影响喷雾质量的因素

### （一）药液的物理化学性能对其沉积量的影响

降低液体的表面张力，可以增加其分散度。液体在自然情况下所能形成的液滴大小与表面张力呈正比，而液滴数目则与表面张力呈反比。如下式所示：

$$\frac{r_1}{r_2}=\frac{d_1}{d_2}\times\frac{N_2}{N_1}$$

式中：$r_1$、$r_2$为液体表面张力，$d_1$、$d_2$为液滴大小，$N_1$、$N_2$为液滴数。

由上式可见，液体表面张力越小，所生成的雾滴数就越多，雾滴也越小。液滴表面张力的降低还意味着它在固体表面上的湿展性的增强，所以，在湿展性不好的制剂中添加少量表面活性剂，可显著增加药剂沉积量和湿展性而提高效能。

药液的黏度也影响雾化质量，一般黏度很大的液体难以雾化。

### （二）药液沉积量与生物表面结构的关系

同种药液对有茸毛或具较厚蜡质层的叶面不易湿展，如稻、麦、甘蓝、葱的叶面，而对蜡质层薄的，如马铃薯、葡萄、黄瓜等的叶面则较易湿展。液体在不同昆虫体壁上湿展性的差异往往很大，也与蜡质层厚薄有关。若药液湿展性过强，也易从受药表面上流失。

### （三）水质对液用药剂性能的影响

水质好坏主要的指标是水的硬度。硬水一般对乳液（尤其是离子型乳化剂所配成的乳液）和悬浮液的稳定性破坏作用较大。有的药剂在硬水中可能转变成为非水溶性或难溶性的物质而丧失药效，如2,4-D钠盐、氟化钠等。有些硬水的硬度大，通常碱性亦大，一些药剂易被碱分解，这也不利于液态农药使用。

# 第二节　喷粉法

喷粉法（dusting）是利用鼓风机所产生的气流把农药粉剂吹散后沉积到作物上的施药方法。具有操作简单、工效高、粉粒在作物上沉积分布比较均匀、不需用水的特点。在干旱、缺水地区具有较大应用价值。喷粉法在20世纪80年代以前曾是中国农药使用的主要方法，但由于喷粉时飘散的粉粒容易污染环境，其使用范围日益受到限制。目前主要应用在密闭的温室、大棚，郁闭度高的森林、果园、高秆作物、生长后期的棉田和水稻田也可应用。大面积水生植物如芦苇、辽阔的草原、滋生蝗虫的荒滩还可以使用飞机喷粉。

## 一、喷粉法的分类

根据喷粉时的施药手段可把喷粉法分为以下几类：

（1）手动喷粉法。主要利用人力操作的简单器械如手摇喷粉器进行喷粉的方法。由于一次装载药粉不多，只适宜于小块农田、果园及温室、大棚使用。

（2）机动喷粉法。利用发动机驱动的风机产生的气流进行喷粉的方法。使用的机具如可背负的东方红-18型机动弥雾喷粉机、机引或车载式的喷粉机。前者适用小块农田，后者可适用于大型果园和森林。如用机动喷粉机喷洒杀螟丹粉剂，可有效防治平均株高8m的云南松人工林的纵坑切梢小蠹的为害。

（3）飞机喷粉法。利用飞机螺旋桨产生的强大气流进行空中喷粉的方法。适合大面积连片种植的作物、森林、果园，以及草原、荒滩等。

（4）静电喷粉法。静电喷粉法通过喷头的高压静电给农药粉粒带上与其极性相同的电荷，又通过地面给作物的叶片开及叶片上的有害生物如害虫带上相反的异性电荷，靠两种异性电荷的吸引力，把农药粉粒吸附在靶标上的方法。静电喷粉比普通喷粉可提高附着药量的5~8倍。同时，由于粉粒带有相同电荷，还可以减少粉粒间的絮结现象。

## 二、粉粒的运动行为

粉剂的粉粒为不规则的固体颗粒，其在空气中的运动行为与喷雾法所产生的球形雾滴的运动行为差别较大。同样大小的雾滴与粉粒相比，前者由于具有球形的流线特征受空气阻力相对较小而比较容易沉降，而后者因不规则的外形而受到较大空气阻力的影响，沉降非常缓慢。粉粒在空气中存在“布朗运动”和“飘翔效应”两种运动特性，这两种特性均有利于延长粉粒在空中的飘悬时间，使其在田间沉积分布比较均匀。粉粒的运动特性要求喷粉时必须采用飘移性喷撒方法，而避免进行近距离针对性喷撒。

## 三、影响喷粉质量的因素

### （一）药械性能与操作对粉剂均匀分布的影响

对手动喷粉器而言，关键是在各个时间内喷出粉剂的量是否恒定。进料及送风速度越快，喷出粉量则越多。在使用手摇喷粉器时，使用者几乎不可能保持恒定的送风速度和行进速度，排粉量的误差往往可达到50%~300%。而良好的机动喷粉器，进料误差则可减少到2%以下。可见，喷粉机械性能对提高喷粉质量的影响是很大的。东方红-18A型背负式机动弥雾喷粉机较手摇喷粉器的喷粉质量为好，主要是能保持恒定的送风和进料速度，而且喷幅宽，工作效率高。

### （二）环境因素对喷粉质量的影响

粉剂自被喷出在空气中沉降时，粉粒相对密度大，沉降得快。喷粉时的气流，尤其是上升气流对喷粉质量影响极大。一般认为，当风力超过1m/s时，就不适宜喷粉。喷粉时作物上有露水，有利提高粉剂的附着。粉剂不耐雨水冲洗，喷药后24h内降雨，通常应补喷。

### （三）粉剂的某些物理性质对喷粉质量的影响

粉剂一般呈疏松状态，喷出后，往往会出现一定的絮结现象。这种架结体一般由25~3 000个粉粒组成，利于粉剂的沉积，但降低了在受药表面上的分散度，在粉剂中加入少量油类，可提高粉粒在受药表面上的黏附能力。

# 第三节　其他常用施药方法

### （一）撒施法和撒滴法

对毒性高的农药品种，或容易挥发的农药品种，不便采用喷雾和喷粉方法，可以制备成颗粒剂撒施。该法于20世纪50年代以来得到广泛应用，用于防治作物地下害虫、蚜虫、水田杂草、害虫，公共卫生防疫等。该法无须药液配制，药剂可以直接使用，无粉尘和雾滴飘移，方便、省工，还可使药剂穿过茂密的茎叶层而沉落到害虫活动场所，减少药剂在植物叶片上的附着，这为喷雾法、喷粉法所不及。

撒滴法是将强水溶性的药剂（如杀虫双和杀虫单）装在特制的撒滴瓶中，施药时打开瓶盖，药液不需稀释直接从瓶上的撒滴孔流出，滴落到田水中，并在水中迅速扩散和分布均匀。该法目前只用于水稻田害虫防治。

### （二）土壤浇灌法

以水为农药的载体，采用浇灌的方法把农药施入土壤中。浇灌的方式可以是漫灌、沟施、穴施、灌根等。土壤浇灌法主要用于防治土传病害和地下害虫。如阿维菌素乳油对水稀释浇灌防治蔬菜根结线虫病、多菌灵对水稀释防治棉花枯萎病等。国外发达国家将滴灌、喷灌系统改装，实现自动、定量向土壤中施药，并称之为化学灌施技术，用于农业、苗圃、草坪、温室大棚中病虫草鼠害的防治。

土壤对药剂的不利因素往往大于地上部对药剂的不利因素。如沙质土壤容易引起药剂流失，黏重或有机质多的土壤对药剂吸附作用强而使有效成分不能被充分利用，以及土壤酸碱度和某些盐类、重金属往往也能使药剂分解等。

### （三）种子处理法

种子处理法有拌种、浸种、浸渍、闷种、包衣 5 种方法。

（1）拌种法。拌种法多是用粉剂和颗粒剂处理种子。拌种是用一种定量的药剂和定量的种子，同时装在拌种器内，搅动拌和，使每粒种子都能均匀地沾着一层药粉，在播种后药剂就能逐渐发挥防御病菌或害虫为害的效力。拌种法对防治种子表面带菌或预防地下害虫苗期害虫的效果很好，且用药量少，节省劳力和减少对大气的污染等。例如，在 1 500~2 000g 水中加入 50%辛硫磷或 50%久效磷乳油 100g 拌麦种 50kg 可防治蝼蛄等地下害虫，药效期一般可维持 30d 以上。又如，每亩用棉籽量，均匀拌入 3%克百威颗粒剂，拌后即可播种，防治棉苗期蚜虫，效果很好，且药效期可维持 60d 以上。拌过的种子，一般需要静置一两天后再播种，使种子尽量多吸收一些药剂，这样会提高防病、杀虫的效果。

（2）浸种法。此法把种子或种苗浸在一定浓度的药液里，经过一定的时间使种子或幼苗吸收了药剂，以防治被处理种子内外和种苗上的病原菌或苗期虫害。例如，用 40%多菌灵胶悬剂对水稀释，配成 0.4%的药液，浸棉籽 10~15h，期间搅拌 1~2 次，捞出沥干现种或捞出晒干后备种，对防治棉花枯萎病、黄萎病的效果十分显著。

（3）浸渍法。此法把需要药剂处理的种子摊在地上，厚度大约 16.6cm（5 寸），然后把稀释好的药液，均匀喷洒在种子上，并不断翻动，使种子全部润湿。盖上席子堆闷一天，使药液被种子吸收后，再行播种。这种方法虽很简单，同样可达到浸种的要求。

（4）闷种法。此法是把杀虫剂、杀菌剂混合闷种防病治虫。如在 1.5~2.5kg 水中加入 200g 25%多菌灵，再加入 100g 50%久效磷，搅匀后喷拌麦种 50kg，拌后堆闷 6h 播种，可达到既防病又杀虫的效果。

（5）包衣法。此法是在种子上包上一层由杀虫剂或杀菌剂的外衣，以保护种子和其后的生长发育不受病虫的侵害。

### （四）毒饵法

毒饵法（bait broadcasting）是用有害生物喜食的食物为饵料，如豆饼、花生饼、麦麸等，加适量农药，拌匀成毒饵诱杀有害生物的方法。该法适用于诱杀具有迁移活动能力、咀嚼取食的有害动物，如害鼠、害虫、蜗牛和蛞蝓等，在卫生防疫上（防治蟑螂、蚂蚁等）应用广泛。农田防治地下害虫，药剂用量一般为饵料重量的1%~3%。每公顷用毒饵22.5~30kg。播种期施药可将毒饵撒在播种沟里或随种子播下。幼苗期施药，可将毒饵撒在幼苗基部，最好用土覆盖。地面撒毒饵，饵料还可用鲜水草或野菜，药剂量为饵量的0.2%~0.3%，每公顷用150~225kg。

### （五）熏蒸法

用气态农药或常温下容易气化的农药处理农产品、密闭空间或土壤等，防治有害生物的使用方法称为熏蒸法（fumigation）。此法中，药剂以分子状态起作用，这有别于包含液态、固态农药颗粒悬浮的烟雾施药技术。气态农药分子的扩散运动和穿透能力极强，如能通过昆虫呼吸系统进入虫体，因此效率高、防效好。该法要求密闭的空间，因此使用场所一般是仓库、农产品加工车间、农产品运输车厢、集装箱等。在田间用药剂熏蒸杀虫，仅在作物茂密情况下才可能获得成功。如敌敌畏防治大豆食心虫。此外，在温室、大棚等保护地甚至大田，结合封闭地膜也可用来防治土传病、虫、草害。

### （六）烟雾法

利用携带农药的烟或雾分散在空气中进行施药的方法。烟是固相分散在气相中，颗粒直径0.5~5μm，雾是液相分散在气相中，颗粒雾滴直径1~30μm，由于烟雾的粒径很小，所以悬浮时间长，能够长时间弥散在空间，与生物靶体有较长时间接触，接触效率远高于喷雾法和喷粉法，接近于熏蒸法。同时烟雾法具有省工、省时和不需复杂器械的特点。缺点是受气流和风的影响较大，难以控制。因此，烟雾法多用于密闭空间和郁闭度高的森林、果园等。烟雾粒在靶标上的沉积与雾滴和粉粒的沉积大体相似，但偏流现象更严重，因此，在小的靶面积上沉积效率更高。室外使用烟雾剂应该利用逆增温的条件，于清晨或傍晚使用，使烟雾接近地面，提高防效。

### （七）熏烟法

此法是利用烟剂农药产生的烟来防治有害生物的施药方法，适用于防治虫害和病害，但不能用于杂草防治。鼠害防治有时也可采用此法。烟是悬浮在空气中的极细的固体微粒，其重要特点是能在空间自行扩散，在气流的扰动下，能扩散到更大的空间中和很远的距离，沉降缓慢，药粒可沉积在靶体的各个部位，包括植物叶片的背面，因而防效较好。熏烟法主要应用在封闭的小环境中，如仓库、房舍、温室、塑料大棚以及大片森林和果园。

影响熏烟药效的主要气流因素有：

（1）上升气流使烟向上部空间逸失，不能滞留在地面或作物表面，所以白昼不能进行露地熏烟。

(2) 逆温层。日落后地面或作物表面便释放出所含热量、使近地面或作物表面的空气温度高于地面或作物表面的温度，有利于烟的滞留而不会很快逸散，因此在傍晚和清晨放烟易取得成功。

(3) 风向风速会改变烟云的流向和运行速度及广度，在风较小时放烟能取得较好的防效。

(4) 在邻近水域的陆地，早晨风向自陆地吹向水面，谓之陆风。晚上风向自水面吹向陆地，谓之海风。在海风和陆风交变期间，地面出现静风区。

(5) 烟容易在低凹地、阴冷地区相对集中。

研究利用上述气流和地形地貌，可以成功地在露地采用熏烟法。

### (八) 树干注射法

树干注射（trunk injection）施药法是将内吸性农药通过自流式或高压注入植物体内，药剂随树体的水分运动而发生纵向运输和横向扩散从而在植物体内均匀分布进行病虫害防治的方法。主要用于防治林木、果树、行道树等蛀干害虫、维管束害虫、结包性害虫和具有蜡壳保护的刺吸式口器害虫。根据注射动力的不同，目前主要有高压注射法、低压注射法、挂液瓶输导、喷雾器压输法等。

### (九) 施粒法

施粒法是抛撒颗粒状农药的施药方法。粒剂的颗粒粗大，撒施时受气流的影响很小，容易落地而且基本上不发生飘移现象，特别适用于地面、水田和土壤施药。撒施可采用多种方法，如徒手抛撒（低毒药剂）、人力操作的撒粒器抛撒、机动撒拉机抛撒、土壤施粒机施药等。

### (十) 擦抹施药法

近几年来在农药使用方面出现新的使用技术，在除草剂方面已得到大面积推广应用。具体施药方法：在一组短的裸露尼龙绳的末端与除草剂药液相连，利用毛细管和重力的流动，药液流入药绳，然后使施药机械穿过杂草蔓延的田间，吸收在药绳上的除草剂就能擦抹生长较高杂草顶部，却不能擦到生长较矮的作物上。擦抹施药法所用的除草剂的药量，大大低于普通的喷雾剂。因为药剂几乎全施在杂草上，这种施药方法作物不受药害，雾滴也不飘移，也节省防治费用。

### (十一) 覆膜施药法

这种施药方法主要用在果树上。当苹果无袋栽培时，其锈果数量就会成倍增加。现国内外正试用在苹果坐果时，施一层覆膜药剂，使果面上覆盖一层薄膜，以防止发生病虫害。现在国外已有覆膜剂商品出售。

### （十二）挂网施药法

挂网施药法一般用在果树上。具体操作是用纤维的线绳编织成网状物，浸渍在所欲使用的高浓度的药剂中，然后张挂所欲防治的果树上，以防治果树上的害虫。这种施药方法可以延长药效期，减少施药次数，减少用药量。

### （十三）水面漂浮施药法

此法是近几年来新发展的一种农药使用技术。它是以膨胀珍珠为载体，加工成水面漂浮剂，其颗粒大小在60~100筛目。这种施药方法对防治水稻虫害有较强的针对性，药效显著，且药效期较长。

### （十四）控制释放施药法

此法是减少药剂用量、减少污染、降低农作物的残留和延长药效很重要的施药技术。有人估计控制释放施药法有可能成为21世纪主要的农药使用方法。

农药使用方法的发展，是农药剂型发展的反映。也就是说，一种新的使用方法的出现，一定要以新的农药剂型为基础。农药使用方法与农药剂型二者是互相促进、相辅相成的。

# 第四节　航空施药技术

航空施药法（aerial application）是用飞机或其他飞行器将农药液剂、粉剂、颗粒剂等从空中均匀撒施在目标区域内的施药方法。随着农业现代化的推进，航空施药技术将发挥更加重要的作用。

## 一、航空施药法的优缺点

航空施药法较其他施药方法具有如下优点：

（1）作业效率高。一般为50~200$hm^2/h$，适于大面积单一作物、果园、草原、森林的施药作业，以及滋生蝗虫的滩涂地的施药，尤其对暴发性、突发性病虫害的防治很有利。

（2）不受作物长势限制，适应性较广。作物生长的中后期，地面施药机械难以进入，以及对地面喷药有困难的地方，如森林、沼泽、山丘及水田等用航空施药法较为方便。

（3）用药液量少，不但可用常量、低容量喷雾，而且也可用超低容量喷雾。

航空施药法亦存在以下一些缺点：

（1）药剂在作物上的覆盖均匀度往往不及地面喷药，尤其在作物的中、下部受药较少，因此，用于防治在作物下部为害的病虫害效果较差。

（2）施药地块必须集中，否则作业不便。

（3）大面积防治，往往缩小了有益生物的生存空间。

（4）施药成本偏高。

（5）农药飘移严重，对环境污染的风险高。有些发达国家已经禁止飞机喷洒农药。目前飞机喷洒药剂已基本不用喷粉法而多用喷雾法。

## 二、喷雾装置

喷雾装置主要有两种：一种是用于常量喷雾，喷雾装置为直径约3cm的多孔钢管，水平悬挂在机翼下方，泵位于钢管中央，泵给药液以压力，药液从钢管的喷孔中喷出，加之飞机高速向前飞行所形成的强劲气流进一步将粗雾分散为细雾；另一种是超低容量喷雾装置，转笼（金属丝）式雾化器，它相接于可调叶桨，受飞行的逆向气流而被动旋转，旋转所产生的气流将金属丝上的药液分散成雾而被抛出。

## 三、喷洒农药的方式

飞机喷洒农药有两种方式，即针对性喷洒（placement spraying）和飘移累积喷洒（incremental drift spraying）。针对性喷洒法的特点是低飞行，喷幅狭（通常为机翼的1.5倍），不利于用侧风来分散药液，而靠飞行时所产生的下冲气流使雾滴落在植物上，农药覆盖度较高，成本亦较高，适用于常量或低容量喷洒。飘移累积喷洒法的特点是飞行高度较高，利用侧风（靠侧风将喷雾层分散和传递雾滴），飞机航向与风向垂直，由于每次喷药的面积互相重叠累积，因此施药区中各地点所得到的药剂较均匀，喷幅较宽，适用超低容量喷雾。

飞机喷洒农药时，最好是超低空飞行。大田作物低量式超低量喷雾时，机体高于作物顶端3~4m常量喷雾，但在任何情况下，飞机离地面高度一般不应低于3m；复杂地形或一般林区，机体离目标10~15m；超低容量喷雾，机体离地面高度也不应超过20m。喷洒农药时，地面可用彩旗导航，或用全球卫星定位导航系统（GPS）导航。

# 第五节　农药精准施药技术

农药喷雾技术、喷雾器械及农药剂型正向精准、低量、高浓度、对靶性、自动化方向发展。自20世纪90年代开始，以美国为代表的一些发达国家开始研究面向农林生产的农药可变量精准使用。如美国加州大学戴维斯分校研制了基于视觉传感器对成行作物实施精量喷雾的系统，美国伊利诺伊大学研究开发基于机器视觉的田间自动杂草控制系统和基于差分GPS的施药系统等，使农药应用逐步进入精准使用时代。

传统农药使用（traditional pesticide application，TPA）技术往往根据全田块发生病虫草害严重区域等的总体情况，采用全面喷洒过量的农药来保证目标区域接受足够的农药量。但由于田间土壤状况、农药条件和喷雾目标个体特征等的不均匀性，显然全面均匀施药难以达到最高的农药使用效率，从而带来一系列不可忽略的问题，如显著增加农药使用成本乃至农林生产成本，操作者在施药过程中易受污染，农林产品的农药残留超标等。过量使用农药还有导致环境污染和破坏生态平衡的风险。中国的农药利用率只有20%~30%，远低于发达国家50%的平均水平。

农药精准施用（precision pesticide application，PPA）技术是利用现代农林生产工艺和先进技术，设计在自然环境中基于实时视觉传感或基于地图的农药精准施用方法。该方法涵盖施药过程中的目标信息采集、目标识别、施药决策、可变量喷雾执行等农药精准施用的主要技术要点，以节约农药，提高农药使用效率和减轻环境污染，改良病虫害防治中的施药工艺和施药器械，实现农林作物病虫草害防治的农药施用技术的智能化、精准化和自动化，促进生态环境保护和农林生产的可持续发展。简而言之，农药精准使用技术就是要实现定时、定量和定点施药。

## 一、精准施药原理

### （一）农药精准施用系统

农药精准施用技术通常在确认识别病虫草害相关特征差异性基础上，充分获取目标的时空差异性信息，采取技术上可行、经济上有效的农药施用方案，仅对病虫草的为害区域进行按需定点施药。目前通常有两种方式：一种是基于地图的农药精准施用系统（图4-1）；另一种是基于实时传感的农药精准施用系统（图4-2）。

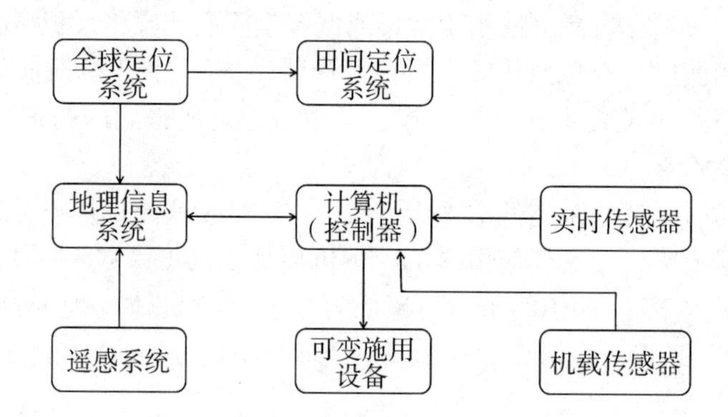


**图4-1 典型的基于地图的农药精准施用系统**

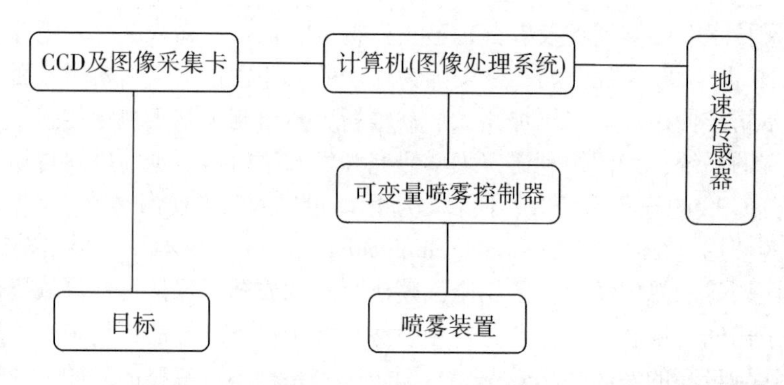


**图4-2 典型的基于实时传感的农药精准施用系统**

### （二）信息采集与处理技术

主要包括地理信息系统（GIS）、定位系统、传感器、植物目标图像采集与处理技术、决策支持系统（DSS）。该部分通过各种传感器以及植物目标图像采集系统实时获取农田病虫草害发生的具体信息以及 GPS 数据，转化为数字信息传输给决策支持系统，由该系统根据农药使用技术要求、田间及气候条件和实时数据，结合历史上病虫草害发生情况和植物保护专家在长期生产中获得的知识，进行病虫草害发展趋势统计和技术经济分析，建立农药使用技术专家系统，并结合决策支持系统，形成执行图件和信息分布图。然后根据实时数据处理、喷雾目标特征和病虫草害防治目标阈值，建立 GIS 和 ES（专家系统）集成的农药精准施用智能决策支持系统，从而可针对不同农林生产情况及病虫害发生类型和程度等实际需要确定农药投入的种类、数量。

### （三）可变量控制技术

可变量控制技术的核心是控制器（计算机硬件和软件），实现对喷雾目标的定点施药需要基于可变量技术的喷雾控制系统，可变量的实现依赖于流量控制系统。农药精准使用要求控制系统（包括电磁阀和喷头）有良好的动态特性。

## 二、定点杂草控制技术

定点杂草控制技术首先由美国伊利诺伊大学农业与生物工程系研究开发。包括以下三部分。

（1）实时可视杂草识别系统。采用 CCD（电荷耦合元件）摄像头和图像采集卡实时采集田间杂草和作物图像，通过计算机图像处理获取杂草长势和密度特征。

（2）最佳喷量专家决策系统。根据识别出的杂草信息，综合数据库内的其他信息，如气象条件、以前的防治作业记录、机具作业速度和农药类型等，按最佳效益模型决定施药量。

（3）喷雾量控制系统。根据专家决策系统给出的电子数据表分别对各单个喷头的喷量通过喷雾阀进行控制。

# 第五章　科学使用农药

农药在防控有害生物为害、保证农业生产等方面发挥着极为重要的作用。但是，如果农药使用不合理，也会产生某些副作用，如对非靶标生物的直接毒害、对经济昆虫(如蜜蜂和家蚕）以及有害生物天敌的杀伤、对农作物造成药害、对环境的污染、残留农药对农产品及人体健康产生危害、使有害生物产生抗药性等。因此，在农业生产中，需要充分发挥农药的优势和潜能，同时要尽量减少农药的负面影响，这就需要科学合理地使用农药。

## 第一节　农药使用技术的发展

发达国家的成功经验告诉我们，农药使用技术“举足轻重”。发达国家农药使用历史较长、管理较规范。农药的使用者必须具有一定资质。用药器械和用药方法不断随着其科学研究的深入而发展。虽然这些国家的农药使用总量并不比中国少，甚至更多，但农药使用带来的不利影响比中国小得多。发达国家农药的利用率更高、药效更好、成本更低、操作更简便。

西方发达国家从 20 世纪 50 年代就已经逐步采用对靶喷洒、可控雾滴喷洒、导流喷洒、带电雾滴喷洒等药剂沉积率 60%以上甚至 90%的高功效施药技术。20 世纪 70 年代之后发展到“机械化+电子化”时期，20 世纪 80 年代之后就开始包括利用 GPS 技术的信息化和智能化的探索与实施。农药的科学使用技术和应用工艺可以大幅度提高农药的有效利用率，取得很高的防治效果。例如，加拿大利用飞机在空中喷洒 30~60μm 粒径的磷胺细雾。枞树卷叶蛾成虫有夜间在树冠上方 200m 高处群集飞行的习性，而这种杀虫剂细雾能够在空中飘浮 50min，飞蛾可在药雾中黏附足够的剂量而中毒死亡。采用这种方法，每分钟可以处理 2 500$hm^2$ 枞树林，每公顷只需要 2g 的药剂，仅为地面施药药剂用量的 1%。泰国在棉田中设置无人操作的超低容量细雾定时喷洒装置，利用棉花叶片的向光性，在夜间喷药提高农药雾滴在棉花叶片背面的沉积率，从而提高对棉蚜的防治效果。而国内至今依然有非常多的喷雾器械还是 1900 年前后欧洲人首先使用过的压缩式、背负式甚至单管式手动喷雾器，虽然近几年部分地区已经改手动为电动，但喷雾器械的基本构成原理没有改变，依然是切向离心式喷头喷出的空心圆锥形粗雾，加上农民随心所欲般的使用方法，沉积效率还是不到 10%。低沉积率意味着高流失和土壤污染，低药效低功效高成本，药害不断发生，土壤、水资源不断被污染，环境恶化加剧。

农药的使用，除去要考虑药效和成本问题，更要兼顾农药的使用环境，包括施药田本田及其周边地区两个方面。

农药施药本田的环境包括作物的小生境及其中的空气、地表水（水田）、土壤、地下水等。所用药剂的品种、剂型、使用时间、使用剂量和方法方式等，都会影响到施药本田中的作物、有害生物、有益生物、土壤环境和地表水及地下水等。过量或过度的农药使用，就容易造成对这些环境因素的破坏。所以，使用农药时，不但要选择合适的药剂种类、剂型等，还要注意单位面积的使用剂量、用药频率、复配程度、喷洒范围等。生产中，农民为了控制住肆虐的病虫害，有时一两天就打一次多种药剂混配在一起的药，这样会对施药本田环境形成很大的冲击。

农药对施药田的田外环境的影响不容忽视。田外环境的延伸宽度决定于农药使用之后的扩散能力和扩散距离。我国的农田大多是小块分散型的，农田四周的地表和植被高低参差不齐，使近地面气流的水平摩擦力增大，气流极易发生剧烈波动，造成农药雾流和粉尘流的强烈扰动而逸出田外。逸出的药剂可能会对邻近的敏感作物造成药害，对敏感的生物形成伤害。例如，逸出很少量的杀虫双就可以引起家蚕中毒。甲黄隆、绿黄隆等磺酰脲类除草剂尽管逸出的量可能很少，但因其化学稳定性很强，就可能由于反复积累而对敏感作物产生不良后果。虽然DDT杀虫功勋卓著，但因其强稳定性和在生物体内的富集性会使其在生物体内积累并在食物链内传递，最终不得不被禁止使用。农药的剂型同田外飘移有关，烟剂和粉尘剂的微粒极易随气流飘移扩散，当今有的区域农民使用电子脉冲烟雾机喷药防治大田作物病虫害是极不科学的行为；飞机喷药、果园内大功率机械喷药以及背负式迷雾喷粉机在分散农田、山区梯田及水网地区的农田中使用，也非常容易因为机具产生的强大气流受到谷地气流强烈扰动而使农药扩散到田外环境中。废弃的农药包装物和施药机具清洗液随意倾倒，也必然会使农药进入施药环境之外。

可见，不合理使用农药会带来很多弊端。防弊兴利，发挥农药的积极作用，是农药使用技术以及应用工艺研究的主要任务。

与发达国家相比，中国使用的农药品种相差不大，但农药的使用人员有很大差异。国外由专业和持执照的人员使用，而中国大多由农民直接使用。一些农民缺乏病虫害的诊断知识，也无完善的社会化服务机构，因此主要由经销商推荐使用农药，用药时间不当、用量过高、未考虑安全间隔期等不合理用药的问题比较突出。很多农民不能准确地诊断病虫害，只能将多种农药混合在一起，认为总有一种药剂管用。当防效不理想时，农民往往增加用药量和用药次数，导致有害生物抗药性的产生。并且喷药手段也比较落后，很多地区农民使用的施药机具仍是几十年前的老式传统喷雾器，进行大水量粗雾喷洒，导致几乎70%的农药散落到环境中。

西方发达国家在减量用药方面做了大量工作，也取得了显著成效。中国要加强农药研究、安全减量使用技术储备研究。针对水稻、小麦、果树、蔬菜田减量用药技术进行技术储备研究，发展新技术，形成模式，积极推广。同时，加强农业有害生物抗药性监测与治理技术研究，为田间抗药性基因早期监测提供技术储备，依据我国病虫害发生的区域建立一批抗药性监测点和抗药性治理示范区，开展农业有害生物抗药性监测和风险评估，通过GPS定位和互联网技术准确提供施药区域病虫抗药性水平，提出限制用药、交替用药、轮换用药等技术方案，指导科学合理使用农药。

合理使用农药，除了选择性能优良、对环境无害的农药品种之外，在使用过程中必须研究如何把农药有效地输送到目标作物（有效靶区）上。有害生物在田间和作物共同组成了特殊的农田生物群落，这就需要使农药具有一定的物理形态和运动性能，以提高对隐藏在农田生物群体中的病虫草的命中率，减少农药在环境中的流失量以及向田外环境的飘移扩散。要实现这一目标需要三个必要条件：一是农药的喷洒物的制备及其形态和理化性质的设定；二是农药分散分布方式的设计以及喷洒器械的选择和雾化分散性能的设计；最后是对农药的雾滴、粉粒、烟、颗粒等分散物的运动规律的调控、对病虫草和作物的活动行为的掌控。

20 世纪中期以来，美国、日本等发达国家建立了以大型植保机械和航空植保为主体的病虫害防治体系。近年来，为适应专业化统防统治工作的需要，中国有关科研教学单位、农药械生产企业与农业生产部门紧密协作、强强联合，使我国低空低量航空施药器械及其配套技术研发取得了突破性进展，先后研制出小型无人机、动力伞、三角翼、多旋翼等多种航空喷药设备，并在水稻、玉米、小麦、甘蔗等多种作物病虫害防治中得到了不同程度的应用。据统计，2011 年作业面积近 200 万亩次。其中，动力伞、三角翼航空施药系统为有人操控飞行器，作业速度 15~20m/s，载药量 120~150kg，作业高度 2~10m，平均每架次可喷洒作业 200~300 亩，具有转弯半径小、爬升速度快，受地形限制小的优点，适合复杂条件下的航空施药作业，在黑龙江农垦、湖南洞庭湖区已得到了较大范围的应用；小型无人直升机、多旋翼航空施药系统为无人操作飞行器，作业速度最高可达 4m/s，载药量 5~20kg，操控灵活，移动便捷，可空中悬停，无须专用起降场地，不受障碍物限制，也可通过全球卫星定位系统，根据预设指令全程自动施药作业，平均每架次 15min 可喷洒作业 20~30 亩。

与传统的施药机械相比，低空低量施药器械及其配套技术具有诸多优势：一是防控作业效率高。能够迅速、有效地防治大面积暴发的有害生物，以小型无人直升机为例，一次施药面积在 20 亩以上，其作业效率相当于地面背负式机动弥雾机的 10 倍以上。二是受环境影响小。低空低量施药器械作业人无须下田，无论山区或平原、水田还是旱田，以及不同的作物生长期，均可顺利完成作业任务。三是防控用药量少。采用低空低量喷雾技术，用药量比人工地面常规作业节省 40%以上，能有效地减轻环境污染，降低农药对人畜的危害。四是作业劳动强度低。低空低量施药器械及其配套技术的推广应用，改变了传统的人背机械负重作业的现状，有效减轻了从业人员劳动强度。

由于处于发展初期，中国低空航空施药器械及其配套技术也存在着一些不容忽视的问题。在喷雾质量方面，存在喷洒不均匀、喷雾飘移量大、沉降率低等问题；在喷洒部件方面，大多应用的是地面喷洒部件，与低空低容量喷雾还有一定的差距；在机械动力方面，存在采用燃油发动机的维修保养成本较高、采用电池发动机的飞行时间短等问题。专家研讨认为，随着我国专业化统防统治工作的推进，低空航空施药技术在我国现代农业中将具有广泛的应用前景，为此建议：一是加强合作与创新。有关科研单位和农药器械企业要密切配合，加大创新研发力度，不断改进提高机器性能，提高防治效率，降低防治成本。二是加强配套技术研究。针对不同低空低量施药器械，研发与之相匹配的施药技术，力争在喷雾药剂、喷洒技术等方面争取有所突破。三是加强示范推广。各级农业植保部门要充分认识低空低量施药技术的作用意义，大力推进专业化统防统治工作，因地制宜，加大示范推广力度，促使其在生产中早日推广应用。

随着劳动力成本提高，现代农业急需发展省力化、高工效的农药施用技术。中国需要研发推广细雾喷雾技术体系，研究制定喷雾时合理的“雾滴沉积密度”，显著提高农药对有害生物的针对性，并显著减少施药量。

## 第二节　农药科学使用的基础

### 一、药剂与使用技术

当前农药种类繁多，用途各异。所以，必须全面了解农药的理化性质和生物活性，了解每个农药品种的特点，才能实现科学合理用药。

#### （一）农药的理化性质与使用技术

极性（脂溶性、水溶性）与蒸气压是农药科学使用的关键因素。

昆虫体壁最外面的上表皮由角质层和蜡质层组成。蜡质层由长链脂肪酸、长链脂肪醇及相应的酯等弱极性、非极性成分组成。故此，只有极性较小亲脂性强的农药易与昆虫表皮的蜡质层亲和，并溶入蜡质层发挥触杀作用。但这些极性较小，亲脂性强的农药在昆虫中肠中却不容易穿透，因而不能发挥胃毒剂的作用。例如，DDT（滴滴涕）有很强的体壁触杀作用，但其对昆虫的胃毒杀虫作用很弱。

杂草叶片表皮外层主要是蜡质层，内层主要是角质层，因此极性较小、亲脂性强的除草剂相对容易穿过而进入杂草体内发挥杀草作用。相反，杂草根部表面缺乏蜡质层和角质层，极性较大、亲水性强的除草剂则容易由根部吸收进入杂草体内发挥杀草作用。

农药极性还关系到农药在土壤中的淋溶性。极性小的农药进入土壤后，主要分布在表层土壤，难以被淋溶下渗。相反，极性大，甚至有一定水溶性的农药，进入土壤后则很容易随降雨或灌溉被淋溶下渗。因此，在深根作物种植区利用位差选择采取播后苗前土壤处理或深根作物生育期土壤处理防除杂草时，需要选择极性较弱，淋溶性较小的除草剂，这样才能在不伤及作物的前提下杀死杂草。另外，农药极性还涉及农药使用中的环境安全问题。如克百威、涕灭威等高毒农药品种，由于其极性大，水溶性强，进入土壤后很容易被淋溶下渗而污染地下水。

农药的挥发性（蒸气压）也和农药的施用技术及持效期密切相关。蒸气压高、挥发性强的农药在相对密闭的场所更能发挥药效，如敌敌畏的蒸气压为1.6Pa（20℃），挥发性很强，较适合于保护地害虫防治及仓储害虫防治。除草剂燕麦畏的蒸气压为$1.6\times10^{-2}$（25℃），易挥发；氟乐灵的蒸气压为$6.1\times10^{-3}$Pa（25℃），易挥发。因此，这两种除草剂做土壤处理后应浅混土以减少挥发，使其尽量被土壤吸附。

农药的化学稳定性和化学反应性与农药使用技术关系密切。农药化学稳定性，尤其是光稳定性不仅影响药剂的使用技术和持效期，而且影响了农药在环境中的残留。辛硫磷是典型的光不稳定杀虫剂，将辛硫磷施用在棉叶上，1d后分解82.1%，2d后分解

90.4%，6d 后分解 94.3%。通常在大田的持效期仅 1～2d。因此，辛硫磷特别适合防治蔬菜、茶树、桑树害虫。就施药时间而言，在阴天或傍晚施药对药效的发挥更为有利，辛硫磷在避光条件下性质比较稳定，将辛硫磷施于土壤或拌种防治地下害虫，其持效期可达 1～2 个月。

农药的化学性质稳定、持效期较长对多次重复侵染的病害或持续出苗的杂草的防治效果较好，但会加大收获物或环境中残留残毒的风险。有机氯杀虫剂滴滴涕和六六六之所以被淘汰，其中一个重要原因就是其化学性质稳定、残效期长，在环境中残留积累。此外，除草剂中的一些品种如氯磺隆，本是小麦田的高效除草剂，但由于其在土壤中的残留时间可达 1 年之久，对小麦后茬作物如玉米、水稻等易造成药害，因此使用受到限制。

农药的反应性和农药的使用技术也有很大关系。除草剂草甘膦为 N-（膦羧基甲基）-甘氨酸的钠盐或铵盐，如施于土壤，很快会和土壤中的 $Ca^{2+}$、$Mg^{2+}$、$Fe^{2+}$等离子反应，生成难溶于水的化合物，难以被杂草吸收而被“钝化”。同样，联吡啶类除草剂百草枯施于土壤后会被土壤中有机质迅速吸附或结合，从而失去杀草活性。因此，草甘膦和百草枯都不能用作土壤处理，而只能在杂草生育期做茎叶处理。此外，农药如混合使用，农药的酸碱性反应结果严重影响药效。如有机磷酸酯类、氨基甲酸酯类及拟除虫菊酯类杀虫剂不宜和碱性农药混配或混用，而大多数有机硫杀菌剂不宜和酸性农药混配或混用。

### （二）药剂的活性与使用技术

农药生物活性主要指其对靶标的敏感性、作用方式及作用机理。不同的农药品种及类型对靶标的敏感性、作用方式及作用机理往往不同，所以其应用技术也应有所不同。绝大多数有机磷杀虫剂都有良好的杀螨活性。而大多数拟除虫菊酯类杀虫剂却没有杀螨活性。因此，如果作物上虫、螨均有时，在药剂选择上就要考虑选择合适的有机磷杀虫剂。有些杀螨剂仅对害螨某一虫态较敏感，如噻螨酮对螨卵和若螨高效，但对成螨却无效，因此，在盛卵期及时施用就会收到良好的防治效果。拟除虫菊酯类有强大的触杀作用而无内吸作用，因此通常是用作叶面喷雾而不会用作土壤处理。

不同的杀菌剂、除草剂对靶标敏感差异很大。二硫代氨基甲酸酯类杀菌剂福美系列和代森系列主要对藻菌纲植物病原真菌如黄瓜霜霉病菌、番茄晚疫病菌等比较敏感，而且是保护性杀菌剂，要求在病原菌侵染前使用，且要求对被保护作物全覆盖喷雾；三环唑是黑色素生物合成抑制剂，可影响病原菌附着孢黑色素的形成，使之不能形成侵染点，因而不能侵入植株，是典型的保护性杀菌剂，因此，用三环唑防治水稻稻瘟病时施药时间的掌握非常重要，必须在病原菌入侵前施药才能取得良好防效。

除草剂中有许多是选择性的，如 2,4-D 主要用于禾本作物田防除某些阔叶杂草，而吡氟禾草灵（稳杀得）则可有效防除多种一年生及多年生禾本科杂草，而对阔叶作物相对安全。除草醚是触杀型除草剂，而且只有在光照条件下才能产生除草活性，所以除草醚只能用作土表处理而不能用作混土处理。草甘膦、百草枯等则为无选择性的灭生性除草剂，主要用于非耕地、林地、果园、甘蔗等种植园一年生和多年生杂草防除。

### （三）农药剂型与使用技术

根据不同的防治对象，选择合适的农药剂型，是农药科学使用的重要组成部分。例如，保护地病虫害的防治，针对保护地相对密闭的特点，采用燃放烟剂或喷洒微粉剂能获得良好的防治效果，但烟剂或微粉剂如果用于空旷的大田，不仅防效差，而且还会污染环境。有些农药品种如克百威等毒性较高，又有良好的内吸作用，若选择喷雾，不但大量杀伤天敌，而且对施药人员也不安全，如果选用颗粒剂，则既延长了药剂控制害虫的持效期，又增加了对非靶标生物的安全性。此外，针对水稻田杂草及某些害虫可选用节省人工的剂型。如使用水溶性薄膜袋包装的乙氰菊酯U-粒剂防治稻象甲、稻负泥虫时，施药人员只需站在田埂上将药袋抛出，几小时内包装袋溶解，药剂逐渐扩散到整个水面，害虫一旦接触水面便会中毒死亡。施药仅需几分钟，不用任何器械。另外，中国开发的杀虫双撒滴剂，使用时摇动药瓶，将药液洒入稻田，并在土表形成药液层，被水稻吸收后可防治多种水稻螟虫。

## 二、靶标生物特性与农药使用技术

靶标生物的生物学特性及为害规律是选择适合药剂、施药方法及施药适期的基础。如小麦吸浆虫，根据其生物学特性有两个防治适期：一是越冬幼虫在4月中旬当小麦进入孕穗期、10cm土温达15℃上下时，转入土表约3cm土层中做土室化蛹，可于盛蛹期防治，施药方法以撒毒土为佳；二是成虫在麦穗上交配产卵，可于成虫羽化期选择强触杀性杀虫剂针对麦穗部位喷雾或喷粉防治。又如桃小食心虫，该虫是苹果主要蛀果害虫，雌成虫将卵散产于果实上，其中苹果萼洼处卵量占总卵量的90%，幼虫从卵壳孵出几十分钟就会咬破果皮蛀入果肉中为害，进入果肉后难以防治，因此，必须在成虫发生高峰期及卵孵化期施用强触杀性杀虫剂，喷雾时尽量让果实着药。再如棉铃虫初孵幼虫喜欢先吃掉大部分或全部卵壳后转移到叶背栖息，当天不吃不动，第二天多集中在生长点或嫩尖处取食嫩叶，这时取食量很小，为害不明显，第三天蜕皮长成2龄后，食量增加，为害加重，并开始蛀食幼蕾。3龄后幼虫大多蛀入蕾、花、铃中为害，就比较难防治了。因此，防治棉铃虫必须在2龄前用药。

水稻纹枯病通常在水稻分蘖末期开始发病，先从近水面的叶鞘侵入，然后逐渐向上发展，因此，施药技术的关键是如何将药剂施到水稻的下部和中部，为此，可采用粗雾滴喷雾，甚至采用泼浇，使药剂尽可能多地沉积到发病部位。小麦腥黑穗病主要是种子带菌传播，因此，多采用药剂拌种，阻断侵染源。小麦赤霉病菌主要在小麦扬花时从花药侵入，因此，适时施药是小麦赤霉病防治的关键，通常可在小麦扬花50%左右时喷雾防治，施药过早、过迟均不会获得理想的防治效果。

植物在不同生育期，对药剂的敏感性不同。因此，在杂草对除草剂最敏感的生育期施药是防治杂草的关键。眼子菜是稻田多年生恶性杂草，以其发达的根状茎在稻田土中越冬。眼子菜春天萌发的叶片呈紫红色、尚未转为绿色时是最佳施药适期。通常在插秧后15~20d，喷施灭草松等，眼子菜叶片有一定的受药面积，根状茎中养分大多被消耗掉了，而叶片的光合作用能力还很弱，是对药剂最敏感的时期。错过这一时期施药会显著降低除草效果。丁草胺是输导型芽前除草剂，主要通过幼芽吸收，施于稻田可防除一年生禾本科杂草及某些阔叶杂草，关键要严格把握杂草种子萌发至幼芽期施药，通常在插秧 5d 后施药，如果杂草出苗后再施药，除草效果明显降低。

## 三、环境条件与农药使用技术

生产实践中，用同一药剂防治同一种病、虫、草害时，由于不同地区的环境条件不同，其防治效果差异很大，原因在于环境条件的影响。环境因子不仅影响了病、虫、草等有害生物的生长发育及其行为和各种生理活动，而且也影响了农药药效的发挥和对作物的安全性。农药的防治效果是药剂本身、靶标生物及环境因子三者相互作用的综合结果。

1. 温度的影响

温度影响生物的生理生化代谢及生长发育进程。昆虫的活动，如迁飞、爬行、取食等在一定温度范围内随温度升高而增强，特别是仓储害虫随温度升高，呼吸代谢加强、耗氧量增加，因而会促使气门开放，药剂更容易进入昆虫体内。温度也会影响药剂本身的生物活性。大多数杀虫剂是正温度系数农药，即在一定温度范围内，杀虫活性随温度升高而增强，如用敌百虫防治荔枝蝽，田间温度上升，杀虫效果明显提高。但也有部分药剂属于负温度系数农药，即在一定温度范围内，杀虫活性随温度升高而降低，如溴氰菊酯对伊蚊幼虫的毒力在 10℃时比在 30℃时大 7 倍，滴滴涕对美洲蜚蠊的毒力 15℃时比 35℃约大 12 倍。

植物的生长、发育、气孔开闭、表皮结构均会受温度影响。一般温度较高时，药剂的吸收、输导速度加快，药效作用迅速，如敌稗、溴苯腈、2,4-D 以及二苯醚类和联吡啶类除草剂高温时杀草作用迅速。但温度过高有可能会引起植物叶片萎蔫、卷曲，反而影响药剂的展布和吸附，而且还容易出现药害。

2. 湿度的影响

湿度对杀菌剂、除草剂的影响相对较大。湿度影响药剂的沉积和吸收，从而影响药效。另外，湿度影响植物病害的发生和流行速度。许多病害如小麦赤霉病等的发生和流行都需要高湿环境。合适的湿度有利植物生长发育和气孔开张，减少了药液雾滴的干燥和挥发，有利于雾滴的展布和吸收。在湿度较高的地区，杂草叶片表面的蜡质层薄，利于除草剂的展布、穿透传导，除草效果好。而在干旱地区，杂草叶片表皮蜡质层厚，茸毛增多，气孔缩小，光合和蒸腾作用下降，不利于除草剂的吸收和输导。许多茎叶处理剂如拿扑净等不适合在青海、甘肃等部分地区使用，原因就在于这些地区气候干燥。

3. 光照的影响

光照影响昆虫的行为，影响植物生长发育。如水稻稻苞虫、小地老虎等都有避光取食为害的特点。但光照对农药使用的影响主要表现在两个方面。一方面，光照引起农药的光分解，如杀虫剂辛硫磷大田喷雾持效期仅 1~2d，就是因为田间光照导致光解失效，而做土壤处理则持效期可长达 1 月以上，即使平时保存也要用棕色容器以避光。杀菌剂敌磺钠也是对光不稳定农药，所以一般采用种子处理防治种传或土传病害。除草剂氟乐灵也是因其光不稳定性及挥发性，施于土壤后需要混土处理。另一方面，有些药剂药效的发挥则需要光照，特别是有些除草剂如百草枯、三氟羧草醚、氟磺胺草醚等，只有在光照下才能充分发挥药效作用。还有一些光活性农药，目前正在研发中。

4. 土壤的影响

影响农药防治效果的土壤因素主要包括土壤质地与有机质含量、土壤含水量及土壤微生物。土壤因素对农药药效，特别是对用作土壤处理剂如一些除草剂的农药药效有较大影响。

土壤质地和有机质含量会影响除草剂在土壤中的吸附和淋溶。有机质含量高的黏土吸附药剂的量较多，有机质含量低的沙土吸附药剂的量少。因此，在同样药剂用量下，表现出的防效不同。有机质含量高的黏土淋溶性小，有机质含量少的沙土淋溶性大。适当的淋溶性可使除草剂形成一定厚度的药土层，有效地覆盖杂草萌发层，又不至于淋溶到作物种子层，这样可以更好发挥土壤的位差选择作用。沙性瘠薄土壤，淋溶性很强，除草剂做位差选择处理，不仅除草效果差，还会引发严重药害。

除草剂只有在土壤中处于溶解状态，才能被杂草吸收进而发挥除草作用，土壤含水量越大，被解吸到水中的药剂越多，土壤颗粒间的空隙就会被更多的除草剂溶液占据，杂草的根、芽或胚轴会充分吸收除草剂，药效就高。

土壤微生物可以通过对药剂的降解来影响药效。通常除了药剂本身的性质外，土壤有机质含量高、微生物类群丰富，除草剂的降解就快、持效期就短。

5. 风雨的影响

风影响喷粉、喷雾作业，影响粉粒或雾滴的沉积、滞留和展布，影响施药质量。同时，还会引起药剂飘失从而引起邻近敏感作物的药害。此外，风对土壤的侵蚀也影响了除草剂土壤处理的效果，特别是在干旱情况下，会显著降低除草效果。

降雨一方面通过影响土壤水分和空气湿度而间接影响农药药效，另一方面雨水对作物上沉积农药的冲刷及土表沉积农药的淋溶也极大地影响药效，甚至会导致完全失效。不过，对土壤处理的除草剂来说，适当的降雨则有利于药剂在土壤中均匀分布与增大湿度，有利于药剂的吸收和输导，提高防治效果。

## 第三节　农药的使用原则

从有害生物防治的发展过程来看，人工合成的有机农药的出现，在有害生物的防治史上是一大进步，是人类谋求控制有害生物、发展植保科学技术的必然产物。任何事物都是有两面性的，农药既有对人类有利的一面，也有对人类不利的一面。

长时期以来人们单纯依靠大量施用农药来防止有害生物，也产生了一系列不容忽视的新问题。第一是有害生物的抗药性种群呈指数增长，导致一些常用农药的防治效果大大降低甚至失去防治作用。第二是化学农药在杀灭有害生物时，附带杀伤大量非靶标生物，特别是对有害生物发展起控制作用的天敌，破坏了生态平衡，导致有害生物的再猖獗。第三是污染大气、水域和土壤等生态环境和农产品，特别是一部分农药潜存致癌、致畸、致灾变的可能，威胁人们的健康。第四是不加节制地滥用化学农药，还影响到养蜂业、养蚕业、渔业的安全和野生生物资源的存亡。因此，必须大力提倡科学用药，既要充分发挥化学农药对病虫害的防治作用，同时要把其不利作用尽可能地降低到最小限度。

农药的使用必须遵循以下 8 条基本原则：

（1）要因病虫选购农药。

（2）严格防治指标，做到适期防治。

（3）要交替轮换用药，防止抗性产生。

（4）要使用高效低毒或生物农药。

（5）严禁将剧毒、高毒、高残留农药用在果树、蔬菜上。

（6）科学合理混用农药，遵循农药混用原则。

（7）严格农药使用浓度，防止抗性、药害产生。

（8）严格按照国家规定的农药安全使用间隔期采收，不要用药后不久便收获。

## 一、严格按照防治指标施药

由于农田生态系中各种因素的综合作用，有害生物的数量变化总是保持在一定范围内，总是在一定的水平线上波动，既不会无限制地增加，也不会无限制地减少。如能控制有害生物的数量保持在一个低密度的范围，既不造成经济上的损失，又有利于天敌的繁衍（使天敌成为控制有害生物的一个强有力的因素），对人类则是十分有利的。因此，只有当有害生物的数量接近于经济受害水平时，才采取化学防治手段进行控制。要力求做到能挑治的不普治，能兼治的不专治，以减少施药的面积和施药次数。如此，一方面可节省农药，降低成本，减轻农药对环境和农产品的污染，同时，可扩大天敌的保护面，减少对天敌的杀伤作用。

## 二、掌握并选择在施药适期施药

确定施药适期的目的就是要以少量的农药取得防治的最大经济效益。一般要考虑三个方面。第一，要深入了解防治对象的生物学特征、特性以及发生规律，寻求其最易防治的时期。一般害虫在低龄期耐药力弱，有些害虫在早期有群集性，许多钻蛀性害虫和地下害虫要到一定龄期才开始蛀孔和入土，及早用药，效果比较明显。对于病害一般要掌握在发病初期施药，因为一旦病菌侵入植物体内，有些保护性的杀菌剂较难发挥作用。对于杂草，要掌握在杂草对除草剂最敏感的时期施药，一般在杂草苗期进行最为有利；有时为了避免伤害作物，也常在播种前或发芽前进行。第二，要在作物最易受病虫为害的时期施药。第三，要根据田间有害生物和有益生物的消长动态，避开天敌对农药的敏感期，选择对天敌无影响或影响小而对有害生物杀伤力大的时期施药。

## 三、采用适宜的剂量施药

在施药剂量上，一定要改变过去追求防治效果高达 99% 以上从而使用药量偏高的习惯，选择恰当的剂量。一是药液或药粉的使用浓度要适宜，二是单位面积上使用量要适宜。一般说，浓度愈高，效果愈大，但超过有效浓度，不仅造成浪费，而且还有可能造成药害；既低于有效浓度，又达不到防治的目的，有毒物质的微量使用甚至还对有害生物反而有刺激作用。单位面积上的用药量过多或不足，也会发生上述同样的不利后果。因此，施药前一定要按规定确定浓度和用量。

## 四、合理地混用农药

农药混用指将两种或两种以上的农药混合在一起使用的施药方法，包括农药混合制剂（混剂）的使用及施药现场混合使用（桶混），二者虽有差别，但其原理是相同的。农药混用的目的在于提高药剂的防治效果，扩大药剂的防治对象，减少施药次数，延缓有害生物抗药性发展速度，以及提高对被保护对象的安全性、降低施用成本等。科学合理地混用农药有利于充分发挥现有农药制剂的作用。混配农药的类型有杀虫剂+增效剂、杀虫剂+杀虫剂、杀菌剂+杀菌剂、除草剂+除草剂、杀虫剂+杀菌剂、杀虫剂+除草剂、杀菌剂+除草剂等。

需要注意的是，混配时不能任意组合。田间的现配现用应当坚持先试验后混用的原则。一般应当考虑以下几点：两种以上农药配后应当产生增效作用，而不是拮抗作用；应当不增加对人畜的毒性，或增毒倍数不大；应当不增加对作物的药害，比较安全；应当不发生酸碱反应，即遇酸分解或遇碱分解；应当不产生絮结和大量沉淀。

农药的科学合理混用既省时省力，一次用药又能防治多种病虫草害，同时还具有降低用量、提高防效、延缓抗性等多种优点。然而如果混用不当，往往是混用的优点没有得到体现，却适得其反，造成药效降低，甚至失效，还可能对作物产生药害。因此，农药的混用要讲科学，只有合理混用才能达到良好的效果。

根据混用的目的不同，农药的混配使用要遵守以下原则。

1. 以扩大防治谱为目的的混配使用原则

（1）混配混用中各单剂有效成分不可发生不利于药效发挥及作物安全性的物理和化学变化。

（2）各单剂混配混用后对有害生物的防治效果至少应是相加作用而无拮抗作用。

（3）各单剂在单独使用时对防治对象高效，在混配混用中的剂量应维持其单独使用的剂量以确保防治的有效性。

（4）混配混用后对哺乳动物的毒性不能高于单剂的毒性。

2. 以延缓有害生物抗药性为目的的混配使用原则

（1）混剂中的各单剂应有不同的作用机制，没有交互抗性。单剂的作用机制不同，各自形成抗性的机制也就不同。如果混配混用就可以相互杀死对它们各自有抗性的个体，从而使抗性种群的形成受到抑制。单剂之间如果有负交互抗性更为理想，因为具有负交互抗性的单剂混用后，有害生物一般不会对这种混用产生抗药性。

（2）单剂之间有增效作用。混配混用后产生增效作用，可以提高淘汰有抗性基因个体的能力。此外，混用增效，可以降低单位面积用量，降低选择压，延缓抗性产生，使有害生物防治进入良性循环。

（3）单剂的持效期应尽可能相近。如果单剂之间持效期相距甚远，则持效期短的单剂失效后，实际上只有另一单剂在起作用，达不到混用的目的。

（4）各单剂对所防治的对象都应是敏感的。否则不仅起不到抑制抗性发展的作用，而且会造成药剂的浪费。

(5) 混用的最佳配比（通常为质量比），应该是两种单剂保持选择压力相对平稳的重量比，这个配比其实就是混配制剂中各单剂对相对敏感种群的致死中量或致死中浓度的比值。

需要注意的是，以延缓抗性为目的的混用不能单纯以共毒系数（co-toxicity coefficient，CTC；衡量杀虫剂混剂是否有增效作用的指数）大小来确定最佳配比。

3. 以增效为目的的混配使用原则

(1) 混用后单剂间增效作用明显，单位面积用药量显著降低。

(2) 混用后不能增加对非靶标生物，特别是对哺乳动物的毒性。

4. 混配使用农药应注意的技术环节

在混配农药或使用农药的复配制剂时需要注意以下技术环节：

(1) 针对作物病虫草害的实际发生情况慎重选择药剂的混配方案，混配有针对性。

(2) 先用少量的药剂配制成药液观察其物理性状是否稳定，或先进行小面积应用试验，观察其药效、药害等，在确保有效、安全的情况下大面积使用。

(3) 最好选用比较成熟的配方或制剂，切忌盲目混配。

(4) 先行混配时注意药剂间的配制对药顺序，做到有序混配。

(5) 最好是“现配现用”“即配即用”。

(6) 最好是选用质量好的知名品牌产品，杜绝使用“三无产品”。

(7) 最多三种药或肥进行混配，多种药剂间随意混配有可能因其更为复杂的变化关系以及药液浓度的进一步增加而出现防效降低的情况。

(8) 混配药剂剂量的换算以各自独立计算为依据，适当降低剂量。

(9) 长期使用单一农药品种容易导致有害生物的抗药性，因此，要合理轮用不同农药品种，有效延缓抗药性的产生，延长农药的使用寿命和有效性，农药混用也要坚持这一原则。

## 五、轮换用药

对一种有害生物长期反复使用一种农药，杀死具有敏感性基因的个体，存活下来的是具有抗性基因的个体，一代一代地选择，便逐渐形成有显著抗性的个体和种群，对这种农药的感受性处在极低的水平，防治效果大幅度下降。而且还存在“交互抗药性”现象，即一种有害生物对某种药剂产生了抗药性，对另外未使用过的某些药剂也产生抗药性。克服和延缓抗药性的有效办法之一，是轮换交替施用农药。一般来说，交替施用作用机理不同的 2 种以上的药剂，可以延缓有害生物抗药性的发生。不过要注意有害生物的交互抗药性问题，要选择没有交互抗药性的药剂交替使用，否则，达不到防止抗药性发生的目的。对某种药剂有抗药性的有害生物种群，对另外一种药剂反而敏感性加大，这种现象称为“负交互抗药性”。如果在轮换用药时，选用有负交互抗药性的农药，取代有害生物已产生抗药性的农药，就更加有效了。

同一种农药在一个地区长期连续使用，尤其是不按标准加大用量时，容易使病虫草害产生抗药性，导致防治效果下降。病虫害抗药的问题，不仅是困扰农村广大种植业者的重要问题，也是威胁农产品质量安全的严重问题。科学轮换使用作用机制不同的农药品种是延缓抗药性产生的有效方法之一。

山西省植保植检总站曾通报2012年农业有害生物抗性风险评估结果，运城地区麦长管蚜对抗蚜威的抗性为1.11倍，对氧乐果的抗性为0.92倍，对吡虫啉的抗性为0.25倍，对啶虫脒的抗性为0.04倍，对灭多威的抗性为2.68倍，对高效氯氰菊酯的抗性为0.33倍，对溴氰菊酯的抗性为0.25倍，对毒死蜱的抗性为0.17倍；棉铃虫对甲维盐的抗性为1.8倍，对高效氯氟氰菊酯的抗性为27.4倍，对辛硫磷的抗性为0.7倍；棉蚜对氟氯氰菊酯的抗性高达13 636.36倍，对高效氯氰菊酯的抗性高达3 991倍，对吡虫啉的抗性高达1 179.84倍，对丁硫克百威的抗性高达213.27倍，对啶虫脒的抗性高达399.18倍，对毒死蜱的抗性高达75.44倍，对马拉硫磷的抗性高达524.5倍，对氧乐果的抗性高达46.96倍，对灭多威的抗性达10.23倍，对辛硫磷的抗性达5.69倍。从评估结果来看，不同有害生物对同一种农药产生的抗性是不相同的，相同的有害生物对不同的农药产生的抗性也不相同。高的达到数百倍、数千倍，有的甚至达到上万倍。

在同一个地区、同一种作物不要长期单一施用某一种农药防治某种害虫，这样就可以切断害虫抗药性种群的形成过程。从农药的科学使用来说，提倡轮换使用不同作用机制的农药来防治农田的病虫草害，可以最大限度地发挥不同作用机制药剂的作用特点。各种农药对病虫草害作用机制是不尽相同的，要延长同一种药剂的使用寿命，维持同一种药剂的防治效果，最大限度地控制病虫草害，最好地发挥农药的防治效果，一定要交替轮换使用。

轮换使用农药，不是随心所欲地想怎么轮换就怎么轮换，一定要轮换不同作用机制的药剂，作用机制相同的药剂之间不能轮换使用。如多菌灵不能和甲基托布津或苯菌灵轮换，作用机制相同的农药即使频繁地轮换使用，也不会避免抗性的产生。

科学合理轮换使用农药，不仅能减少病虫产生抗药力和降低残存个体通过遗传产生的抗药性，在不加大浓度的情况下，既达到有效防治目的，又可以相对减少用药量，降低生产成本，提高防治效果，有的还可以起到促进作物生长发育的作用。因此，种植业者应该认识到科学合理轮换使用农药的重要性，大力推广轮换使用农药的措施，减缓农药抗性产生的速度。

## 第四节　推广先进的农药使用技术

保障农产品质量安全，关键是要趋利避害，加强农药的科学合理使用。农药的科学合理使用一方面需要开展先进农药使用技术的研发，另一方面需要大力推广成熟农药使用技术。

### （一）低空低量施药器械及其配套技术

低空低量施药器械及其配套技术的发展对大力推进专业化统防统治意义重大。2012年3月，时任总理温家宝在河南考察农业生产时，对小型无人机低空施药作业给予了高度关注。为总结交流近年来低空低量施药器械及其配套技术发展成果，研讨进一步推进措施，4月下旬全国农技中心会同中国植物保护学会、中国农业大学等单位，共同举办了低空低量航空施药技术现场观摩暨研讨会。现场演示了动力伞、三角翼、多旋翼和小型无人机等低空低量施药作业，组织农、科、教、企等相关方面专家专题研讨了低空低量航空施药技术，分析了存在的问题，并就加快低空低量施药器械及其配套技术发展提出了意见和建议。

### （二）低容量喷雾

低容量喷雾技术是指在单位面积上施药量不变的情况下，将农药原液稍加水稀释后使用，用水量相当于常规喷雾的1/10~1/5。方法是将常规喷雾机具的大孔径喷片换成孔径为0.3mm的小孔径喷片。这样可减少农药流失，节约用水，显著提高防治效果，也有效克服了常规喷雾给温室造成的湿度过大的危害。对于温室和缺水的山区，低容量喷雾技术特别适宜使用。

### （三）静电喷雾

静电喷雾技术是在喷药机具上安装高压静电发生装置，作业时通过高压静电发生装置，使带电喷施的药液雾滴在作物叶片表面沉积量大幅增加，农药的有效利用率可达90%，从而避免了大量农药无效地进入农田土壤和大气环境。

### （四）循环喷雾

循环喷雾技术是对常规喷雾机进行设计改造，在喷雾部件相对的一侧加装药物回流装置。把没有沉积在靶标植物上的药液收集后抽回到药箱内，使农药能循环利用，可大幅度提高农药的有效利用率，避免农药的无效流失。

### （五）"丸粒化"施药

丸粒化施药技术适用于水田。对于水田使用的水溶性强的农药，采用此法效果不错。只需把加工好的药丸均匀地撒施于农田中便可，比常规施药法可提高工效十几倍，而且没有农药飘移现象，有效防止了作物茎叶遭受药害，而且不污染邻近的作物。

### （六）药辊涂抹

药辊涂抹技术主要适用于内吸性除草剂防治杂草。药液从药辊（一种利用能吸收药液的泡沫材料做成的抹药溢筒）表面渗出，药辊只需接触到杂草上部的叶片即可奏效。这种施药方法，几乎可使药剂全部施在靶标植物表面，不会发生药液抛洒和滴漏，农药利用率可达到100%。

### （七）电子计算机施药技术

电子计算机施药技术是将电子计算机控制系统用于果园喷雾机上。该系统通过超声波传感器确定果树形状，农药喷雾特性始终依据果树形状的变化而自动调节。电子计算机控制系统用于施药，可大大提高作业效率和农药的有效利用率。

### （八）集成技术

加强先进农药器械安全使用技术研究集成，努力实施农药减量计划。欧洲的丹麦、法国、瑞典、荷兰等一些发达国家先后实施农药减量计划，取得了显著成效，成为减少农药使用量的典范。

农药减量计划的核心就是实施“预防为主、综合防治”“绿色防控”的集成技术，依据主要农作物病虫害发生规律和抗药性发展情况，制定科学合理的防治策略和相应的防控措施。运用农业防治、物理防治、生物防治、化学防治相结合推广化学防治与非化学防治技术相协调的综合防治技术。在农业防治上推广选用抗病、抗虫品种，合理施肥、科学栽培，推广稻田养鸭、稻田养蛙等农业防治技术；在物理防治上推广诱虫灯、性引诱剂、诱捕器、防虫网、捕虫色板等防治技术；在生物防治上推广生物源、植物源、矿物源农药，保护天敌和人工释放天敌、人工养殖天敌等相结合，充分利用和发挥天敌的自然防控作用；在化学防治上选用适宜农药，暂停使用病虫已产生抗药性的农药品种，推广农药交替使用技术，运用先进的植保器械，提高农药利用率，减少农药使用量，提高防治效果。

## 第五节 施药后的处理

国务院办公厅曾经下发《近期土壤环境保护和综合治理工作安排》，就土壤环境保护和综合治理工作作出了一系列安排，其中包括“建立农药包装容器等废弃物回收制度，鼓励废弃农膜回收和综合利用”。

农药包装是农药生产必不可少的工序，包装容器是农药包装必不可少的物品，使用农药后包装容器的处置不容忽视。

农药包装容器以玻璃、含高分子树脂的塑料等材质为主，大都属于不可降解材料。将其随意丢弃，长期存留在环境中，会导致土壤受到严重化学污染，除对耕种作业和农作物生长不利外，残留农药随包装物随机移动，对土壤、地表水、地下水和农产品等造成直接污染，并进一步进入生物链，对环境生物和人类健康都具有长期的和潜在的危害。农药废弃包装物对食品安全、生态安全，乃至公共安全也存在隐患。在大力消除餐桌污染，提倡食品安全，发展可持续农业的今天，人类在享受农用化学品给植物保护带来巨大成果的同时，必须规避其废弃包装物导致的污染。

随着人们对食品安全、环境安全等要求的不断提高以及农业可持续发展的需要，各国纷纷开始采取各种有效措施管理和处理这些特殊的人造垃圾并获得了很好的成效。如巴西、匈牙利、加拿大、美国、比利时、德国、澳大利亚、墨西哥、日本、法国及中国台湾等通过立法强制执行、行业倡导执行、环保志愿者监督执行等手段，农药包装物的回收处理工作得以有效开展。

中国是农药生产和使用大国，农药包装废弃物污染问题越来越严重，严重威胁着人们的生存环境和农产品质量安全。据有关资料显示，目前全国每年农药制剂需求总量200万 t 左右，每年产生的农药包装废弃物以容量为 250mL 计有 100 亿个之多，数量惊人。这些数量庞大的废弃农药包装物到底该如何处理?《农药管理条例》《农药生产管理办法》等法规虽然都有宏观的规定，但具体的实施细则却无从着手。虽有企业和经销商主动承担起回收废弃物的社会责任，但由于焚烧费用昂贵，不得不发出谁来回收和集中处理农药包装物的呼吁。为进一步把农药容器回收和处理工作落到实处，需要农药使用者自觉改变将废弃农药包装物随手乱丢或随意焚烧的习惯，将废弃农药包装物集中起来，放入废弃农药包装物回收装置或交农药经销商统一收集，然后集中送有资质的固体废弃物处理站统一处理。

## 第六节　违法使用农药以罪入刑

在谈农药使用问题时，有一个新的问题必须引起我们的高度重视：违法生产、销售农药可入罪判刑。

其实，农药在使用过程中屡屡出现问题，由于人们在认识上存在偏见，由于农药在使用过程中发生的问题没有法律界定、存在法律“盲区”，一旦发生农产品质量安全问题，农药就被推到“风口浪尖”、遭到人们的质疑，以致社会上“谈药色变”，甚至“仇视”农药的事件时有发生。这是极不客观的，也是极不科学、极不公正的。值得欣慰的是，在各方的呼吁之下，农药在使用过程中出现的问题究竟应该怎样监管已经引起了国家的高度重视。

2013 年是农药行业刻骨铭心的一年。湖南、湖北、河南、广西、江西等多省份的农药企业涉嫌侵犯知识产权，有多名企业法人被公安部门羁押。正当人们惊呼法律对农药生产、经营和使用过程中出现的违法问题处罚不公的时候，最高人民法院、最高人民检察院及时发布《关于办理危害食品安全刑事案件适用法律若干问题的解释》(以下简称《司法解释》)，并已于 2013 年 5 月 4 日起执行。《司法解释》将食用农产品纳入食品范畴，将食品生产经营全链条纳入法律法规，弥补了之前对于违规使用农药的法律空白，对农药产品从生产、销售到使用实现全过程监管，并且一视同仁，有法可依，违法必究。这是我国法制建设的一大进步，也是农药事业发展的一个里程碑。

根据《司法解释》，违法使用农药出现在以下三个方面：

(1) 使用禁用农药。《司法解释》第二十条第三款规定“国务院有关部门公告禁止使的农药”应当认定为“有毒、有害的非食品原料”。《司法解释》第九条第二款规定，在食用农产品种植、养殖、销售、运输、贮存等过程中，使用禁用农药等禁用物质或者其他有毒、有害物质的，依照《中华人民共和国刑法 (2011 年 2 月 25 日最新修正版)》(以下简称《刑法》) 第一百四十四条的规定以生产、销售有毒、有害食品罪定罪处罚。致人死亡或者有其他特别严重情节的，依照《刑法》第一百四十一条的规定以生产、销售假药处罚。

(2) 使用限用农药。《司法解释》第二十七条第二款规定“剧毒、高毒农药不得用于防治卫生害虫，不得用于蔬菜、瓜果、茶叶和中草药材”，依据《司法解释》第二十条第一款规定“法律、法规禁止在食品生产经营活动中添加、使用的物质”的规定，限用农药属于也应当认定为“有毒、有害的非食品原料”。处罚依据和定罪同上一条。

（3）超限量或超范围滥用农药。《司法解释》第八条第二款规定“在食用农产品种植、养殖、销售、运输、贮存等过程中，违反食品安全标准，超限量或者超范围滥用农药等，足以造成严重食物中毒事故或者其他严重食源性疾病的，依照《刑法》第一百四十三条的规定以生产、销售不符合安全标准的食品罪定罪处罚”。按照《司法解释》第一条第一款规定，农药残留严重超出标准限量的食用农产品，应当认定为《刑法》第一百四十三条规定的“足以造成严重食物中毒事故或者其他严重食源性疾病”的情形。

综上所述，无论是使用禁用农药、限用农药，还是超限量或超范围滥用农药，都是违法行为。一旦触犯，都要受到法律的制裁。

当前农药的使用过程也有法可依，关键是各级执法部门必须对农药使用者的违法行为做到违法必究，而且还要执法必严，在执法过程中不讲情面、不留“死角”。只有这样，才能杜绝“毒豇豆”“毒乌龙茶”“毒生姜”等令人痛心疾首的、违法使用农药的典型案例发生，也才能从根本上解决农产品质量安全问题，从而确保消费者对农产品买得放心、吃得安心。

科学、合理使用农药，不仅事关农业生产大局，事关粮食安全和农产品质量安全，还牵涉法律层面的问题，因此，必须要引起我们的重视。

# 第六章　农药残留

中国人民已解决温饱问题，目前考虑较多的是食品质量，如何能吃得放心、吃得安全、吃得科学成了人们的追求。在这个食品安全的敏感时代，食品行业的任何风吹草动都会令消费者谈食色变。某国际环保组织发表的一份关于茶叶农药残留的检测报告，再一次把茶叶行业推到了食品安全的“风口浪尖”，人们“谈茶色变”。不少茶客惊呼：喝一口铁观音，17 种农药下肚，谁还敢喝茶？随着一些媒体的大肆渲染和跟风炒作，名茶深陷“农残门”事件已是危言耸听。一旦食品安全、农产品安全出现问题，农药必然会遭到“审判”。由此看来，农药残留及相关问题必须受到重视。

使用农药能增产，为其利。使用农药污染土壤，污染饮用水，食物中会有农药残留，有损公众健康，产生健康风险，为其弊。利弊权衡和兴利除弊是当前化学农药对环境影响的中心问题。

20 世纪 60 年代，我国农村普遍使用有机氯农药，如六六六和滴滴涕。1983 年我国禁用了有机氯农药，但是由于有机氯农药非常难以降解，10 年之后，在土壤中仍有残留。

那么人们能够远离农药吗？人们能够不使用农药吗？至少从目前来看，答案是否定的。播种要用农药拌种，农田管理、除草要用农药，杀虫、灭菌要用农药，作物生长调节要用农药，食品运输存储、保鲜要用农药，灭鼠要用农药。农药的确能提高农作物产量和避免损失。没有农药的保障，势必会引发粮食短缺，进而引发社会安全问题。

但是农药所带来的食品农药残留问题也必须受到重视。近年来，“毒豇豆”“毒韭菜”“毒西瓜”“毒茶叶”“毒生姜”等接连出现，导致人们谈药色变。目前我国蔬菜、水果和粮食农药超标平均率分别为 22. 15%、18. 79%和 6. 2%，农药残留超标相当严重。其实不仅蔬菜、水果和粮食农药残留超标，市售禽畜产品也存在农药残留的情况，如市场零售猪肉、牛肉和羊肉中发现有滴滴涕的代谢产物还有林丹等农药残留。我国猪肉和家禽肉也检测出有机氟农药残留。

## 第一节　农药残留的基本概念

农药残留（pesticide residue），指农药使用后一段时间内没有被分解而残留于生物体、收获物、土壤、水体、大气中的微量农药原体、有毒代谢物、降解物和杂质的总称。农药残留是施药后的必然现象，但如果超过最大残留限量，对人畜产生不良影响或通过食物链对生态系统中的生物造成毒害，则称为农药残留毒性（简称残毒）。

最大残留限量（maximum residue limit，MRL），也称最高残留限量，指在生产或保护商品过程中，按照良好农业规范（GAP）使用农药后，允许农药在各种食品和动物饲料中或其表面残留的最大浓度，以每千克农畜产品中农药残留的毫克数（mg/kg）表示。联合国粮农组织（FAO）在1972年采用最大残留限量，但美国仍使用允许残留量（toletance level）一词，我国于1985年采用最大残留限量。

食品法典委员会（CAC）将最大残留限量分为两类：最大残留限量（MRL）和外来残留物限量（ERL）。其定义最大残留限量指由食品法典委员会所推荐被合法允许或认可在食品、农产品或动物性饲料按良好农业规范使用农药而导致在产品内部或表面上存在的最大农药残留浓度，浓度用mg/kg来表示。外来残留物限量指由环境来源（包括前期农作物污染源）造成而非在产品中直接或间接使用农药或污染物所形成的农药残留或污染物量，它是由食品法典委员会所推荐被合法允许或认可在食品、农产品或动物性饲料按良好农业规范使用农药而导致在产品内部或表面上存在的最大农药残留浓度，浓度用mg/kg来表示。

再残留限量（extraneous maximum residue limit，EMRL），指一些残效期较长的农药虽已禁用，但已在环境中残留并构成了对环境的污染，从而再次在食品中形成残留，为控制这类农药残留物对食品的污染而制定其在食品中的残留限量。现有推荐或制定的最大残留限量包括了食品法典委员会所定义的最大残留限量、外来残留物限量和再残留限量之和，均以监测数据为基准，对于在某些农作物上禁用的高毒农药的残留限量均为国家发布的最新推荐检验方法的测定限（limit of determination）。

施用于作物上的农药，其中一部分附着于作物上，一部分散落在土壤、大气和水体等环境中，环境残存的农药中的一部分又会被植物吸收。残留农药直接通过植物果实或水、大气到达人、畜体内，或通过环境、食物链最终传递给人、畜。不过，如果按照推荐的剂量、方法和时间施药，大多数农药在农畜产品中不会有残留毒性问题。农药残留毒性的产生主要是由于农药使用不合理不科学所造成的。

农药残留量超标还与农药的特点有关，残留超标主要原因有：

（1）不仅原药有毒，其代谢物或杂质的慢性毒性与原药相当或更严重。

（2）残留量是以原药及有毒代谢物的总残留计，所以残留时间长。

（3）部分农药能通过食物链使农药在鱼、禽、畜体内富集，导致农药对食品的污染更为严重，这类农药从其慢性毒性和残留性考虑，都不能用于食用作物。

另外，还存在一些影响农药残留的因素，主要如下：

（1）农药的理化性质。物理性质中以蒸气压和溶解性最为重要，蒸气压高的农药，易挥发、消失快；脂溶性强的农药，易在植物的蜡质层和动物的脂肪中积累；水溶性大的农药，易被雨水淋失，但亦易被根部吸收传导至植株叶部和籽实；易光解的农药施于植物表面降解快。

（2）施药方法、用量和时期。不同施药方法对残留有影响，如采用飞机喷药，农药在植株上部1/3处约占总药量的90%；内吸杀虫剂用不同的施药方法，残留期相差很大，喷雾于叶面，原始药量高，但残留期短，土壤处理或根茎处理，则农药被慢慢吸收，残留期长。

（3）作物类型和作物部位。农药在作物上的原始沉积量随作物种类而异，在相同施药条件下主要决定于作物可食部位的表面积大小，如在蔬菜、茶叶、牧草等叶类作物上农药的原始沉积量，较黄瓜、茄子、苹果等果菜类大得多。

（4）环境因子。作物和土壤中农药残留可因吸收环境中的农药或通过食物链富集造成；也能通过生物或非生物分解而消失；温度、光照、降水量、土壤酸碱度及有机质含量、植被情况等环境因素也在不同程度上影响着农药的降解速度，影响农药残留。

## 第二节　农药残留对人体的危害

农药进入粮食、蔬菜、茶叶、水果、鱼、虾、肉、蛋、奶中造成食物污染，危害人体健康。一般有机氯农药在人体内代谢速度很慢，累积时间长。有机氯在人体内残留主要集中在脂肪中。如滴滴涕在人的血液、大脑、肝和脂肪组织中含量比例为 1：4：30：300；狄氏剂为 1：5：30：150。食用含有大量高毒、剧毒农药残留的食物会导致人、畜急性中毒事故。长期食用农药残留超标的农副产品，即使不会导致急性中毒，但可能引起人和动物的慢性中毒，导致疾病的发生，甚至影响到下一代。

如果未按照安全使用规定施用农药和进行农产品采收，或违反相关规定使用高毒农药，农产品就会有农药残毒，就会对食用者身体健康造成危害，严重时会造成身体不适、呕吐、腹泻甚至导致死亡的严重后果。我们常见的食品农药残留主要有两种形式：一种是附着在粮食、蔬菜、水果的表面，另一种是在粮食、蔬菜、水果的生长过程中，农药被吸收，进入其根、茎、叶中。与附着在蔬菜、水果表面的农药残毒相比，内吸性农药残毒危害更大。残留的主要农药品种较多，如有机磷类农药、氨基甲酸酯类农药等。这些农药对人体内的某些酶有抑制作用，能阻断神经递质的传递，造成中毒。据报道，果蔬残留农药会对人体造成急性、慢性中毒，会导致癌症、畸形、突变等危害。

农药残留虽然对人体构成一定危害，但人们大可不必“谈药色变”。“农药残留”和“农药超标”是不同的概念，检测出农药残留不等于就有危害。以茶叶为例，中国人均饮茶量每天不足 10 克，加之一些农药不溶于水，即使茶叶中有少量的农药残留，泡出的茶汤中农药含量会极低，通过饮茶摄入的农药更是在安全范围内，不会对人产生健康风险。茶中的农药残留是否会对人体健康有害，要视残留量多少而定。只要茶中农药的残留是符合国家标准的，就不会影响人体健康，消费者不用过于担心。

## 第三节　农药残留的其他影响

目前使用的农药，有些在较短时间内可以通过生物降解成为无害物质，但有些则是残效期较长的农药，降解速度缓慢。根据农药的残留特性，可把残留性农药分为三种：容易在植物机体内残留的农药称为植物残留性农药；易于在土壤中残留的农药称为土壤残留性农药；易溶于水，而长期残留在水中的农药称为水体残留性农药。残留性农药在植物、土壤和水体中的残存形式有两种：一种是保持原来的化学结构；另一种以其化学转化产物或生物降解产物的形式残存。残留在土壤中的农药通过植物的根系进入植物体内，不同植物机体内的农药残留量取决于它们对农药的吸收能力。如不同植物对艾氏剂的吸收能力为：花生>大豆>燕麦>大麦>玉米。农药被吸收后，在植物体内分布量的顺序是：根>茎>叶>果实。农药残留会直接影响农产品的质量。

由于不合理使用农药，超量、频繁使用农药特别是除草剂，导致药害事故频繁发生，经常引起大面积减产甚至绝产，严重影响了农业生产。土壤中残留的长残效除草剂是其中的一个重要原因。农药残留会直接或间接影响农产品的产量。

农药在使用过程中通过挥发、水溶、飘移等多种形式进入河流、湖泊、海洋，造成农药在水生生物体中的积累。在自然界的鱼类机体中，含有机氯杀虫剂相当普遍。农药残留对水体和水生生物有一定的影响。

鉴于上述影响，几乎所有化学农药对人畜和环境生物都会有一定的毒性，各国政府及联合国粮农组织和世界卫生组织（FAO/WHO）的国际食品法典委员会（CAC）都对农产品以及加工食品中的农药残留作出了限量规定，这就是农药最大残留限量（MRL）。首先根据农药及其残留物的毒性评价，按照国家颁布的良好农业规范和安全合理使用农药规范，适应本国各种病虫害的防治需要，在严密的技术监督下，在有效防治病虫害的前提下，在取得的一系列残留数据中取有代表性的较高数值。它的直接作用是限制农产品中农药残留量，保障公民身体健康。世界各国，特别是发达国家对农药残留问题高度重视，对各种农副产品中农药残留都规定了越来越严格的限量标准。在世界贸易一体化的今天，农药最大残留限量也成为各贸易国之间重要的“技术壁垒”，由此限制农副产品进口，保护农业生产者利益。2000 年，欧共体将氰戊菊酯在茶叶中的残留限量从 10mg/kg 降低到 0.1mg/kg，使我国茶叶出口面临“严峻的挑战”。

## 第四节　农药残留的检测技术

中国是农业大国，但由于人们对农药的不合理使用，导致农产品中农药的残留量较高，严重影响了农产品的出口贸易和人们的生命健康。目前，各国政府都认识到农药残留的危害性，并制定出最大残留量来限制和规范农药的使用，农业部相继颁发《农药安全使用标准》《农药合理使用准则》等法规。

长期以来，仪器分析法在农药残留检测中都占有重要地位。随着微电子、计算机和化学分析技术的不断发展，农药残留检测技术已进入一个新阶段，不仅省时省力，而且快速、灵敏、准确，可以随心所欲地进行微量或痕量分析。农药残留的检测技术越来越发达，也越来越科学，我们主要介绍如下几种。

### 一、气相色谱技术

#### （一）气相色谱法（GC）

气相色谱法是一种简便、快速、高选择性、应用范围广的现代分离技术，分析对象是气体和可挥发物质。气相色谱法是检测有机磷的国家标准方法，具有定性、定量、准确和灵敏度高等特点，且依次可以测定多种成分。

目前，气相色谱法已由过去以填充柱为主转到以毛细管为主。但是，对于沸点高或热稳定性差的农药，不能应用气相色谱法进行分离检测，需要进行衍生化法处理后再进行气相色谱法分离检测，衍生化的目的是降低其沸点或提高其热稳定性，这样就增加了样品前处理的难度，使其应用范围受到一定程度的限制。因此，气相色谱法在农药残留分析中的通用性并不强。由于样品前处理会带来一些干扰物，所以气相色谱法一般采用选择性检测器。由于一种检测器仅能对一种或几种原子或官能团响应，因而不同类型的农药的检测常常采用不同类型的检测器。常用的检测器有电子捕获检测器（ECD）、火焰光度检测器（FPD）、氮磷检测器（NPD）、质谱检测器（MSD）、电解传导检测器（ELCD）和原子发射光谱检测器（AED）等。

### （二）气相色谱-质谱联用法（GC-MS）

气相色谱-质谱联用法是指气相色谱议和质谱的在线联用技术，可以用于农药单残留或多残留的快速分离与定性。该方法具有应用范围广、准确、灵敏度高、快速、相对成本低等优点。目前，气相色谱-质谱联用法已用于多种蔬菜样品的农药残留分析。

气相色谱-质谱联用法是目前常用的农产品农药残留分析方法，现已逐步向小型化、自动化、高灵敏度的趋势发展。气相色谱-质谱联用法既发挥了色谱的高分离能力，又发挥了质谱的高鉴别能力。低分辨气相色谱-质谱联用法主要是四极杆质谱和离子阱质谱，高分辨仪器主要是飞行时间质谱和扇形场质谱等。我国已颁布了国家标准用气相色谱-质谱联用法来测定蔬菜水果等农产品中的多残留农药；美国有研究者探讨了果蔬中多农药残留的气相色谱-质谱联用法分析方法。

## 二、液相色谱技术

### （一）高效液相色谱法（HPLC）

高效液相色谱法是指流动相为液体的色谱技术，它是现代农药残留分析不可缺少的重要手段。它能对气相色谱法不能分析的高沸点或热不稳定的农药进行有效的分离检测。一般来说，高效液相色谱法在进行农药残留分析时一般以甲醇等水溶性溶剂作流动相的反相色谱。高效液相色谱法的流动相参与分离机制，其组成、比例、酸碱度等可以灵活调节，这样更利于分离。高效液相色谱法连接的检测器一般为紫外吸收（UV）、质谱（MS）、荧光、二极管阵列检测器（AED）以及电化学检测器。

高效液相色谱法在技术上采用高压泵，高效固定相和高灵敏度检测器，使分析速度快，分离效率高，操作自动化，解决了热稳定性差、难于气化、极性强的农药残留分析问题。它分为4种主要类型：液固吸附色谱法（LSC）、液液分配色谱法（LLC）、离子交换色谱法（LEC）和空间排阻色谱法（SEC）。

### （二）液相色谱-质谱联用法（LC-MS）

液相色谱-质谱联用法与气相色谱-质谱联用法相比较，大部分的农药可用气相色谱-质谱联用法检测，但对于高极性、热不稳定性或难挥发的大分子有机化合物则难以使用气相色谱-质谱联用法进行检测，而液相色谱-质谱联用法则不受沸点的影响，对热稳定性差的农药也能进行有效分离、分析。

液相色谱-质谱联用法可以对那些没有标准样品的物质作定性分析，而且具有良好的灵敏性和选择性、几乎通用的多残留检测能力以及进行阳性结果的在线确证和简化样品检测前净化过程等优点，但液相色谱-质谱联用法使用的仪器相对比较昂贵，而与常规分析方法相比需要更高的专业技能培训。目前，液相色谱-质谱联用法用于蔬菜中多残留农药的检测也有不少研究报道。由于质谱法可以提供物质的一些结构信息，液相色谱-质谱联用法能够分析比较复杂的样品，是农药残留分析中很有力的一种方法。但是，高效液相色谱法与质谱法的接口技术还不是十分成熟，而且仪器价格昂贵，在农药残留的常规分析中应用不是很多。随着科学技术的日新月异，液相色谱-质谱联用法在不久的将来也许会得到广泛应用。

## 三、超临界流体色谱法（SFC）

超临界流体色谱法是以超临界流体（常用二氧化碳）作为色谱流动相的色谱技术，可在较低温度下分析分子量较大，对热不稳定的农药，它同时具有气相色谱法和高效液相色谱法的优点，且克服了各自的缺点，可与大部分气相色谱法和高效液相色谱法的检测器连接，是农药检测最具潜力和发展力的技术之一。

也就是说，超临界流体色谱法可以认作气相色谱法和高效液相色谱法的杂交体。它可以在较低温度条件下发现分子量较大及对热不稳定的物质，许多在气相色谱法和高效液相色谱法上需要衍生化才能分析的农药，都可以用超临界流体色谱法直接测定，还可以灵活使用各种色谱柱，成为一种强有力的农药分离和检测手段。在分析中还可以结合临界萃取法（SFE）使用，这样既可以节省分析时间，还可以使分析结果更准确。

## 四、毛细管电泳法（CE）

毛细管电泳法适用于难以用传统的液相色谱法分离的离子化样品的分离与分析。其操作简便，具有高灵敏度、分离度高、分析速度快和使用范围广等特点。毛细管电泳法用于农药原药、制剂及残留的分离分析。国内起步较晚，国外在这一领域已做了大量研究工作，其中尤以各种除草剂的分离、单种农药制剂及复合农药的有效成分含量测定报道居多。

## 五、农药残留速测技术

常规的农药检测仪器分析方法均存在着样品前处理复杂、仪器昂贵、对技术人员要求高等问题，不能满足样品现场快速检测的要求。因此，单靠这些传统检测技术，在财力、人力上都是一种浪费。人们迫切需要开发用于农药残留的快速、廉价的实用检测技术。目前广泛应用的速测方法有免疫分析法、酶抑制法、酶联免疫吸附测定法、生物测定法和生物传感器等。

### （一）免疫分析法（IA）

免疫分析法是以抗原和抗体特异性可逆性结合反应为基础的分析方法。由于抗体是专为抗原产生的，专一性及亲和力强，所以方法也就灵敏。免疫分析法分类方法较多，按标记技术的不同可分为酶标记免疫分析、荧光标记免疫分析、化学发光免疫分析、生物发光免疫分析等；按反应体系物理状态的不同可分为均相免疫分析和非均相免疫分析。

免疫分析法具有特异性强、灵敏度高、方便快捷、分析容量大、分析成本低、安全可靠、操作简单、对提取净化的要求不高等特点，因此适宜于农药残留的现场分析。但它存在局限性，应用免疫分析法一次只能测定一种化合物，很难同时分析多种成分。

### （二）酶抑制法

酶抑制法是利用有机磷和氨基甲酸酯农药对酶具有抑制作用这一原理来测定其含量。将酶与样品混合反应，若试样中没有农药残留或残留量极少，酶活性不被抑制，基质被水解，再加入显色剂后显色；反之酶活性被抑制而不会显色。它具有操作简便、快速等优点，特别适合现场检测和大批量样品筛选，容易推广普及，主要应用于蔬菜、水果和农产品中有机磷和氨基甲酸酯类农药残留检测。根据酶的种类不同，主要分为胆碱酯酶抑制法和植物酶抑制法。

### （三）酶联免疫吸附分析法（ELISA）

酶联免疫吸附分析法是基于抗原抗体特异性识别和结合反应为基础的分析方法。酶标记农药和待测农药因竞争载体上的抗体而发生结合反应，形成抗体复合物，吸附到载体上的酶标记农药的量与待测农药的量呈反比。在一定底物的参与下显色，进行比色，从而测定待测农药含量。

我们知道，大分子量农药可直接作为抗原进入脊椎动物体内而使之产生抗体，并与抗原农药特异性地结合。小分子量的农药一般不具备免疫原性，从而不能刺激动物产生免疫反应，但有与相应抗体在体内发生吸附反应的能力，即有反应原性。这类小分子农药被称为半抗原。将小分子农药以半抗原的形式通过一定碳链长度的分子量大的载体蛋白质以共价键相偶联制备成人工抗原，使动物产生免疫反应，产生识别该农药并与之特异性结合的抗体，通过对半抗原或抗体进行标记，利用标记物的生物、物理、化学放大作用，对药品特定的农药残留进行定性、定量检测。

酶联免疫吸附分析法的优点是特异性强，快速灵敏，对仪器和使用人员的技术要求不高，可准确的定性定量，是值得普及和推广的一种速测方法。但因抗体制备难度较大，费用高，容易出现假阳性、假阴性现象，一般多应用于单一种类农药检测的前期筛选。

活体生物测定法是利用活的动、植物来测定基质中农药残留量的方法。如发光细菌与农药作用后可影响细菌的发光强度，通过细菌发光强度减弱的程度来检测农药残留量；用样品喂食敏感家蝇，根据家蝇的死亡率测定农药残留量；以稻瘟病菌生长受抑制的程度来检测杀菌剂残留；用ISO标准稀释过的蔬菜汁浸泡水蚤，根据水蚤的半数致死浓度测定农药残留量。

### （四）生物传感器法（BS）

生物传感器法是利用生物活性物质作为传感器的生物敏感层，当生物敏感层与样品中的待测物发生特异性反应，将会发出一些物理化学信号的变化（光、电、热、颜色等），这些变化通过不同转换器转换成可以输出的检测信号（通常为电信号），检测信号经放大后进行定性、定量检测。利用农药对靶标酶（如乙酰胆碱酯酶）活性的抑制作用研制酶传感器，利用农药对特异性抗体结合反应研制免疫传感器。根据信号转化不同，生物传感器可分为电化学生物传感器、光化学生物传感器、测热型生物传感器、半导体生物传感器等；按照生物活性单元的不同，生物传感器可分为酶传感器、微生物传感器、DNA 传感器和免疫反应传感器等。

生物传感器法具有灵敏度高、特异性强、操作简便、测试成本低等优点，免疫反应传感器近年来得到迅速发展。免疫反应传感器是利用目标化合物与抗体的特异性结合，产生一系列的物理化学反应，利用传感器生成可以用于检测的信息。

目前，伴随多种化学农药所带来的各种负面效应，农药研发方向已转向为提取生物农药。可以乐观地估计，今后生物农药的市场份额会越来越大。由于生物农药分子量大、组成复杂且很难与生物组织区分，这对农药残留的检测技术提出了新的挑战，也需要分析人员掌握更多生物化学、细胞化学等方面的专业知识。

## 第五节　农药残留的监管

农药残留问题是随着农药大量生产和广泛使用而产生的。第二次世界大战以前，农业生产中使用的农药主要是含砷或含硫、铅、铜等无机物，以及除虫菊酯、尼古丁等来自植物的有机物。第二次世界大战期间，人工合成有机农药开始应用于农业生产。到目前为止，世界上约有 1 000多种人工合成化合物被用作杀虫剂、杀菌剂、杀螨剂、杀螺剂、杀藻剂、除虫剂、落叶剂、植物生长调节剂等各类农药。

对于大田作物，不使用农药要损失 30%~50%的产量，对于经济作物像蔬菜、瓜果，不使用农药，农产品损失率在40%~80%。如果没有农药的贡献，人类将难以解决“吃饱”问题。但是长期大量使用农药提高作物产量，是农产品残留大量农药的主要原因。人们不是生活在真空中，只要使用过农药的地方，只要使用过农药的农作物，都会“或多或少”地存在农药残留问题。不过农药残留并不“可怕”，只要加强监管，农药残留不超标，就是安全的。

加强监管就需要有标准可依。制定农药残留标准，一是保障人体健康，二是保护环境，三是达到良好农业规范要求。国际上有统一的食品农药残留标准和程序，即由国际食品法典委员会（CAC）下设的农药残留专家委员会联席会议和农药残留法典委员会，专门负责制定和协调食品中农药最大残留限量。联席会议负责农药毒理学评估，从学术上评价各国提交的农药残留试验数据和市场监测数据，提出最大残留量推荐值和农药每日允许摄入量。法典委员会负责提交进行农药残留和毒理学评价的农药评议优先表，审议农药最大残留限量草案，制定食品中农药最大残留限量标准。

中国是对世界和人类负责任的发展中国家，对农药残留问题是很重视的，对农药残留的监管也是严格的。2009年《食品安全法》颁布之后，卫生部、农业部共同发布了315项限量标准，并且对2009年之前发布的农药残留限量和相关国家标准、行业标准涉及农药残留限量的文件进行了清理。清理涉及农药残留限量1 795项，并在2011年组织制定了209项农药残留限量标准。到目前为止，食品中农药残留限量标准的总数达到了2319项。中国农药标准是在风险评估的基础上以遵循国际食品法典委员会制定的农药残留标准的原则，也就是遵循残留的风险评估原则，并根据我国农药的情况和居民膳食消费情况制定的。在标准的制定过程中，同时会兼顾考虑农产品的国际贸易、国际标准和我国农业生产的实际情况。标准制定严格按照社会公开征求意见、向WTO通报以及经过国家农药残留标准审查委员会审议的程序来进行。中国制定的农药残留标准项目之多、范围之广，在全球也是比较靠前的。

解决农药残留问题，必须从根源上杜绝农药残留产生。为了指导农业生产从业者科学使用农药，有效降低农药残留，中国已经先后制定并发布了7批《农药合理使用准则》（CB/T 8321）国家标准。准则中详细规定了各种农药在不同作物上的使用时期、使用方法、使用次数、安全间隔期、施药要点、最大残留限量（MRL）等技术指标。如《农药合理使用准则》（一）就规定了18种农药在11种作物上的32项合理使用准则；《农药合理使用准则》（二）就规定了35种农药在14种作物上的51项合理使用准则；《农药合理使用准则》（三）就规定了53种农药在13种作物上的83项合理使用准则；《农药合理使用准则》（四）就规定了50种农药在17种作物上的合理使用准则；《农药合理使用准则》（五）就规定了43种农药在14种作物及蘑菇上的61项合理使用准则；《农药合理使用准则》（六）就规定了39种农药在15种作物上的52项合理使用准则；《农药合理使用准则》（七）就规定了32种农药在17种作物上的42项合理使用准则。此外，我国还制定了《农药安全使用标准》（GB 4285）、《农产品安全质量　无公害蔬菜安全要求》（GB 18406）、《绿色食品农药使用准则》（NY/T 393）等一系列的国家、行业或地方标准。这些标准不但可以有效地控制病虫草害，而且可以减少农药的使用量，减少浪费，最重要的是可以避免农药残留超标。有关部门应在加强标准制定工作的同时，加大宣传力度，加强技术指导，使标准真正发挥其应有的作用。而农药使用者应积极学习，树立公民道德观念，科学、合理地使用农药。

2010年4月15日，农业部、最高人民法院、最高人民检察院、工业和信息化部、公安部、监察部、交通运输部、国家工商行政管理总局、国家质量监督检验检疫总局、中华全国供销合作总社联合发文《关于打击违法制售禁限用高毒农药规范农药使用行为的通知》，宣布了六六六、滴滴涕、毒杀芬、二溴氯丙烷、杀虫脒、二溴乙烷、除草醚、艾氏剂、狄氏剂、汞制剂、砷类、铅类、敌枯双、氟乙酰胺、甘氟、毒鼠强、氟乙酸钠、毒鼠硅、甲胺磷、甲基对硫磷、对硫磷、久效磷、磷胺等23种禁止生产、销售和使用的农药名单；同时还公布禁止甲拌磷、甲基异柳磷、特丁硫磷、甲基硫环磷、治螟磷、内吸磷、克百威、涕灭威、灭线磷、硫环磷、蝇毒磷、地虫硫磷、氯唑磷、苯线硫磷等14种农药在蔬菜、果树、茶叶、中草药材上使用；禁止氧乐果在甘蓝上使用；禁止三氯杀螨醇和氰戊菊酯在茶树上使用；禁止丁酰肼（比久）在花生上使用；禁止特丁硫磷在甘蔗上使用；除花生、玉米等部分旱田种子包衣剂外，禁止氟虫腈在其他方面使用。

现代农业发展形成的一个显著特点就是农业生产对农药的使用具有很大的依赖性。在某种情况下，使用农药对控制农作物的产量损失确实起到了非常重要的作用。但滥用农药不仅达不到理想的防治效果，影响农产品的产量和质量，而且会加速病虫草害产生抗药性，导致农药使用量、使用次数及防治成本的不断增加，还会使农药残留增加，污染农产品和生态环境。我国制定的一系列有关农药安全使用、合理使用的国家、行业及地方标准以及我国所采取的农药禁限用制度，对指导科学使用农药、降低农药残留，起到了积极作用。

## 第六节　控制农药残留的对策

一是加强“源头”控制，即农药产品质量和标签标注的控制。由于农药产品问题导致农产品农药残留问题主要有三种情况，首先是农药产品标签上对农药有效成分的标注不准确或不醒目，导致农民使用不当；其次是农药产品中添加有未在标签上注明的“隐性成分”，“挂羊头卖狗肉”式的产品导致使用后造成农药残留；最后是农药产品质量低下造成防治效果差，导致农民重复用药和增加用药量。要解决这些问题，首先是相关部门要加强对农药生产和流通环节的严格监管；其次是农药生产企业要从严把关，从产品质量、标签标注等方面规范行为；再次是农药经销商要经销“三证齐全”、质量可靠的产品，杜绝“假冒伪劣”农药产品流到农民手中。

二是加强“产中”“用前”控制。如农药生产企业污水的不达标排放，农药生产企业和经销企业的仓储场所、农药运输工具清洗、农药运输过程发生事故等造成农药对农业生产环境的严重污染。因此，必须加强农药生产和流通环节的严格管理，防止发生农药污染事故。一旦发生污染事故，应当及时做适当的处理，防止污染扩大。农业生产中避免使用受到农药污染的水源。

三是加强农业生产中农药使用的指导和管理。农业生产中农药的科学、合理使用是控制农产品农药残留的最重要、最关键的途径，农业生产者必须掌握和遵循农药合理使用的基本原则，特别是要严格按照农药合理使用规范，做到选择合适的农药品种，采用恰当的用药方式，选择适当的用药时期，掌握适当的用药量，严格控制用药次数，严格执行安全间隔期，实行交替轮换用药，同时要注意预防农作物产生药害，预防产生抗药性，预防人畜中毒。

四是加强农产品采前、收前农药残留管理。农产品采前、收前农药残留管理是控制农产品农药残留必不可少的重要环节，在这一环节必须进行严格监测。如发现农药残留超标，可通过推迟采收等有效措施使农产品农药残留消解。

五是加强农产品流通环节的农药残留监管。农产品流通环节的农药残留监管是农产品在消费者购买之前的“最后一道关口”，必须严格监管。开展全面、系统的农药残留监测工作，不仅能够及时掌握农产品中农药残留的状况和规律，查找农药残留形成的原因，还可以为政府部门提供及时有效的数据，为政府职能部门制定相应的规章制度和法律法规提供依据。

六是加强《农药管理条例》《农药合理使用准则》《农药安全使用标准》《农产品安全质量无公害蔬菜安全要求》《绿色食品农药使用准则》等有关法律法规的贯彻执行，加强对违法违规行为的处罚，是防止农药残留超标的有力保障。

## 第七节　预防和消除农产品农药残留危害的措施

### 一、预防农产品农药残留超标的措施

农药残留是在农药生产、流通、使用等环节中造成的，预防农药残留需要在以下几个环节做好工作。

1. 选择合适的农药品种

为防治农药残留超标，在生产中必须选用对人畜安全的低毒农药和生物农药，禁止剧毒、高残留农药的使用，选用高效、低毒、低残留农药。农药品种繁多，各种药剂的理化性质、生物活性、防治对象等各不相同，某种农药只对某些甚至某种对象有效。当某种防治对象有多种农药可供选择时，应当选择对防治对象效果最佳、对人畜和环境生物毒性低、对生态环境安全、对作物安全和经济效益最好的农药品种。

2. 掌握用药关键时期

在不同的时间使用相同的农药对防治对象的防治效果、对作物及其周围环境的影响都会有非常显著的差异。选择一个最适当的用药时间对于提高防治效果、减少不利影响是非常重要的。根据病虫害发生规律、为害特点应在病虫害发生关键时期施药。预防兼治疗的药剂宜在发病初期应用，纯治疗也是在病害较轻时应用效果较好。防治病害最好在发病初期或前期施用。防治害虫应选择低龄期幼虫，此时幼虫集中，体小，抗药力弱，施药防治最为适宜。过早起不到应有的防治效果，过晚农药来不及被作物吸收，导致残留超标。

3. 掌握适当的用量

农药需要达到一定用量才会有满意的防治效果，但并不是用量越大越好，原因在于：第一，达到一定用量后，再增加用量，不会再明显提高防治效果；第二，将害虫灭绝并不可取，留有少量的害虫对天敌种群的繁衍有利，从长远来看更有利于害虫的防治；第三，绝大多数杀虫剂对有益生物特别是害虫天敌有一定杀伤力，用量越大，使用浓度越高，杀伤力越大，而天敌对害虫的自然调控非常重要；第四，施用的农药只有极少部分作用于防治对象，绝大部分农药会进入作物、土壤、大气等环境中，农药用量增加必然增加农产品中的农药残留量并加大对环境的污染。

不同农药有不同的使用剂量，同一种农药在不同防治时期用药量也不一样，而且各种农药针对不同防治对象用药量也不一样，对选定的农药不可任意提高用药量，或增加使用次数，如果随意增加药量，不仅造成农药的浪费，还诱导害虫产生抗性并产生药害，导致作物特别是蔬菜农药残留。而害怕农药残留，采用减少药量的方法，又达不到应有的防治效果。为此在生产中首先应根据防治对象，选择最合适的农药品种，掌握防

治的最佳用药时机；其次严格掌握农药使用标准，既保证防治效果，又降低了农药残留。

4. 采用恰当的用药方法

农药施用方法很多，如喷雾法、喷粉法、撒施法、烟雾法、熏蒸法、毒土法、土壤处理法、种子处理法、注射法、包扎法、毒饵法等。生产中应该根据病虫草害的种类、为害方式、发生部位和农药的特性来选择施用方法。针对在作物地上部表面为害的有害生物，一般可采用喷雾、喷粉的方法；对土壤传播的病虫害，可采用土壤处理的方法；对通过种苗传播病虫害，可采用种苗处理的方法；一些内吸性好的药剂在用于防治果树等木本植物的病虫害时，可采用注射或包扎的方法；颗粒剂只能采用撒施的方法等。

5. 采用交替轮换用药

多次重复施用一种农药，易导致病虫害对药物产生抗性，最终降低药剂的防效，药效降低导致通过增加农药用量来达到防效，因而形成恶性循环。当病虫草害发生严重，需多次使用农药时，应轮换交替使用不同作用机制的药剂。这样不仅能避免和延缓抗性的产生，而且能有效地防止农药残留超标。

6. 掌握安全间隔期

安全间隔期指是指最后一次施药至收获（采收）作物前的时期，自喷药后到残留量降到最大允许残留量所需间隔时间。不同农药由于其稳定性（降解半衰期）和使用量等的不同，都有不同间隔要求，间隔时期短，农药降解时间不够就会造成残留超标。如防治小麦蚜虫用50%的抗蚜威，每季最多使用2次，间隔期为15天左右。

7. 采用科学的栽培措施

科学的栽培措施是减少农药用量的最有效措施，也是减少农产品中农药残留量的最有效措施。科学栽培措施：选用抗病虫品种、合理轮作、培育壮苗、合理密植、清洁田园、合理灌溉和施肥、采用种子消毒和土壤消毒、诱杀害虫（黄板诱杀蚜虫、粉虱、斑潜蝇等，灯光诱杀斜纹夜蛾等鳞翅目及金龟子等害虫，小菜蛾、斜纹夜蛾、甜菜夜蛾等用专用性诱剂诱杀）。

## 二、消除农产品农药残留的方法

在日常生活中有一些简单易行的方法可清除农产品中的农药残留，如放置、洗涤、去皮、烹调等。

（1）放置。每种农药都有降解半衰期，农药残留会随着时间的延续不断地降解，一些耐贮藏的食品如小麦、大米、土豆、白菜等，购买后放置几天，农药残留会因降解而减少。

（2）洗涤。一些农药具有水溶性，残存于农产品表面或外部的农药残留可被水（清水、碱水）或洗洁精冲洗掉，因此在烹调前将蔬菜用温水泡半个小时，或适当加洗洁精冲洗，可去除表面的农药残留。

（3）去皮。一些水果如苹果、梨、柑橘等产品表皮上的农药残留一般都要高于内部组织，因此，去皮是去除这些农产品中农药残留的一个很好的方法。

（4）烹调。高温一般可以使农药残留更快地降解。

不过需要注意的是，上述这些方法只是部分地清除农药残留。事实上无论采用什么方法，要完全清除农产品中的农药残留，特别是对已经进入农产品内部组织的少量农药残留是难以做到的。

# 第七章 农药毒性与农药中毒

农药毒性是指农药对人畜及其他有益生物产生直接或间接的毒害作用，或使其生理功能受到严重破坏作用的性能。习惯上将农药对高等动物的毒害作用称为毒性。农药毒性大小是农药能否危害环境及人畜安全的重要指标。理解毒性，必须明白农药毒性与毒力、药效的区别。毒力是指药剂本身对不同生物发生直接作用的性质和程度。毒力一般是在相对严格控制条件下，采用精密测试方法，同时采用标准化饲养的昆虫或病原菌及杂草而给予药剂的一个量度，作为评价或比较标准。毒力测定一般多在室内进行，所测定结果一般不能直接应用于田间，只能提供防治上的参考。药效是药剂本身和多种因素综合作用的结果，多是在田间条件下或接近田间的条件下紧密结合生产实际进行测试的，对防治工作具有实用价值。

农药中毒是指在农药生产、使用或者接触过程中，农药进入人体的量超出了正常的最大耐受量，导致人的正常生理功能受到影响，引起生理失调、病理改变，出现一系列中毒临床表现。人体大量接触或误服农药后通常会出现头晕、头痛、全身乏力、多汗、恶心、呕吐、腹痛、腹泻、胸闷、呼吸困难等症状。有时还会出现特殊症状，如瞳孔明显缩小、嗜睡、肢体震颤抖动、肌肉纤维颤动、肌肉痉挛和癫痫样大抽搐、口中有金属味、有出血倾向等。

据世界卫生组织和联合国环境署报告，全世界每年有100多万人农药中毒，其中2万人伤亡。美国每年发生6.7万起农药中毒事故。在发展中国家，情况更加严重，我国每年发生农药中毒事故达10万人次，伤亡1万人左右。农药中毒事故主要由农药使用不当和农产品的农药残留超标引起的。

## 第一节 农药的毒性及其分类

农药毒性主要用高等动物（白鼠、兔、狗等）来进行测试，毒性的类型是根据对高等动物的试验时间和导致中毒的方式而划分的。农药对人畜的毒性主要分为急性毒性、慢性毒性和特殊毒性3类。

### 一、农药毒性参数

（1）致死中量（medium lethal dosage，$LD_{50}$），也叫半数致死量，指杀死供试动物群体内50%的个体所需要的药剂剂量。

（2）致死中浓度（medium lethal concentration，$LC_{50}$），也叫半数致死浓度，指杀死供试动物群体内50%的个体所需要的药剂浓度。

$LD_{50}$和$LC_{50}$是说明农药急性毒性的最重要指标。

（3）半数效应剂量（median effect dose，$ED_{50}$），指化合物（农药）引起机体某项指标发生50%改变所需的剂量。例如，对硫磷抑制大鼠红细胞膜50%乙酰胆碱酯酶（AchE）活力所需的剂量为$10^{-6}$mol/L。

（4）致死中时（medium lethal time，$LT_{50}$），指杀死供试动物群体内50%的个体所需的时间。

（5）击倒中时（medium knockdown time，$KT_{50}$），指击倒供试动物群体内50%的个体所需的时间。

（6）击倒中量（medium knockdown dosage，$KD_{50}$），指击倒供试动物群体内50%的个体所需的药剂剂量。

（7）绝对致死量（absolute lethal dosage，$LD_{100}$），指染毒后引起实验动物全部死亡的最低剂量。

（8）绝对致死浓度（absolute lethal concentration，$LC_{100}$），指染毒后引起实验动物全部死亡的最低浓度。

（9）最小致死量（minimum lethal dosage，MLD），指染毒后引起个别实验动物死亡的剂量。

（10）最小致死浓度（minimum lethal concentration，MLC），指染毒后引起个别实验动物死亡的浓度。

（11）最大耐受量（maximum tolerated dosage，MTD），指在一次染毒后不引起实验动物出现死亡的最大剂量。

（12）最大耐受浓度（maximum tolerated concentration，MTC），指在一次染毒后不引起实验动物出现死亡的最大浓度。

（13）半数耐受限量（TLm），也称半数存活浓度，与半数致死量是同一概念。用来表示一种环境污染物对水生生物的急性毒性，指在一定时间内一群水生生物内50%个体能耐受的某种环境污染物在水中的浓度。

（14）急性阈剂量（acute threshold dosage），指当毒物的剂量逐渐减少至一定程度时，只引起群体中少数个体出现急性中毒效应。除死亡外急性中毒症状有震颤、抽搐、流涎、稀便、嗜睡、昏迷等。

（15）急性阈浓度（acute threshold concentration），指当毒物的浓度逐渐减少至一定程度时，只引起群体中少数个体出现急性中毒效应。除死亡外急性中毒症状有震颤、抽搐、流涎、稀便、嗜睡、昏迷等。

（16）实际安全剂量（virtual safety dose，VSD），与可接受风险相对应的接触剂量是实际安全剂量，如在终生致癌实验中，引起肿瘤发生率接近或相当于可接受风险水平的化学毒物剂量，即可作为这种化学毒物致癌作用的实际安全剂量。

（17）农药每日允许摄入量（acceptable daily intake，ADI），指人或动物每日摄入某种化学物质（农药等），对健康无任何已知不良效应的剂量，以每千克体重摄入该化学物质的毫克数来表示，简写为毫克/千克（体重）。

对农药来说，ADI是制定农产品中农药残留最高限量（MRL）的依据。理论上农药 ADI 与 MRL 的关系为 MRL＝ADI×体重/食品系数。

（18）最高容许浓度（maximum allowable concentration，MAC），指化合物（农药）可以在环境中存在而不致对人体造成任伤害作用的浓度。

（19）效应，又称“作用”或“生物学效应”，主要表示接触一定剂量化合物（农药）后，在机体引起的生物学改变。例如，摄入铅可引起 δ-氨基酮戊酸（ALA）在尿中排泄量增加，摄入四氯化碳可引起血液中谷丙转氨酶（SGPT）活性为增高，两者都是摄入毒物引起的效应，是可衡量的数值，可由数量分级以表示其强度，所以效应又称为“量反应”。

（20）反应，是接触一定剂量化合物（农药）后，表现某种效应，并达一定强度的个体，在一个群体中所占的比例。

（21）慢性毒性阈剂量（chronic threshold dosage），指只引起群体中少数个体出现慢性中毒效应的最小剂量，中毒作用包括对神经、生理、生化、血液、免疫和病理方面的不利影响。

（22）最大无作用剂量（MNEL），指的是最敏感的动物，长期接触农药，用最敏感的观察指标来检验，也不会产生任何损害作用的最大剂量。

（23）最大无作用浓度（MNEC），指的是最敏感的动物，长期接触农药，用最敏感的观察指标来检验，也不会产生任何损害作用的最大浓度。

## 二、农药毒性与人体健康

### （一）急性毒性与人体健康

农药一次大剂量或 24h 内多次对生物体作用后所产生的毒性为急性毒性。农药可经消化道、呼吸道和皮肤三条途径进入人体而引起中毒，其中包括急性中毒。由消化道进入而发生农药中毒的方式有误服、误食、自杀服用农药和食用喷洒过高毒农药不久的蔬菜、瓜果或因农药中毒死亡的禽畜、水产等。此外，农药使用人员喷药时和喷药后不洗手吃食物、饮水和吸烟都易引起农药中毒。很多粉剂、熏蒸剂和一些高挥发高毒农药易从呼吸道进入人体而发生中毒。在从呼吸道吸入的农药中，要特别注意那些无嗅、无味、无刺激性的药剂，因为它们不易被人发现，容易发生中毒。农药能溶解在脂肪和汗液中，特别是有机磷农药，常可以通过皮肤毛孔进入人体。配制农药、喷雾器械漏水、逆风喷药、药后农事操作等都可能发生因农药经皮肤进入人体而中毒。

急性中毒多发生于高毒农药，尤其是高毒有机磷农药和氨基甲酸酯农药。这两类农药急性中毒症状相似，轻度中毒症状均为头晕、头痛、恶心、呕吐、多汗无力等；中度中毒症状均为呼吸困难、肌肉震颤、瞳孔缩小、流涎、腹痛、腹泻和精神恍惚等；重度中毒症状均为昏迷、抽搐、吐沫、肺水肿、呼吸极度困难、大小便失禁，甚至死亡。

### （二）农药急性毒性的分级

农药急性毒性分级决定着农药产品的使用范围和农药生产、销售和使用者对其的注意程度，从而影响其安全性。如果农药的毒性分级标准定得过严，将限制许多农药产品的使用和应用范围，影响其生产、使用和销售，甚至影响到农药行业的发展。如果农药毒性分级标准定得过松，就会造成农药生产、销售、使用者对农药的毒性意识淡薄，甚至将一些高毒、剧毒的农药产品不合理地用于蔬菜、水果、茶叶和中草药等，易引起人畜中毒。

1. 世界卫生组织农药毒性分级

世界卫生组织推荐的农药危害分级标准于 1975 年的世界卫生立法会议通过，主要根据农药的急性经口和经皮 $LD_{50}$值（大鼠，下同），分固体和液体两种存在形态对农药产品的危害进行分级（表 7-1）。

**表 7-1 世界卫生组织农药毒性分级标准**

| 毒性级别 | 经口半致死剂量（mg/kg） | | 经皮半致死剂量（mg/kg） | |
|---|---|---|---|---|
| | 固体 | 液体 | 固体 | 液体 |
| 剧毒 | ≤5 | ≤20 | ≤10 | ≤40 |
| 高毒 | >5~50 | >20~200 | >10~100 | >40~400 |
| 中等毒 | >50~500 | >200~2 000 | >100~1 000 | >400~4 000 |
| 低毒 | >500 | >2 000 | >1 000 | >4 000 |

2. 美国农药毒性分级

各国对农药产品的毒性分级及标准的管理不完全相同，如美国的农药毒性分级，是在世界卫生组织推荐的农药危害分级标准基础上，增加了依据农药产品对眼刺激、皮肤刺激试验结果，将剧毒和高毒两级合并为一级，并明确提出了微毒级农药（表 7-2）。

**表 7-2 美国农药毒性分级标准**

| 毒性级别 | 经口半致死剂量（mg/kg） | 经皮半致死剂量（mg/kg） | 吸入半致死剂量（mg/L） | 眼睛刺激 | 皮肤刺激 |
|---|---|---|---|---|---|
| 高毒、剧毒 | ≤50 | ≤200 | ≤0. 2 | 腐蚀性、不可恢复的角膜浑浊 | 腐蚀性 |
| 中等毒 | 50~500 | 200~2 000 | 0. 2~2. 0 | 在 7d 内可恢复的角膜浑浊 | 72h 重度刺激 |
| 低毒 | 500~5 000 | 2 000~20 000 | >2. 0~20 | 无角膜浑浊、7d 内可恢复的刺激 | 72h 中度刺激 |
| 微毒 | ≥5 000 | ≥20 000 | ≥20 | 无刺激 | 72h 轻度刺激 |

3. 欧盟农药毒性分级

欧洲的农药毒性分级标准也是参照世界卫生组织推荐的分级标准制定的，并考虑产品存在的形态，但仅分为 3 个级别（表 7-3）。

**表 7-3　欧盟农药毒性分级标准**

| 毒性级别 | 急性经口半致死剂量（mg/kg） | | 急性经皮半致死剂量（mg/kg） | | 急性吸入半致死浓度（mg/L） |
|---|---|---|---|---|---|
| | 固体 | 液体 | 固体 | 液体 | 气体及液化气体 |
| 剧毒 | ≤5 | ≤25 | ≤10 | ≤50 | ≤0.5 |
| 有毒 | >5~50 | >25~200 | >10~100 | >50~400 | >0.5~2 |
| 有害 | >50~500 | >200~2 000 | >100~1 000 | >400~4 000 | >2~20 |

注：①液体栏中包括固体的饵剂或片状农药；②气体及液化气体栏中包括微粒直径不超过 50μm 的粉剂农药。

4. 我国农药毒性分级标准

作为快速发展的农业大国，我国要有统一的毒性分级标准，且要与国际接轨，避免在国际贸易和交流中产生纠纷或误解，以促进我国农药产业的发展和农药产品的出口。通过对农药的毒性分级，作为衡量农药急性毒性大小的指标，可以减少人畜中毒事故的发生。由于我国农药主要由农民个人使用，不少农民防护意识差，如果不加强剧毒、高毒农药的管理，在农药毒性分级和标识方面要求不高，易造成人们疏忽大意，导致中毒事件发生。农药毒性分级可以更好地保护生态与环境安全，以此预防剧毒、高毒农药在运输、储存、使用时发生污染；对农药进行分级管理，有利于加强农药生产、经营、使用等各个环节的安全管理。

参考国际上的做法，我国的农药毒性分级以世界卫生组织推荐的农药危害分级标准为模板，并考虑以往毒性分级的有关规定，结合我国农药生产、使用和管理的实际情况制定（表 7-4）。

**表 7-4　我国农药毒性分级标准**

| 毒性级别 | 经口半致死剂量（mg/kg） | 经皮半致死剂量（mg/kg） | 吸入半致死浓度（mg/L） |
|---|---|---|---|
| 剧毒 | ≤5 | ≤20 | ≤20 |
| 高毒 | >5~50 | >20~200 | >20~200 |
| 中等毒 | >50~500 | >200~2 000 | >200~2 000 |
| 低毒 | >500~5 000 | >20 000~5 000 | >20 000~5 000 |
| 微毒 | >5 000 | >5 000 | >5 000 |

## （三）慢性毒性与人体健康

农药对生物体长期低剂量作用后所产生的毒性为慢性毒性，染毒期限 1~2 年。

毒性参数的相互关系可用图 7-1 表示。急性毒作用带（简称 Zac）可用半数致死量与急性阈剂量的比值表示，其比值越小，说明引起急性致死的危险性越大。同样，慢性毒作用带（简称 Zch）可用急性阈浓度与慢性阈浓度的比值来表示，其比值越大，说明该毒物的毒作用往往难以察觉，引起慢性中毒的危险性越大。

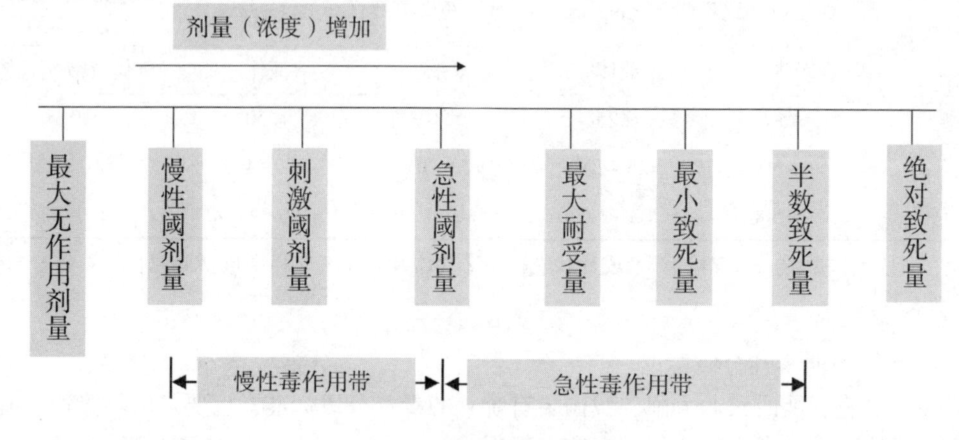


**图 7-1　毒性参数的相互关系**

在以上毒性参数中，以 $LD_{50}$或 $LC_{50}$为最敏感和稳定，是急性毒性最多应用的指标。$LD_{50}$或 $LC_{50}$数值越大，毒性越小，反之毒性越大。

人体农药慢性中毒是指经常连续食用、吸入或皮肤接触较小量农药，使毒物进入人体后逐渐发生病变和中毒症状。此过程一般发病缓慢、病程较长，症状难以鉴别，所以往往被人们忽视。农药慢性中毒者主要是有可能较长时间接触农药的人群，如农药厂工人、农药仓库保管员和农村施药人员等，特别是后者中毒现象比较普遍。

慢性危害主要集中在眼、皮肤、消化系统和神经系统方面，对呼吸系统也有一定影响。有机磷农药（辛硫磷等）和氨基甲酸酯类农药（灭多威等）的慢性中毒症状主要表现为头晕、头痛、恶心、无力、无食欲、胸闷、呕吐和视力模糊等。有机氯农药（高效氯氰菊酯等）表现为食欲不振、呕吐、头痛、全身不适、皮炎、眼结膜炎、流泪等。有机氯农药（滴滴涕等）还会影响人奶汁的质量，使人奶汁中该类农药的含量超标。有机硫农药（福美双等）的接触者可能患有皮肤瘙痒、潮红及斑丘疹等症状，少数患者还有水疱、皮肤糜烂等炎症，还会有慢性咽炎、眼结膜炎和慢性鼻炎等。

在农药卫生毒理学中很关注农药对人或动物皮肤和眼睛的刺激作用，在生产实践中农药生产和使用人员对这些性质也非常关心，因为容易受其危害。苏联卫生部和美国环保局对此农药毒理参数作了分级。按此分级标准，对皮肤和眼睛都有强刺激作用的农药有艾氏剂、砷酸钙、五氯酚钠、五氯硝基苯和克螨特等，都属于老农药；对眼睛或皮肤其中之一具强烈刺激的农药有百菌清、毒死蜱、苯丁锡、对甲抑菌灵等；属于中等刺激的农药较多，例如，杀虫剂马拉硫磷、恶虫威、丁硫克百威、亚胺硫磷、三氟氯氰菊酯、氟氰戊菊酯、灭多威等，杀菌剂克菌丹、代森锰锌、代森锰、福美双等，除草剂甲草胺、异恶草酮、丙草胺、甲磺隆、禾草特、氟乐灵和灭草猛等，植物生长调节剂有乙烯利等。

## （四）特殊毒性与人体健康

把农药的致癌、致畸、致突变作用归纳为农药对人和哺乳动物的特殊毒性，有时也称为长期毒性。致癌、致畸和致突变简称“三致”。

(1) 致癌作用，指农药引起人或动物发生恶性肿瘤的作用，可表现为发癌率增高、发癌时间缩短，或两者均有。

(2) 致畸作用，指农药干扰胚胎或胎儿的正常生长、发育，造成器官形态结构的异常而形成畸胎或畸形儿的毒性。

(3) 致突变作用，指农药损伤生物的遗传物质，导致不可逆诱变的作用。这种诱变如发生在体细胞则影响个体本身，如发生在生殖细胞则可遗传到下一代。

20世纪50年代我国传染病死亡人数占各种疾病总死亡人数的60%以上，而到70年代已发生了巨大变化，心血管病和癌症的死亡率已上升至前2位，均占总死亡人数的20%以上。几十年来因突变而发生的人类遗传病种类有所增加，没有遗传作用的畸形婴儿出生比例相当高。防治癌症、减少遗传病和畸形儿已成为人类面临的重大问题，并得到各界、各行业的高度重视。

## 三、农药毒性的影响因素

有的农药毒性大、毒力大、药效也好，如涕灭威、克百威等，就有这种相关性；但也有不少农药，毒性低，其毒力和药效却很高，并不存在一定的相关性，特别是近年来新发展的超高效农药品种，对人的毒性都很低，但对病虫草鼠的毒力和药效却很高，如氯氰菊酯、溴氰菊酯、三唑酮、稻无草、烯效唑等。那么，农药的毒性与哪些因素有关呢？了解这些问题对减轻农药对人畜危害，合理使用农药具有重要意义，应该引起重视。

1. 与农药的类别有关

一般来说，杀虫剂对人和动物的毒性最高，因为它们产生急性口服毒性反应的能力强。如有机磷杀虫剂中的对硫磷、速灭磷、乙基谷硫磷等都是剧毒型农药。杀虫作用机理与有机磷类相同的氨基甲酸酯类农药，其毒性变化值很大，如涕灭威是剧毒的，但西维因和抗蚜威毒性相对就低多了。菊酯类农药对人或哺乳动物毒性低或有中等毒性，但对蜜蜂和鱼则是高毒的。除草剂的毒性比杀虫剂低得多，但有些除草剂如有机砷类的地乐酚和百草枯，如果使用过程中不谨慎，也会产生毒性。杀菌剂中除了含汞和镉的化合物外，一般对哺乳动物的毒性相当低。有机氯类杀虫剂是非常稳定的化学物质，它们进入人体或环境中能留于其中累积起来，使慢性毒性的危害增加。

2. 与农药的剂型有关

用来杀灭地下害虫的呋喃丹属于高毒性禁限用农药，但使用3%的呋喃丹颗粒剂也能大大降低它的危害性，这也是高毒颗粒剂农药不能用水稀释喷施的原因之一。又如阿维菌素也属于高毒农药，但由于它加工成的制剂含量都很低，其制剂经口、经皮毒性都属于低毒的范围。

3. 与有机溶剂的毒性有关

一些液态农药制剂如乳油、可溶性液剂、微乳剂等，在加工过程中都不可避免地要加入一些有机溶剂、增溶剂、乳化剂和极性溶剂等，如常见的有苯、二甲苯、丙酮等有机物质。这些有机溶剂相对于一些高毒农药，毒性可能并不高，但相对于一些低毒、微毒农药，毒性却不低，甚至有些还高于农药本身。尤其是大量使用的乳油产品，因大量使用了苯类有机溶剂，对环境和人体的影响最为严重。例如，在2.5%溴氰菊酯乳油中，溴氰菊酯含量只占到2.5%，而二甲苯含量却高达80%以上。溴氰菊酯乳油造成人的急性中毒，主要为二甲苯所致。目前，以水为基质，不用或少用有机溶剂，环境兼容性强、对人体低毒或完全无毒的一些农药新剂型，如水乳剂、水剂、悬浮剂等产品，正在逐步取代大量使用有机溶剂的产品。

## 四、正确认识农药的毒性

因为农药知识普及不到位，到现在仍有很多人认为“农药=毒药”，而且对农药的慢性毒性、“三致”，尤其是对环境的影响知之甚少。有关农药的毒性，人们需要客观正确的认识。

（1）农药不是我们生活和生产中唯一有毒的物质，毒性最大的不一定是农药，详见表7-5。

**表7-5 各种物质的急性毒性数值比较**

| 类别 | 物质 | $LD_{50}$（mg/kg） | 备注 |
|---|---|---|---|
| 天然毒素 | 肉毒杆菌毒素 | 0.00000032 | 食品致菌产生 |
| | 破伤风毒素 | 0.0000017 | 破伤风 |
| | 蝇蕈素 | 0.3 | 登热毒 |
| | 眼镜蛇毒 | 0.5 | 蛇毒 |
| 食品 | 烟碱 | 24 | 烟草 |
| | 辣椒素 | 60~75 | 辣椒中的辛辣成分 |
| | 咖啡因 | 174~192 | 茶、咖啡 |
| | 茄啶 | 450 | 马铃薯 |
| | 食盐 | 3 000~3 500 | — |
| 农药 | 甲胺磷 | 30 | 杀虫剂 |
| | 甲基对硫磷 | 9~25 | 杀虫剂 |
| | 敌百虫 | 630 | 杀虫剂 |
| | 吡虫啉 | 450 | 杀虫剂 |
| | 氰戊菊酯 | 451 | 杀虫剂 |
| | 多菌灵 | 1 500 | 杀虫剂 |
| | 大多除草剂 | >5 000 | 除草剂 |

（续表）

| 类别 | 物质 | $LD_{50}$（mg/kg） | 备注 |
| --- | --- | --- | --- |
| 医用药品 | 洋地黄 | 0.4 | 强心剂 |
| | 秋水仙素 | 1.7 | 消炎剂 |
| | 消炎痛 | 1.2 | 消炎剂 |
| | 阿司匹林 | 400 | 解热剂 |
| | 吗啡 | 120~250 | 镇静剂 |

（2）农药有毒并不可怕，可怕的是很多人认为农药"高毒即高效"，虫害防不住就选择高毒药剂，乱用甚至滥用农药。青岛毒韭菜、海南毒豆角事件，以及至今依然在更多地方随时出现类似的问题，都是农户对农药效果错误理解的后果。

（3）表面看似急性毒性不高的农药，其慢性毒性以及致畸、致癌、致突变性可能很明显，如多菌灵对大白鼠经口急性毒性 $LD_{50}$为 6 400mg/kg，经皮 2 000mg/kg 以上，都不算高，但对高等动物的胚胎、睾丸和精子有致畸作用。

（4）对白鼠、兔子等高等动物低毒的药剂，可能会对其他与生态环境有关的生物有显著不良影响，以致影响到我们的生存环境。例如，氟虫腈是防治盲椿象、飞虱、粉虱等刺吸式口器害虫的主要药剂，对作物无药害，对高等动物毒性也不太大，大白鼠急性经口 $LD_{50}$为 97mg/kg，小白鼠急性经口 $LD_{50}$为 95mg/kg；大白鼠急性经皮 $LD_{50}$>2 000 mg/kg，兔急性经皮 $LD_{50}$为 354mg/kg；大鼠吸入 $LC_{50}$（4 小时）为 0.682mg/L，无"三致"，但对蜜蜂却是"绝后毒药"。只要有一只蜜蜂在使用过氟虫腈的作物上采了花粉飞回蜂窝，用不了几天就会导致整箱蜜蜂死亡。

（5）即便是 $LD_{50}$很低的药剂，如果长期随意增加使用剂量，也会产生致命毒害。

（6）随着农药使用量的不断增加，其包装物及其残存的药剂成分对环境的污染问题越来越突出。各地的大田作物、蔬菜或果树田间地头，尤其是水源地周围，均会出现成堆的农药袋、农药瓶，这样逐年积累下来的农药包装物，如果没有有效处理，可能也会成为安全隐患。

## 第二节　农药中毒的类型

农药对人体健康的危害，在许多情况下，涉及急性暴露和急性中毒。当人短期内接触到高浓度农药后不久就有中毒症状出现，重者甚至抢救无效而当场死亡。

根据农药品种、进入人体的剂量，进入途径的不同，农药中毒的程度有所不同，有的仅仅引起局部损害，有的可能影响整个机体，严重时甚至危及生命。

### （一）根据人体受损害程度划分

依据农药中毒后人体受到损害程度的不同，可以分为轻度、中度、重度中毒三类。

1. 轻度中毒

轻度中毒是只是农药进入机体后发生毒性作用，使机体处在疾病状态时表现较轻的一种中毒。表现为头晕、恶心、心慌、呕吐、头痛、视物模糊、耳鸣、乏力等。

轻度中毒的特点是毒物吸收量小和处理及时，因此临床症状、体征出现数量少、程度轻；随接触毒物的不同，轻度中毒病人的临床表现也不同。

2. 中度中毒

中度中毒是指农药进入机体后发生毒性作用，是机体处在疾病状态时表现较重的一种中毒。除轻度中毒的上述症状外，还有肌束震颤、瞳孔缩小、轻度呼吸困难、流涎、腹痛、腹泻、步态蹒跚、意识清楚或模糊。

3. 重度中毒

重度中毒是指农药进入机体后发生毒性作用，使机体处在疾病状态时表现比较严重的一种中毒，有可能危及生命。除中度中毒的上述症状外并出现下列情况之一者，可诊断为重度中毒：①肺水肿；②昏迷；③呼吸麻痹；④脑水肿。在急性重度中毒症状消失后两到三周，有的病例可出现感觉、运动型周围神经病，神经-肌电图检查显示神经源性损害。

### （二）根据接触农药的场所划分

依据接触农药的场所不同，可分为生产性中毒和非生产性中毒两类。

1. 生产性中毒

生产性中毒是指人们在生产、运输、装卸、销售、保管和使用农药的过程中，缺少劳动防护和安全预防措施，违反安全操作规程与农药接触而发生的中毒。

农药生产制造时，劳动条件不良、个人防护欠佳，或进行违章作业、检修，或发生意外事故，如泄漏、爆炸等，均易造成生产性中毒，但更多的病例乃使用不当引起，如配制浓度过高、违反操作规程进行配制及喷洒、皮肤及衣物沾染后未能及时更换清洗等。

2. 非生产性中毒

非生产性中毒是指在生活中接触农药和服毒自杀发生的中毒。农药对人体有害的影响可以通过直接作用很快表现出来，如误食和服毒，也可以在人体内缓慢地积累而产生。在日常生活中，长期接触和食用含有农药的食品、农产品等，使农药在体内不断蓄积，对人体健康构成潜在威胁。

非生产性中毒又可以分为环境性中毒和生活性中毒两类。

（1）环境性中毒。环境性中毒是由于生产、使用、运输、分装、销售等过程，造成水源、土壤、空气、运输工具、容器、衣物、食物等污染而引起，近年来有逐渐增多的趋势。

（2）生活性中毒。生活性中毒主要因食入农药或被农药污染的蔬菜、水果、粮食及家禽家畜、鱼虾等引起，其中误食和自杀引起的病例尤为多见。

### （三）根据中毒症状和反应速度划分

依据农药中毒症状和反应速度的快慢，可以分为急性中毒、亚急性中毒和慢性中毒三类。

1. 急性中毒

急性中毒是指农药经口、呼吸道或皮肤一次大量进入人体内，由于大量农药的迅速作用，在 24h 内就表现出急性病理反应的现象。

急性中毒的表现症状为肌肉痉挛、恶心、呕吐、腹泻、视力减退以及呼吸困难等。

急性中毒一般是在生产和使用等过程中发生意外事故、误食或服毒自杀所致。中毒后发病较快，必须立即送医院抢救。急性中毒往往造成大量个体死亡，成为最明显的农药危害，也是人们最重视的一类中毒症状。

从一些统计调查中可以总结出一些发生农药急性中毒的情况。

（1）按照农药种类划分。涉及除草剂发生的农药急性中毒事件占 61%，杀虫剂为 13%，杀鼠剂为 11%，杀菌剂为 7%，木材防腐剂为 4%和其他为 4%（图 7-2）。从这份调查结果可以看出，除草剂是当前造成急性中毒的主要药剂。

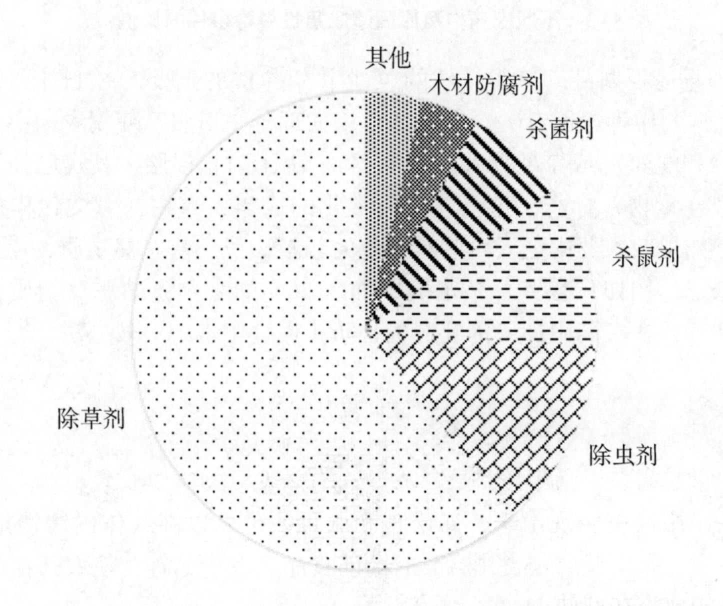


**图 7-2　不同种类农药造成急性中毒事件的比例**

（2）按照中毒原因划分。涉及误服农药或服用农药自杀的急性中毒事件占 65%，工作操作失误占 19%，其他事件占 16%（图 7-3）。误服农药反映管理者管理不善、服用者文化水平不高、社会科普工作没跟上、防止产品误服的标志或警告措施不力等。事实上，在使用、运输和储藏农药中，喷洒人员、装罐人员和仓库保管员急性中毒事件仅占总急性中毒事件的五分之一，不是主体。例如，有的工作人员在从大桶农药移出少量到小桶时，用嘴虹吸；有的农民用牙来打开农药的瓶盖；有的农民在喷洒农药之后，不洗手、不漱口就吃饭；乱搁放农药喷雾器。以上情况在对相关知识进行了解之后，农民将能提高认识，从而改掉这些毛病。

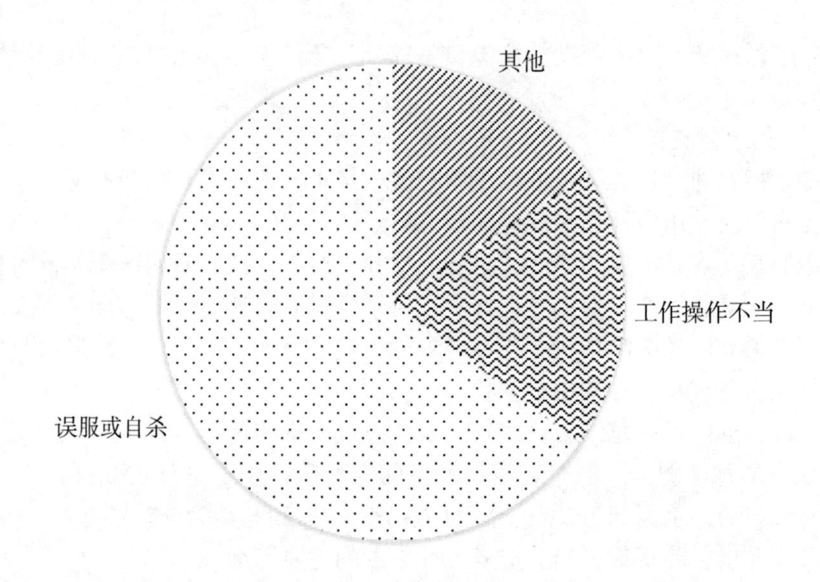


**图 7-3　不同农药中毒原因造成急性中毒事件的比例**

（3）按照中毒途径划分。口服导致的急性中毒占 85%，吸入占 11%，皮肤接触占 4%（图 7-4）。这与中毒原因有关。误服和自杀大部分是口服。使用农药中毒，一般是皮肤污染（倒药和配药）或口鼻吸入（喷洒等）。为了防止误服，其实已经在农药的包装外面画上骷髅（毒物）标志，这可能对有文化的成年人有用，对文化程度不高或儿童则全无帮助。如果向农药中配入一些有颜色的颜料，或一些恶臭物质，使人闻了就想吐，就难以误服了。例如，在百草枯水剂中加入 20%的有颜色的恶臭物质，就是一个成功的例子。此外，在农药中加入催吐剂也是防止误食中毒的有效办法。

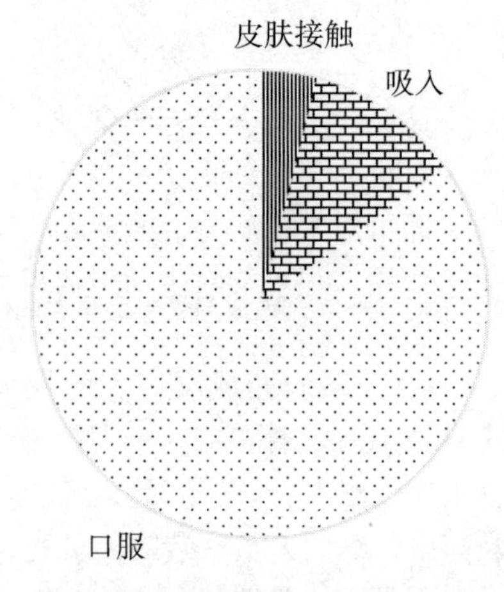


**图 7-4　不同农药中毒途径造成急性中毒事件的比例**

（4）按照病征轻重划分。76%的病人没有病征或病征较轻，诸如恶心、呕吐、腹痛、腹泻、咳嗽和气促等；24%的病人有生命危险。有生命危险的病人中的77%（约占总数19%）的人不治身亡。虽然病人大部分没有生命危险，但五分之一的死亡率也是非常高的。不过也不要过分担心。如果到医院看一看，各种中毒病人如化学品中毒、食物中毒、化妆品中毒等，只占就诊病人的很少一部分，而农药中毒又只占各种中毒病人的很少一部分。

2. 亚急性中毒

亚急性中毒是指接触农药后48h出现中毒症状的现象，表现症状时间比急性中毒长，症状表现也比较缓慢，亚急性中毒一般是在生产、使用等过程中长时间少量接触农药所致。

3. 慢性中毒

慢性中毒是指接触农药量较小，但连续不断在人体内积累，逐渐表现出中毒症状的现象。

在长时间、反复接触极少量甚至微量农药的情况下，天长日久，容易产生累积性慢性中毒。在慢性中毒较长的过程中，中毒症状只有在进入人体的农药累积到一定量时才表现出来，在此之前一般不易被察觉。即使表现出中毒症状，由于某些症状与常见的一般的头痛、疲倦相似，加上慢性中毒的作用是逐渐产生的，而且作用时间长，诊断时容易被误诊为其他原因引起的病症，而忽略了农药慢性中毒，一旦发现，为时已晚。

由于长时间接触，每次虽然是极少量甚至微量接触农药，但农药可以在人体内不断积累，短时间虽不会引起人体出现明显急性中毒症状，却可以产生慢性危害。如滴滴涕能干扰人体内激素的平衡，影响男性生育力；有机磷和氨基甲酸酯类农药可抑制胆碱酯酶活性，破坏神经系统的正常功能等。

农药慢性中毒造成的农药慢性危害虽然不能直接危害人体生命，但可降低人体免疫力，从而影响人体健康，致使其他疾病的患病率及死亡率上升。

## 第三节　农药中毒症状及易中毒人群

任何一种有毒化学农药一旦被机体吸收，机体便常常开始用一种或几种已有的机制或途径将其降解代谢，使之成为对机体无害的物质。当进入机体的农药剂量很小时，一般低于人体的耐受量，机体自身即可对农药解毒。当有毒化学农药在机体内的浓度达到一定的阈限值时便发生急性中毒作用，很可能对生命造成极大威胁。一些具有慢性毒性的化学农药经过一次或多次吸收后，在一段时间之后才引起慢性中毒作用。但进入人体的农药一旦超过人体的耐受量，就会发生中毒现象。

农药通过各种途径进入人体，通过各种机制影响或危害人体各种生理生化过程的正常进行。农药种类不同，对人体的器官、生理功能的影响也不同，差别还特别大。所以，中毒症状和特征也是不同的。

### （一）有机磷农药中毒症状

有机磷农药多属有机磷酸酯类化合物，可经皮肤、呼吸道及消化道侵入人体，能与人体内胆碱酯酶结合形成较为稳定的磷酰化胆碱酯酶，使其失去分解乙酰胆碱的能力，引起乙酰胆碱在体内大量蓄积，导致神经功能过度兴奋，继而转入抑制，出现一系列毒蕈碱样、烟碱样及中枢神经系统中毒等症状和体征。有毒物接触史、典型临床表现及全血胆碱酯酶活性下降是诊断的主要依据。治疗包括彻底清除毒物、早期足量反复使用阿托品和胆碱酯酶复能剂、防治并发症等。

有机磷农药中毒症状一般在接触 0.5~24h 出现。轻度中毒者有恶心、呕吐、头晕、流涎、多汗、瞳孔缩小、心率减慢；中度中毒者并有肌束颤动、呼吸困难；重度中毒者并有嗜睡、昏迷、抽搐、双肺大量湿啰音及哮鸣音、脑水肿、呼吸衰竭。有机磷农药中毒患者可能出现阵发性痉挛并进入昏迷，严重者可能导致死亡。轻的在 30d 内可以恢复，一般无后遗症，有时可能有继发性缺氧情况发生。

### （二）氨基甲酸酯类农药中毒症状

氨基甲酸酯类农药毒理机制与有机磷农药中毒类似，也是抑制人体内胆碱酯酶，从而影响人体内神经冲动的传递。但氨基甲酸酯类农药中毒的发病快，同时恢复得也很快。

氨基甲酸酯类农药中毒症状相对较轻。中毒症状的开始时间与严重程度与进入体内的农药量有关。生产性中毒者开始时感觉不适并可能有恶心、呕吐、头痛、眩晕、疲乏、胸闷等，之后病人开始大量出汗和流涎、视觉模糊、肌肉自发性收缩、抽搐、心动过速或心动过缓，少数病人出现阵发痉挛和进入昏迷。经口中毒者，症状进展迅速，短时间内出现呕吐、流涎、大汗等毒蕈碱样症状；服毒量大者可迅速出现昏迷、抽搐，甚至呼吸衰竭而死亡。一般在 24h 内完全恢复，极大剂量的中毒者除外，无后遗症和遗留残疾。

### （三）有机氯农药中毒症状

有机氯农药中毒很少发生。因为大部分有明显危害的有机氯农药已经于多年前被禁止使用。造成有机氯农药中毒的原因一般有两种：一种是使用人在农药生产、运输、贮存和使用过程中误服或污染了内衣和皮肤而中毒；另一种是自杀行为，故意口服而中毒。有机氯农药对人体的毒性，主要表现为侵害神经和一些组织器官。

有机氯农药中毒一般在接触药剂后数小时发生。轻度中毒症状表现为精神不振、头晕、头痛等；中度中毒症状表现为剧烈呕吐、出汗、流涎、视力模糊、肌肉震颤、抽搐、心悸、昏睡等；重度中毒症状表现为呈癫痫样发作、昏迷，甚至呼吸衰竭或心肌纤颤而致命，亦可引起肝、肾损害。一般在 1~3d 内死亡或者恢复，恢复病人无后遗症或永久性残疾。

### （四）拟除虫菊酯类农药的中毒症状

常用的拟除虫菊酯类农药多属中低毒性农药，对人畜较为安全，但也不能忽视安全操作规程，不然也会引起中毒。这类农药是一种神经毒剂，作用于神经膜，可改变神经膜的通透性，干扰神经传导而产生中毒。但是这类农药在哺乳类肝脏酶的作用下能水解和氧化，且大部分代谢物可迅速排出体外。

经口引起中毒的轻度症状为头痛头昏、恶心呕吐、上腹部灼痛感、乏力、食欲不振、胸闷、流涎等。中度中毒症状除上述症状外还出现意识模糊，口、鼻、气管分泌物增多，双手颤抖，肌肉跳动，心律不齐，呼吸感到有些困难。重度症状为呼吸困难、紫绀、肺内水泡音、四肢阵发性抽搐或惊厥、意识丧失，严重者深度昏迷或休克，危重时会出现反复强直性抽搐引起喉部痉挛而窒息死亡。经皮中毒症状为皮肤发红、发辣、发痒、发麻，严重的会出现红疹、水疱、糜烂。眼睛受农药侵入后表现结膜充血，眼睛疼痛、怕光、流泪、眼睑红肿。这种局部症状在停止接触药剂后或经彻底清洗后 24h 即可自行消失，也无后遗症。

### （五）杀鼠剂中毒症状

临床上杀鼠剂中毒多见幼儿误食或自杀口服等情况。常见的杀鼠剂有磷化锌、敌鼠及华法林等。磷化锌对消化道有强腐蚀性，对中枢神经系统有抑制细胞色素氧化酶作用。敌鼠和华法林主要影响血液系统。

敌鼠和华法林中毒症状有恶心、呕吐、鼻出血、紫斑、呕血、便血、咯血等，随后会出现广泛性出血，鼻、口、齿龈出血、尿血，皮肤有紫癜，并有体温降低、血压偏低等症状，严重时昏迷、休克。磷化锌中毒症状有恶心、呕吐、呕血、肌肉震颤、心律失常、休克、昏迷等。

### （六）几种常用易中毒农药中毒症状

草甘膦、百草枯、杀鼠灵等是容易引起中毒事故的常用农药，我们单独对其中毒症状做如下介绍。

1. 草甘膦中毒症状

经口误服后表现皮肤、黏膜刺激症状，口腔黏膜、咽喉受刺激，有疼痛感和轻度灼伤溃烂，形成口腔溃疡；眼部受污染有结膜炎征兆；未经稀释的制剂污染皮肤，局部受刺激致瘙痒，可出现红斑，少数患者有皮肤过敏。

急性经口摄入中毒的主要症状，除口腔黏膜红肿外，常有恶心、呕吐、上腹痛，严重者可能有消化道出血及腹泻。肝、肾受损一般较轻，常可自动恢复，但个别患者可能因溶血，造成较重的肾损害，甚至发生急性肾衰竭。吸入者可致咳嗽、气喘，肺内有啰音。经口中毒的严重病例，易发生吸入性肺炎及肺水肿，出现咳嗽、胸闷和呼吸困难，甚至因呼吸衰竭而致死。除头昏、乏力、出汗外，一般无严重损害；但大剂量经口严重中毒时，也可见神志异常、抽搐和昏迷。除心动过速或过缓外，常有血压降低。初期血压下降可能为血容量降低的影响，但后期则为毒剂本身的作用。给狗分别静脉注射纯草甘膦和表面活性剂，发现注射表面活性剂者血压降低。

2. 百草枯中毒症状

百草枯中毒者有口腔灼烧感，口腔、食管黏膜糜烂溃疡、恶心、呕吐、腹痛、腹泻，甚至呕血、便血，严重者并发胃穿孔、胰腺炎等；部分病人出现肝脏肿大、黄疸和肝功能异常，甚至肝功能衰竭。可有头晕、头痛，少数患者发生幻觉、恐惧、抽搐、昏迷等中枢神经系统症状。肾损伤最常见，表现为血尿、蛋白尿、少尿，血尿素氮(BUN)、血清肌酐（Scr）升高，严重者发生急性肾功能衰竭。肺损伤最为突出也最为严重，表现为咳嗽、胸闷、气短、发绀、呼吸困难、呼吸音减低、两肺可闻及湿啰音。大量口服者，24h内出现肺水肿、肺出血，常在数天内因急性呼吸窘迫综合征（ARDS）死亡；非大量摄入者呈亚急性经过，多于1周左右出现胸闷、憋气，2~3周呼吸困难达高峰，患者常死于呼吸衰竭。少数患者发生气胸、纵隔气肿、中毒性心肌炎、心包出血等并发症。

局部接触百草枯中毒的临床表现为接触性皮炎和黏膜化学烧伤，如皮肤红斑、水疱、溃疡等，眼结膜、角膜灼伤形成溃疡，甚至穿孔。长时间大量接触可出现全身性损害，甚至危及生命。

注射途径如血管、肌肉、皮肤等接触百草枯罕见，但临床表现凶险，预后差。

3. 杀鼠灵中毒症状

杀鼠灵是一种抗凝血杀鼠剂。中毒表现为腹痛、恶心、呕吐、鼻孔流血、牙龈流血、皮下出血、关节周围出血、尿血、便血和全身出血。持续出血会致使休克。若出血发生在中枢神经系统、心包、心肌咽喉等处，均可危及生命。

### （七）易中毒人群

经常接触农药或者接触农药机会多的人，容易引起农药中毒。不同职业人群接触农药的机会不同，但几乎所有人都能接触农药，只不过有的专业人群，如生产农药的车间工人、配制农药的工人、包装农药的工人和运输农药的工人，接触农药的浓度高，占总人口比例却不高。有的职业人群，如喷洒农药的农民、林业工人、园林工人和其他农药用户，接触农药较前者为低，人数较前者为多。社会公众通过食物、饮用水和农药事故性暴露潜在性接触农药，农药浓度是低水平的，但接触人数最多。

通过对经常接触农药而发生事故风险较大的人群进行流行病调查（这些人包括生产农药车间的工人、田间灭虫实际操作工及配制、包装与储运农药的工作人员等），发现他们除了承担急性中毒而面临短时间内有生命危险的风险之外，还经常接触一些强致癌剂，如含苯氧基的除草剂，农药杂质中所含二噁英、砷化物和有机氯的农药杂质，从而造成生产者面临承担致癌和致畸的较大风险。

当生产者潜在性地暴露于含苯氧基除草剂和它们的杂质，如二噁英，许多工人会长一种氯痤疮，就是青年人面部的粉刺。这是暴露于较高浓度二噁英中的患病症状，但是未必立即或短期可见大量死亡。流行病学调查表明：在总人口中农药生产者比例不大，而且在调查的期间内人员有所流动，有时候不能查到有害影响的足够证据，也难以查到在被调查人群中癌发生的概率。对接触苯氧基除草剂的工人调查发现，工人患软组织肉瘤的情况比平常人要多。还有调查发现常接触对位联吡啶的工人，易患恶性的皮肤损伤。

有些工人长期接触有机氯农药，如氯丹、七氯、异狄氏剂、艾氏剂、狄氏剂和滴滴涕，但未发现患癌风险在增加。因此，许多人认为有机氯农药对生产者的健康影响仅有急性毒性影响，不表现出长期效应。长期接触开蓬的工人会影响到他的生殖系统功能，表现为精子数量的暂时性减少。长期接触无机砷农药的工人患肝癌的风险在增加。长期接触有机磷农药的人员的血相会发生变化，还会使血液的生化指标出现异常，表观症状尚不清。

其实流行病调查进行得还很不够，许多客观存在的农药对生产者的长期健康影响还未被发现。不过，没发现不等于没有。

## 第四节　农药中毒的原因和影响因素

### 一、农药中毒的原因

1. 生产性中毒

在使用农药过程中发生的中毒叫生产性中毒，造成生产性中毒的主要原因如下：

（1）配药不小心，药液污染手部皮肤，又没有及时清洗；下风处配药或施药，吸入农药过多。

（2）施药方法不正确，如人向前行左右喷药，打湿衣裤；几台药械同时喷药，未按梯形前进和下风侧先行，引起相互影响，造成污染。

（3）不注意个人防护，如不穿长袖衣、长裤、胶靴，赤足露背喷药；配药、拌种时不戴橡胶手套、防毒口罩和护镜等。

（4）喷雾器漏药，或者在发生故障时徒手修理，甚至用嘴吹或吸堵在喷头里的杂物，造成农药污染皮肤或经口腔进入人体内。

（5）连续施药时间过长，经皮肤和呼吸道进入的药量过多；或在施药后不久的田地里劳动。

（6）喷药后未洗手和洗脸就吃东西、喝水、吸烟等。

（7）施药人员不符合要求。

（8）在科研、生产、运输和销售过程中因意外事故或防护不严污染严重而发生中毒。

2. 非生产性中毒

在日常生活中接触农药而发生的中毒叫非生产性中毒，造成非生产性中毒的主要原因如下：

（1）乱用农药，如用高毒农药灭虱、灭蚊、治癣或其他皮肤病等。

（2）保管不善，把农药与粮食混放，吃了被农药污染的粮食而中毒。

（3）用农药包装物装食物或用农药空瓶装油、酒等。

（4）食用近期施药的瓜果、蔬菜，拌过农药的种子或农药毒死的畜禽、鱼虾等。

（5）施药后田水泄漏或清洗药械污染了饮用水源。

（6）有意投毒或因寻短见服农药自杀等。

（7）意外误接触农药中毒。

## 二、影响农药中毒的相关因素

1. 农药品种及毒性

农药的毒性越大，造成中毒的可能性就越大。

2. 气温

气温越高，中毒人数越多。有90%左右的中毒患者发生在气温30℃以上的7—8月。

3. 农药剂型

乳油发生中毒较多，粉剂中毒少见，颗粒剂、缓释剂较为安全。

4. 施药方式

撒毒土、泼浇较为安全；喷雾发生中毒较多。经对施药人员小腿、手掌处农药污染量测定，证实了撒毒土为最少，泼浇为其10倍，喷雾为其150倍。

# 第五节　农药中毒的途径

理论上说，只要接触农药，农药就有可能进入人体并对人体产生不良影响。当接触农药的量超过人体忍耐的限度时就产生中毒现象。最容易接触农药的人员是从事农药生产和使用农药的人群。如果能够采取各种适当的保护措施，尽可能地减少他们与农药的直接接触，就可避免或减少接触农药造成的危害。

通常情况下，接触农药的途径很多，形式也各种各样。一般情况下，社会公众接触农药的可能性是极小的，偶尔小量或微量的接触并不会引起大量的吸收，但被农药严重污染的食物有可能引起公众的急性或重度中毒事故。这就要求加强对农药生产、销售、运输、储存、使用等进行全过程、全方位的严格管理，每个环节都要非常小心，尤其是农药的运输环节，任何一个环节都在掌控之中，出现问题也应有尽快解决的预案。

## 一、接触农药的途径和方式

人们可以通过很多途径接触到农药，而那些从事农药生产、使用的人员接触农药的机会最多，因接触而进入人体内的农药量也是最大的。在发达国家，开展有效培训和使用现代化装备来尽量降低农药生产工人和农药使用者直接接触农药的水平。而在发展中国家，就可能没有这样先进的条件，因此，从事农药生产和使用的人员就会接触到更高剂量的农药。如很多农民喷施农药时不按规定穿防护服、戴防护用品，而且在使用背负式喷雾器时还会发生泄漏等。因此，急性农药中毒的事故就经常不断地发生，从而也就成了农药急性中毒的“重灾区”。

人们生活在自然环境中，会以通过自然环境中的空气、水、食物等途径接触到农药。农药在释放到环境中后不会立即降解，可能在数天、数月甚至数年都具有活性。在田间施用农药，农作物不可避免地携带上了残留的农药。另外，农作物收获之后，为了防霉、保鲜等，在储存和运输过程中仍有可能对它们使用农药以防止变质。

农药施用到土壤中或农药施用到作物上再滴落到土壤中，会渗透到土壤水体中，大雨过后又会被冲入到附近的河流或湖泊里，有些会渗透到地下水中，人们在饮用这些水源时，同样会摄入农药。

生活在农田附近的人们也可能通过空气吸入农药，而家庭卫生用药更是可以直接接触农药。随着农药应用范围的扩大和数量的增加，人们对农药接触的可能性也随之增加，中毒风险就自然随之增大。

总之，可能接触农药的人很多，与从事农药生产、包装、运输、供销和使用等工作有关的人员都有可能直接接触农药。另外，由于农药从生产到使用，直至与农药有关废品处理的整个过程中，任一个或几个环节处理不当，或没有必要的保护措施，都会造成农药污染食物、器材、水和空气等环境，也可能造成人们接触农药。中国目前对农药生产、运输等环节都有严格的规定，本书不再详述，在此主要指出农药使用过程中接触农药的途径。另外由于农药污染环境的问题日益被人们所认识，平时也比较容易被人们所忽视。但随着农药应用范围的扩大和数量的增加，因使用农药造成人们中毒的可能性也随之大大增加。

## 二、使用过程中接触农药的途径

总体来说，使用农药的每一个环节、每一种方法都可能导致农药使用者接触农药，从而可能造成中毒。使用过程中接触农药，容易造成生产性农药中毒的主要途径有如下16种情况：

（1）使用农药时，违反农药使用操作规程，未采取安全防护措施，如不按规定穿防护服、戴防护用品，用手直接搅拌药液等。

（2）配药时麻痹大意、随心所欲。手脚直接接触药剂或药液溅到皮肤上、眼睛里，未及时用清水和肥皂清洗；在下风处配药，吸入农药粉粒或农药挥发气体过多。

（3）打开容器、稀释和混合农药，从一个容器倒入另一容器，洗刷有关设备（喷雾器、农药运输工具如汽车、拖拉机、飞机）等，均可能接触农药。田间或温室作物喷药的操作人员、飞机喷药时地面人员均有可能接触农药。为攀缘植物、乔灌木、果树等较高作物施药的操作人员也易接触农药。

（4）任意提高使用浓度，用药浓度过高，就增加接触和吸入农药的机会，从而增大农药中毒的风险。

（5）配药和施药人员无安全防护措施，如操作时不穿长衣、长裤和鞋子，不戴口罩和防护手套，被药液打湿衣服没有及时更换和清洗，施用农药时工作服口袋中装有香烟、口嚼物或其他食品（这些物品易被污染，从而使食用者摄入农药），施用农药过程中或施用农药的间歇中饮食、吸烟或咀嚼，均可能摄入农药。

（6）高温天气连续施药作业，由于气温过高，药剂挥发性较大，增加施药人员吸入农药量；连续施药时间过长，经皮肤和呼吸道进入人体的农药量也会增大。

（7）施药方法不正确，逆风喷药，容易使药剂随风吹到身体上或吸入农药粉粒和雾滴。

（8）用农药浸种、拌种时及在熏蒸库房作业，操作人员及相关人员均可能直接接触农药。

（9）穿施用农药时被农药污染的衣服，从而接触农药。

（10）在刚喷洒过农药的作物中行走，可能会接触农药。

（11）喷雾器的喷嘴阻塞时为使其通畅而直接用手拧、直接用嘴吹气或吸气，从而接触农药。

（12）施用农药时所穿带的防护用具破损，可使操作者接触农药；施用农药的浓缩制剂或高毒农药时手套泄漏，造成的危害更大。

（13）对农药的毒性认识不够，将高毒农药作为低毒农药使用。

（14）机械保养时，接触含残留农药制剂的储运工具及其部件，其表面有已干化的残留农药制剂，而干化的残留农药制剂本身的毒性大，在处理、加工和加热这些部件时所产生的危害就更大。

（15）施药过程中粗心大意，随时有可能吸入农药粉尘、气体和雾滴。

（16）施药人员为儿童、老年人及处于月经期、孕期、哺乳期的妇女还有体弱多病、皮肤破损、精神异常、对农药过敏或农药中毒后未复原者，接触农药导致中毒的风险较大。

## 三、农药污染造成接触农药的途径

农药污染造成接触农药的主要途径有如下 15 种情况：

（1）家庭用药室内通风不好，污染家具和墙壁、地面及天花板等或污染未盖好的食物、玩具，可使其接触者接触农药。

（2）喷洒农药时直接喷到或使农药飘移到放置食物的地方和容器上，可使人体接触农药。

（3）儿童使用装过农药的包装物作玩具或用具，从而接触农药。

（4）农药包装物渗漏污染食物或其他物品，尤其是液体农药，可使接触污染物品者接触农药。

（5）运输过农药的运载工具未经彻底清洗而直接运送食物，可使食物被污染。

（6）贮存农药的地方离食物贮存地或水源太近，污染食物和水源。

（7）被农药污染过的物品或农药容器的掩埋坑离溪流、水井、住房过近，从而污染周围环境，可使人接触农药。

（8）将清洗过农药器具的洗涤水用作它用或倒入水塘、河流，均可造成污染。

（9）燃烧农药容器可产生有毒气体，尤其是燃烧未清洗过的容器，可使下风口的人员接触农药。

（10）食用残留时间长的农药处理过的食物或饲料，包括植物和动物产品，可能有农药残留，从而使食用者接触农药。

（11）农药防治蚊蝇、跳蚤、体虱等家庭卫生害虫；更危险的是用农药来治人的体癣、疥疮、瘙痒等皮肤病。

（12）对高毒和剧毒农药保管不善、标识不清，容易造成误食、误用。

（13）误食用拌农药的种子，或者食用喷洒高毒或剧毒农药不久的蔬菜、瓜果，或者食用被农药毒死的家禽、家畜或水产品。

（14）用盛装农药的容器、包装箱等装油、酒或者存放其他食品和用品。

（15）服用农药自杀。

如果严格执法，管理得当，科学知识普及，农药中毒的不幸事件就会很少发生。另外，如果农药毒性不高，短期接触高浓度的农药也不会发生悲剧。但是，以前开发、应用的许多农药都是高毒的，这是许多中毒悲剧发生的根本原因。有机锡农药就是急性毒性很高的农药，属于剧毒，但在20世纪50年代，医生依据的急性毒性实验数据不准，认为毒性不高，人中毒不深，所以病人仅留在医院内观察24h，回家后病情加重，甚至不治身亡。如果当时观察1~2周，更多的人会被救活。

近年来已经开发和使用许多毒性较低农药。早期常使用的毒性大且难降解的农药，如有机氯、有机磷、砷化物、汞化物等，已被明令禁止使用。

## 第六节　人体吸收农药的途径

农药只有进入人体，才能引起对人体健康的危害。农药进入人体或动物体的主要途径有4条：皮肤、消化道、呼吸道和破损的伤口。不同的农药，可能有不同的进入人体的途径，也可能有相同的途径。一种农药也可能有多种进入人体的途径。

### 一、经皮肤进入人体

许多农药制剂，甚至是几乎所有的农药制剂都可经人体的皮肤进入体内而被吸收。对接触和使用农药的农民、技术人员、农药生产和经营人员来说，农药经过皮肤被吸收是最常见的进入人体途径。

成人皮肤的面积约为1.8$m^2$。老年人皮肤长了褶子、有的人皮肤生来粗糙还能增加皮肤面积。当我们分装、稀释和喷洒农药时，会不小心将农药沾在手上、脸上和其他暴露在衣服外面的皮肤部位。皮肤沾染了农药之后，随即农药被吸附，继而渗透到体内。不同农药对皮肤的渗透能力不同。有的农药是液体，且含有某种有机溶剂，比固相农药与水相农药更易于和更快于渗透到皮肤内。如果皮肤沾染了许多农药，在一定情况下，可在几分钟内就产生不利于健康的后果。一旦农药进入真皮，到达皮肤的毛细血管，就会很快地进入血液中。其实，农药即使仅停留在皮肤表面也可能引起皮炎，包括刺激性皮炎和过敏性皮炎。

大部分农药经过皮肤吸收后在皮肤表面不留任何痕迹，并且大部分农药制剂在与皮肤的接触过程中都能经过完好皮肤被吸收。所以皮肤吸收是最普遍也是易被人们忽视的途径。尤其是农药制剂为液体或油剂、浓缩型制剂时皮肤对农药吸收更快，当人体皮肤温度较高（气温高时）或皮肤正在出汗时，农药的吸收也大大加快。

一旦农药溅到或通过其他方式接触到皮肤时，农药雾滴或粉尘留在人体手、脚或其他身体部位时，除去皮肤上的农药后，皮肤对农药的吸收便会大大减慢或立即停止。这主要取决于清洗程度是否彻底，但应注意不应使用溶剂清洗。一般只能用清水清洗，如加用肥皂则清洗效果更好。

配制农药时药液溅洒、喷雾或喷粉时雾滴飘移、施用药剂器械的泄漏，或用、戴无有效防护作用的普通手套的手播种经有毒药剂处理过的种子或播毒土，或手脚接触被农药污染或农药处理过的田水、土壤、水渠、池塘等，农药都可经过皮肤的直接接触而被人体吸收。

只有少数农药或其溶液不能经过完好皮肤吸收，但这些农药往往对皮肤有刺激作用或对指甲有腐蚀作用。

## 二、经消化道进入人体

有时人们误服了毒品，即使仅在嘴内停留很短时间，也能为黏膜所吸收。农药进入口内，并未咽下，旋即吐出，其实也已经有部分农药被吸收了。如果农药被咽下，进入了消化系统，食道不会明显吸附农药，继而农药进入胃，易溶于水又易溶于脂肪的农药比仅易溶于水或仅易溶于脂肪的农药更快被吸收。此外，有多少农药被肠道吸收取决于肠蠕动的情况和食物通过肠道的速度。在肠道的后端，进入的农药可能被肠内微生物所降解，毒性变小。随着农药在人体内分解，一般倾向于毒性变小。但是，有些农药的代谢降解产物反而比原来的农药毒性更高，如杀虫杀鼠剂氟乙酰胺（敌蚜胺）代谢产物氟乙酸、除草剂2,4-二氯苯氧丁酸（2,4-滴丁酸、2,4-DB）代谢产物2,4-二氯苯氧乙酸（2,4-D），毒性均有所升高。

经口进入人体的农药一般在胃和肠内被吸收，从而危害人体健康。使用或接触农药的人，如农民、农业技术人员、农药经营或运输者等，工作时间或工作后不洗手、脸就吃东西、饮水或吸烟，都可能摄入农药。用盛放、贮存过农药的无标签的容器（如瓶子、盒子、桶等）作为饮用水的容器或用于贮存、盛放食物，农药就很可能随饮水或食物进入人体。误将农药当作水或其他饮料饮用，即使从味觉立刻分辨出来，摄入量也可能是有危险的。食用被农药污染了的食物或饮用被农药污染过的水，农药就会随之经口进入体内。进行以公共卫生为目的房屋内喷洒农药时，没有遮盖的食物有时可能受到污染（其剂量可能相对较低）。运输或贮存时，若容器泄漏使食物受到污染，其剂量可能是高的。事实上，农药对人体毒害作用的大小主要最终取决于农药本身的毒性和吸收的农药量的多少。

## 三、经呼吸道进入人体

作为呼吸道重要器官的肺有许多细小的肺泡，表面积大。空气中的氧气通过它们进入血液中，使人得以吐故纳新，同时夹杂在空气中的农药蒸气和细小液滴也通过呼吸道进入血液。

人的呼吸道有很大的面积，可以非常有效地吸附农药，既能吸附蒸气，也能吸附细小液滴，还能吸附超细颗粒物。蒸气为自由分子大小，可悬浮在空气中。烟雾由许多细小的、半径小于1μm的颗粒组成，在空气中呈悬浮状态，由于颗粒质量太轻受重力影响不大，随风飘荡，停留在空气之中。液滴一般大于200μm时，受重力作用迅速落到地面，诸如细细秋雨。而在1~200μm范围的液滴，属于雾滴。呼吸系统（如鼻毛）可以有效地过滤气溶胶和大于30μm大小的颗粒。近7μm大小的颗粒将影响支气管；仅只小于7μm大小的颗粒才能到达肺泡。

吸入农药的量随呼吸的次数和呼吸深度不同而变化，成人休息时每分钟约 14 次，而在剧烈运动之后，可达到每分钟 25~30 次之多。每次呼吸吸入空气的体积因人而异，成人休息时是 0. 50L，工作时是 3~5L。易溶于水的蒸气可能从未进入肺部，在经过鼻腔和支气管时它们大量被吸附。难溶于水的农药到达肺部后逐渐被吸附和吸收。

若农药挥发呈气体或蒸气悬浮于空气中，或农药颗粒悬浮于空气中，可随人吸入的空气一同进入肺内。农药一旦进入肺内，可迅速被吸收。微细的农药粉尘或气溶胶能随空气进入肺内，但只有很细小的颗粒才能达到肺泡内。

当吸入含农药成分的雾气时，经肺吸收的农药的量相对较少，因为雾滴太大，不能直接进入肺内。但雾滴可附着在鼻腔和喉部的湿润表面上，并被这些表面吸收，其结果与经皮吸收或吞入农药相同。

与其他经皮肤、经消化道途径一样，经呼吸道进入体内农药的吸收剂量取决于雾气、蒸气、挥发性气体或粉尘中农药的浓度。一般而言，浓度大，则可能进入人体的农药的量也大，吸收的剂量也可能大，造成的危害也就可能大。需要指出的是，不能单凭气味来判断空气中农药的浓度，因为不同的农药产生的气味不同，有些有很强的臭味如马拉硫磷、稻丰散等，但有很多农药的臭味来自农药的溶剂。所以，臭味并不是判断气体、蒸气或雾中农药浓度的一个可靠指标。只有直径为 1~7μm 的粒子才能进入肺内而不被阻留在鼻、口腔、咽喉或气管内。这样大小的粒子是肉眼不可见的。

### 四、经伤口进入人体

农药接触皮肤时，经伤口、破裂皮肤和出疹皮肤的吸收量要大于经同样部位同样面积的完整皮肤的吸收量。因此，在接触农药时，对有伤口的皮肤部位要加以重点保护，应该用不透水的敷料遮盖伤口和出疹部位。每天工作之后将不透水敷料取下并换上透气的敷料。如果第二天还继续接触农药，则必须再换上不透水敷料。

人体对进入体内农药的吸收效果，依农药进入人体的途径的不同而异。经呼吸道吸收是最有效的。经皮吸收可能是重要的，但某些农药如滴滴涕和拟除虫菊酯类农药几乎完全不经皮吸收，但其油性制剂可能被皮肤吸收。在职业性接触中，经口（消化道）摄入是一条较不重要的途径，但一旦发生，则很难预防或减慢吸收。已吸收药剂的作用并不取决于吸收途径。不管是通过什么途径，一旦吸收，农药的作用与吸收途径便再无关系。

## 第七节　农药中毒的预防与急救

### 一、农药中毒的预防

只有进入人体内的农药量超过了人体的耐受量，才会发生农药中毒。因此，农药中毒事故是可以预防的，也就是说农药中毒事故是可控、可防的。要预防农药中毒事故的发生，必须做好如下工作：

（1）严格遵守农药安全使用规程，做到科学、合理使用农药。

（2）购买农药时，首先注意农药的包装，防止破漏；注意农药的药品名称、有效成分含量、出厂日期、使用说明等，鉴别不清和过期失效的农药不准使用。

（3）运输农药时，应先检查包装是否完整，发现有渗漏、破裂的，应该用规定的材料重新包装后运输。

（4）农药不得与粮食、蔬菜、瓜果、食品、日用品等混载、混放，要有专人保管。

（5）严格遵守高毒农药的使用规定，不要随意购买和使用高毒农药。

（6）在农药使用时，配药人员要戴胶皮手套，严禁用手拌药。如包衣种子进行手撒或点种时，必须戴防护手套，以防皮肤吸收中毒，剩余的毒种应销毁，特别是不准用作口粮或饲料。

（7）施药前仔细检查药械开关、接头、喷头，喷药过程中如发生堵塞时，绝对禁止用嘴吹吸喷头和滤网。

（8）盛过农药的包装物品，不准用于盛粮食、油、酒、水等食品和饲料，要集中回收处理。

（9）凡体弱多病者，患皮肤病或其他疾病尚未恢复健康者，哺乳期、孕期、经期的妇女，皮肤损伤未愈者不得施药。

（10）施药人员在施药期间不得饮酒，施药时要戴防毒口罩，穿长袖上衣、长裤和鞋袜；在操作时禁止吸烟、喝水、吃东西；被农药污染的衣服要及时换洗。

（11）施药人员每天施药时间不得超过6h，使用背负式机动药械要两人轮流操作。连续施药3~5d后应休息一天。

（12）要严格按照农药标签上的使用技术用药，不要随意提高农药使用浓度和增加农药用量。

（13）要选择好施药适期，不要在高温、暴晒条件下施药。

（14）注意风向变化，不要逆风配药、喷施农药。

（15）不要将防治有害生物用的农药用于人体。

（16）对刚刚施用农药特别是高毒农田的田块要有警示提醒，防止误入。

（17）不要食用农药残留超标的食品和农产品。

（18）要加强对农药的管理，存放农药的地方宜选择在通风、避光、避雨处，并且要加锁，防止小孩误食。

（19）操作人员如有头痛、头昏、恶心、呕吐等症状时，应立即离开施药现场，换掉污染的衣服，并漱口，冲洗手、脸和其他暴露部位，及时到医院治疗。

（20）珍爱生命，不要服毒自杀。

## 二、正确诊断农药中毒情况

农药中毒的诊断必须根据以下几点：

（1）中毒现场调查。询问农药接触史，中毒者如清醒，则要口述与农药接触的过程、农药种类、接触方式，如误服、误用、未守操作规程而沾染等。如严重中毒不能自述者，则需通过周围人及家属了解中毒的过程和细节。

（2）临床表现。结合各种农药中毒相应的临床表现，观察其发病时间、病情发展以及一些典型症状和体征。

(3) 鉴别诊断。排除一些易与农药中毒相混淆的疾病，如施药季节常见的中暑、传染病、多发病。

(4) 化验室检查。有化验条件的地方，可以参考化验室检查结果，如患者的呕吐物、洗胃抽出物的物理性状以及排泄物和血液等生物材料方面的检查结果。

## 三、现场急救

(1) 立即使患者脱离毒物，转移至空气新鲜处，松开衣领，使患者呼吸畅通，必要时吸氧和进行人工呼吸。

(2) 皮肤和眼睛被污染后，要用大量清水冲洗。

(3) 误服毒物后须饮水催吐（吞食腐蚀性毒物后不能催吐）。

(4) 心脏停搏时进行胸外心脏按压。患者有惊厥、昏迷、呼吸困难、呕吐等情况时，在护送去医院前，除检查、诊断外，应给予必要的处理，如取出假牙，将舌引向前方，保持呼吸畅通，使仰卧，头后倾，以免吞入呕吐物，以及一些对症治疗的措施。

(5) 处理其他问题。救护人员穿上靴子、戴上手套，尽快给患者脱下被农药污染的衣服和鞋袜，然后把污物冲洗掉。在缺水的地方，必须将污物擦干净，再去医院治疗。

现场急救的目的是避免病人继续与毒物接触，维持病人生命，将重症病人转送到邻近的医院治疗。

## 四、中毒后的救治措施

(1) 用微温的肥皂水或清水清洗被污染的皮肤、头发、指甲、耳、鼻等，眼部污染者可用小壶或注射器盛2%小苏打水、生理盐水或清水冲洗。

(2) 对经口中毒者，要及时、彻底催吐、洗胃、导泻。但神志恍惚或明显抑制者不宜催吐。补液、利尿以排毒。

(3) 呼吸衰竭者就地给予呼吸中枢兴奋剂，如可拉明、洛贝林等，同时给氧气吸入。

呼吸停止者应及时进行人工呼吸，首先考虑应用口对口人工呼吸，有条件者准备气管插管，给予人工辅助呼吸。同时可针刺人中、涌泉等穴，并给予呼吸兴奋剂。

对呼吸衰竭和呼吸停止者都要及时清除呼吸道分泌物，以保持呼吸道通畅。

(4) 循环衰竭者如表现血压下降，可用升压药静脉注射，如阿拉明、多巴胺等，并给予快速的液体补充。

(5) 心脏功能不全时，可以给咖啡因等强心剂。心跳停止时用心前区叩击术和胸外心脏按压术，经呼吸道近心端静脉或心脏内直接注射新三联针（肾上腺素、阿托品各1mg，利多卡因50mg）。

(6) 惊厥病人给予适当的镇静剂。

(7) 解毒药的应用。为了促进毒物转变为无毒或毒性较小的物质，或阻断毒作用的环节，凡有特效解毒药可用者，应及时正确地应用相应的解毒药物。如有机磷中毒则给予胆碱酯酶复能剂（如氯磷定或解磷定等）和阿托品等抗胆碱药。

# 第八章　农药研究与发展趋势

农业的发展是一个逐步演进的动态过程，因此作为农业支持品的农药工业应该与时俱进，科技创新，积极开发高效、低毒、低残留、安全、经济、环境相容性好的现代农药。这就要求人们在不同的时期，采用当时的新技术来创制符合当时农业需要和环境要求的药剂，协助农业完成提高单位耕地面积增产的目的。

21 世纪新农药的特点要环境相容性好、活性高、安全性好、市场潜力大等。新农药的研究开发也正是围绕着这几个方向发展的。

## 第一节　农药研发的新特点

### （一）亚洲国家的农药研发将迅速崛起

从 20 世纪 80 年代起，世界农药企业界开始出现兼并、重组。到 2002 年为止，已经形成了拜耳、巴斯夫、先正达、杜邦、陶氏益农、孟山都等 6 大超级公司，使世界农药行业的面貌发生了翻天覆地的变化，世界农药企业开始高度集中化。从新农药开发的角度来看，兼并重组为新农药创制做好了资金、技术和抗风险能力的准备。农药的创制从发达的欧美国家逐渐向东亚转移，代表国家是中国、韩国和日本。

### （二）农药形成新的品系

各类农药都将形成新的品系，杀虫剂包括新烟碱类、吡咯类、酰肼类以及生物农药阿维菌素、多杀霉素、杆状病毒等。杀菌剂主要是多唑类，包括苯醚甲环唑、戊唑醇等。除草剂包括草铵膦、酰脲类、酰胺类等。

### （三）仿生合成农药将越来越成为研发热点

从天然物质中寻找新农药的先导化合物并进行仿生合成，或通过对靶标有害生物特有的酶进行剖析，模拟合成能与其配伍或结构相似的化合物，作为新的化合物。这些开发途径既降低了研发成本，又可提高研发效率。主要包括两类：一类是以天然源物质为先导进行的仿生合成，包括烟碱类的吡虫啉、烯啶虫胺、啶虫脒等；另一类是以害虫靶标为主仿生模拟合成新农药，代表是昆虫信息素。

### （四）生物农药研发长盛不衰

由于化学农药研发难度加大及其对环境的压力加大，人们不断地寻找新的生物物质，或从中提取新的农药先导物。因此，生物农药的研发将是人们越来越关注的重点。除虫菊及其衍生物、沙蚕毒素及其衍生物、阿维菌素及其衍生物等普遍受到关注。新的产品不断问世，如多杀霉素、伊维菌素、白僵菌等。植物源农药的开发也成为人们关注的对象，印楝素、川楝素、茶皂素、苦参碱等为代表的对环境和作物安全，对靶标有害生物高效的植物农药将会再度成为热点。

### （五）生物农药的化学改造将逐步兴起

对生物活性物质或有效结构化合物，通过化学手段进行结构改造以开发新化合物，从而开发出高效、安全的新农药。这种方法的成功率较高，越来越受到世界各国的重视。如默克公司从阿维菌素改造的1 400多种化合物中进一步筛选，目前已有多个产品商品化；陶农科公司对多杀菌素进行结构改造，合成了数千种化合物，并成功开发一系列农药新品种；我国对虾蟹壳中的壳聚糖作为农药助剂的研究也取得了一定进展。

### （六）手性农药的合成越来越活跃

人的左、右手貌似相同，却不能重叠，而是互为镜像，这是最简单意义上的“手性”。化学物质的三维结构因碳原子连接的四个原子或基团在空间排布上可以以两种形式形成不同结构的对映体，而具有手性。手性是自然界中最重要的属性之一，同一化合物的两个对映体之间不仅具有不同的光学性质和物理化学物质，甚至可能具有截然不同的生物活性。同样，农药也表现出强烈的立体识别方面作用。有些化合物一种对映体是高效的杀虫剂、杀螨剂、杀菌剂和除草剂，而另一种却是低效的，甚至无效或相反。在意识到必须注意药物不同的构型之后，手性药物的开发逐渐引起了人们的注意。同时，由于单一手性农药具有药效高、用药量省、三废少、对作物和环境生态更安全、相对成本更低和极具市场竞争力等优点，手性农药已成为21世纪新农药研发的又一大热点。过去，人们只是把价值昂贵的农药（如菊酯类），采取拆分开不同的光学异构体，并把无效体转化为有效体；而迄今，世界上已有的800多种农药中，已有170多种已商品化的手性农药，另有20余种手性农药正在开发之中。其中，年销售额超过1亿美元的有30余种，超过2 500万美元的有60余种；高活性对映体成分的手性农药年销售额超过100亿美元，纯手性对映体手性农药年销售额接近30亿美元，手性农药占全球市场的35%。目前，手性农药主要有以下化合物：拟除虫菊酯类、有机磷类杀虫剂；三唑类、酰胺类杀菌剂；芳基苯氧基丙酸酯类、咪唑啉酮类、环已二酮类、酰胺类除草剂等。

### （七）基因工程推进生物农药的应用

将编码杀虫、抗菌的活性物质的基因转入作物中可培育出具有相应抗性的转基因作物。例如：Bt棉花、Bt玉米、Bt马铃薯等；耐草甘膦玉米、油菜、棉花、大豆等；耐草铵膦玉米、大豆、甜菜、棉花、水稻等；耐磺酰脲类大豆、棉花等；耐烯禾定玉米等。这些转基因作物的推广应用，在一定程度上降低了部分化学农药的使用量，也促进了某些农药的发展，但容易形成垄断经营。

### （八）新的剂型加工技术和助剂研发长足发展

传统农药不能满足可持续发展等的弊端越来越明显，只有环境友好型农药才能经受住考验。农药剂型的开发研究除了将农药原药经过加工后便于流通和使用，同时还能满足不同施药技术对农药分散体系的要求。农药剂型与施药技术间有着密切联系，相互依赖又相互促进。由于环境压力与严厉的法规，农药剂型由传统的乳油、可湿性粉剂、粉剂、颗粒剂向水基化功能化的微乳剂、水乳剂、水悬浮剂发展。而且制剂的发展日益向环保、多样性方向发展，主要表现在：制剂技术与产品日益复杂化；混剂、原药与助剂多样性；持续法规压力和成本压力等。剂型也将朝着水基化、固体化、释控化、功能化的方向迅猛发展。

随着超高效环保型新农药的开发，农药使用剂量越来越少。在保证农药防治效果的前提下降低农药用量的剂型，将会越来越受到重视。因此，未来的剂型研发要在以下3个方面改进：

（1）将使用有机溶剂的制剂水性化，降低毒性，减少对环境的危险性。

（2）将微小粉粒通过粒状化或水溶化外包处理实现颗粒化，防治粉尘吸入和飘移。

（3）通过研究控制药剂释放时间来改进施药方式。

在剂型研发中，助剂的表面活性至关重要，既要性能优良，又要毒性低、对环境安全。如有机硅表面活性剂、有机氟表面活性剂的应用会越来越广泛。新的助剂将不断涌现。

### （九）其他特点

从生物多样性的角度分析，农药创制开始从杀死有害生物向控制有害生物的为害方向转化；新技术的应用推动农药的发展，如农药结构与活性的关系研究和高通量筛选等新技术加速了先导化合物的开发；企业与科研单位的研究交流对农药开发将产生巨大推动作用；深层次的国际化交流对农药开发来说相当必要。

# 第二节　农药发展的趋势

## 一、技术的先进性

今后，在新农药的研究及开发上，目标主要集中在环境相容性好、安全、活性高、市场大等方面，利用传统的随机合成筛选和类同合成手段进行开发，主要包括以下方面：

（1）虽然各种农药发展迅速，但是化学农药仍然是全球农药的主体。

（2）多种害虫的控制新方法、新概念不断涌现。例如害虫综合治理、生物多样性综合治理等。

（3）由于环境保护要求的日益增加，仿生环保型农药将成为开发主体。如以除虫菊素为先导化合物开发出了一系列除虫菊酯和以沙蚕毒素为先导化合物开发出了沙蚕毒素类杀虫剂。

（4）通过元素、结构与活性关系的研究，在农药分子中引进新元素已成为今后努力取得突破的手段之一，含氟和含杂环农药将成为主要研究方向。如含氟的氟氯氰菊酯的杀虫活性比不含氟的氯氰菊酯高一倍。其他元素的引进，如 Si、Sn 等取代某个关键部位的碳原子，其活性、选择性就会明显改变。

（5）杂环和立体异构化合物成为农药合成的热点。在现有的农药品种中，分子中含有手征性原子或碳碳双键的化合物越来越多，它们的光学或几何异构体之间的生物活性大多表现出较大差异，有的甚至一个是高效，而另一个是无效，例如：S-生物丙烯菊酯和溴氰菊酯。目前这方面的研究已成为热门，而且取得了较大成绩。

（6）结合清洁生产的要求，先进合成技术会不断涌现，如声化学合成、微波合成、氟碳相化学合成、水相/固相化学合成、室温离子液体合成等。

## 二、高效、低毒、安全、环保

在 21 世纪，超高效、低毒、安全、环保是农药发展的大趋势。一是要求新研发的化合物的生物活性要比过去高出几十倍，甚至几百倍，药效高，用量小；二是新研发的化合物毒性一般是低毒、微毒甚至无毒，也没有慢性毒性和无致畸、致癌、致突变作用；三是新研发的化合物具有超高效、使用量低、无毒性、使用后能够快速降解、对环境无污染，同时要求选择性高，几乎所有化合物都具有独特的作用机制或作用方式，对靶标有害生物以外的作物、有益生物无活性，或者影响甚微，因此，在使用过程中对生态环境基本无污染和影响。

# 附　　录

## 附录一　农药安全使用规定

施用化学农药，防治病、虫、草、鼠害，是夺取农业丰收的重要措施。如果使用不当，亦会污染环境和农畜产品，造成人、畜中毒或死亡。为了保证安全生产，特作如下规定。

### 一、农药分类

根据目前农业生产上常用农药（草药）的毒性综合评价（急性口服、经皮毒性、慢性毒性等），分为高毒、中等毒、低毒三类。

1. 高毒农药：3911、苏化 203、1605、甲基 1605、1059、杀螟威、久效磷、磷胺、甲胺磷、异丙磷、三硫磷、氧化乐果、磷化锌、磷化铝、氰化物、呋喃丹、氟乙酰胺、砒霜、杀虫脒、西力生、赛力散、溃疡净、氯化苦、五氧酚、二溴氯丙烷、401 等。

2. 中等毒农药：杀螟松、乐果、稻丰散、乙硫磷、亚胺硫磷、皮绳磷、六六六、高丙体六六六、毒杀芬、氯丹、滴滴涕、西维因、害扑威、叶蝉散、速灭威、混灭威、抗蚜威、倍硫磷、敌敌畏、拟除虫菊酯类、克瘟散、稻瘟净、敌克松、402、福美砷、稻脚青、退菌特、代森铵、代森环、燕麦敌、毒草胺等。

3. 低毒农药：敌百虫、马拉松、乙酰甲胺磷、辛硫磷、三氯杀螨醇、多菌灵、托布津、克菌丹、代森锌、福美双、萎锈灵、异稻瘟净、乙膦铝、百菌清、除草醚、敌稗、阿拉拉津、去草胺、甲草胺、杀草丹、2 甲 4 氯、绿麦隆、敌草隆、氟乐灵、苯达松、茅草枯、草甘膦等。

高毒农药只要接触极少量就会引起中毒或死亡。中、低毒农药虽较高毒农药的毒性为低，但接触多，抢救不及时也会造成死亡。因此，使用农药必须注意经济和安全。

### 二、农药使用范围

凡已订出“农药安全使用标准”的品种，均按照“标准”的要求执行。尚未制定“标准”的品种，执行下列规定。

1. 高毒农药：不准用于蔬菜、茶叶、果树、中药材等作物，不准用于防治卫生害虫与人、畜皮肤病。除杀鼠剂外，也不准用于毒鼠。氯乙酰禁止在农作物上使用，不准做杀鼠剂。“3911”乳油只准用于拌种，严禁喷雾使用。呋喃丹颗粒剂只准用于拌种，用工具沟施或戴手套撒毒土，不准浸水后喷雾。

2. 高残留农药：六六六、滴滴涕、氯丹，不准在果树、蔬菜、茶树、中药材、烟草、咖啡、胡椒、香茅等作物上使用。氯丹只准用于拌种，防治地下害虫。

3. 杀虫脒：可用于防治棉花红蜘蛛、水稻螟虫等。根据杀虫脒毒性的研究结果，应控制使用。在水稻整个生长期内，只准使用一次。每亩用25%水剂100克，距收割期不得少于40天，每亩用25%的水剂200克，距收割期不得少于70天。禁止在其他粮食、油料、蔬菜、果树、药材、茶叶、烟草、甘蔗、甜菜等作物上使用。在防治棉花害虫时，亦应尽量控制使用次数和用量。喷雾时，要避免人身体直接接触药液。

4. 禁止用农药毒鱼、虾、青蛙和有益的鸟兽。

## 三、农药的购买、运输和保管

1. 农药由使用单位指定专人凭证购买。买农药时必须注意农药的包装，防止破漏。注意农药的品名、有效成分含量、出厂时期、使用说明等，鉴别不清和质量失效的农药不准使用。

2. 运输农药时，应先检查包装是否完整，发现有渗漏、破裂的，应用规定的材料重新包装后运输，并及时妥善处理污染的地面、运输工具和包装材料。搬运卸装农药时要轻拿轻放。

3. 农药不得与粮食、蔬菜、瓜果、食品、日用品等混载、混放。

4. 农药应集中在生产队或作业组或专业队设专用库、专用柜，由专人保管，不能分户保存。门窗要牢固，通风条件要好，门、柜要加锁。

5. 农药进出仓库应建立登记手续，不准随意存取。

## 四、农药使用中的注意事项

1. 配药时，配药人员要戴胶手套，必须用量具按规定的剂量称取（或量取）药液或药粉，不得任意增加用量。严禁用手拌药。

2. 拌种要用工具搅拌，用多少拌多少，拌过药的种子应尽量用机具播种。如手撒或点种时，必须戴防护手套，以防皮肤吸收中毒。剩余的毒种应销毁，不准用作口粮或饲料。

3. 配药和拌种应选择远离饮用水源、居民点的安全地方，要有专人看管，严防农药、毒种丢失或被人、畜、家禽误食。

4. 使用手动喷雾器喷药时应隔行喷。手动和机动药械均不能左右两边同时喷。大风和中午高温时应停止喷药。药桶内药液不能装得过满，以免晃出桶外，污染施药人员的身体。

5. 喷药前应仔细检查药械的开关、接头、喷头等处螺丝是否拧紧，药桶有无渗漏，以免漏药污染。喷药过程中如发生堵塞时，应先用清水冲洗后再排除故障。绝对禁止用嘴吹吸喷头和滤网。

6. 施用过高毒农药的地方要竖立标志，在一定时间内禁止放牧、割草、挖野菜，以防人、畜中毒。

7. 用药工作结束后，要及时将喷雾器清洗干净，连同剩余药剂一起交回仓库保管，不得带回家去。清洗药械的污水应选择安全地点妥善处理，不准随地泼洒，防止污染饮用水源、养鱼池塘。盛过农药的包装物品，不准用于盛粮食、油、酒、水等食品和饲料，装过农药的空箱、瓶、袋等要集中处理。浸种用过的水缸要洗净集中保管。

## 五、施药人员的选择和个人防护

1. 施药人员由作业队选拔工作认真负责、身体健康的青壮年担任，并应经过一定的技术培训。

2. 凡体弱多病者，患皮肤病和农药中毒及其他疾病尚未恢复健康者，哺乳期、孕期、经期的妇女，皮肤损伤未愈者不得喷药或暂停喷药。喷药时不准带小孩到作业地点。

3. 施药人员在打药期间不得饮酒。

4. 施药人员打药时必须戴防毒口罩，穿长袖长衣，长裤和鞋、袜。在操作时禁止吸烟、喝水、吃东西，不能用手擦嘴、脸、眼睛，绝对不准互相喷射嬉闹。每日工作后喝水、抽烟、吃东西之前要用肥皂彻底清洗手、脸和漱口，有条件的应洗澡。被农药污染的工作服要及时换洗。

5. 施药人员每天喷药时间一般不得超过 6 小时。使用背负式机动药械，要两人轮换操作。连续施药 3~5 天后应休息 1 天。

6. 操作人员如有头痛、头昏、恶心、呕吐等症状时，应立即离开施药现场，脱去污染的衣服，漱口，擦洗手、脸和皮肤等暴露部位，及时送医院治疗。

# 附录二　农药安全使用规范（总则）

### 1　范围

本标准规定了使用农药人员的安全防护和安全操作的要求。

本标准适用于农业使用农药人员。

### 2　规范性引用文件

下列文件中的条款通过本标准的引用而成为本标准的条款。凡是注日期的引用文件，其随后所有的修改单（不包括勘误的内容）或修订版均不适用于本标准。然而，鼓励根据本标准达成协议的各方研究是否可使用这些文件的最新版本。凡是不注日期的引用文件，其最新版本适用于本标准。

GB 12475 农药贮运、销售和使用的防毒规程

NY 608 农药产品标签通则

### 3　术语和定义

下列术语和定义适用于本标准。

#### 3.1　持效期

农药施用后，能够有效控制农作物病、虫、草和其他有害生物为害所持续的时间。

#### 3.2　安全使用间隔期

最后一次施药至作物收获时安全允许间隔的天数。

**3.3　农药残留**

农药使用后在农产品和环境中的农药活性成分及其在性质上和数量上有毒理学意义的代谢（或降解、转化）产物。

**3.4　用药量**

单位面积上施用农药制剂的体积或质量。

**3.5　施药液量**

单位面积上喷施药液的体积。

**3.6　低容量喷雾**

每公顷施药液量在50~200升（大田作物）或200~500升（树木或灌木林）的喷雾方法。

**3.7　高容量喷雾**

每公顷施药液量在600升以上（大田作物）或1 000升以上（树木或灌木林）的喷雾方法，也称常规喷雾法。

**4　农药选择**

**4.1　按照国家政策和有关法规规定选择**

4.1.1　应按照农药产品登记的防治对象和安全使用间隔期选择农药。

4.1.2　严禁选用国家禁止生产、使用的农药；选择限用的农药应按照有关规定；不得选择剧毒、高毒农药用于蔬菜、茶叶、果树、中药材等作物和防治卫生害虫。

**4.2　根据防治对象选择**

4.2.1　施药前应调查病、虫、草和其他有害生物发生情况，对不能识别和不能确定的，应查阅相关资料或咨询有关专家，明确防治对象并获得指导性防治意见后，根据防治对象选择合适的农药品种。

4.2.2　病、虫、草和其他有害生物单一发生时，应选择对防治对象专一性强的农药品种；混合发生时，应选择对防治对象有效的农药。

4.2.3　在一个防治季节应选择不同作用机理的农药品种交替使用。

**4.3　根据农作物和生态环境安全要求选择**

4.3.1　应选择对处理作物、周边作物和后茬作物安全的农药品种。

4.3.2　应选择对天敌和其他有益生物安全的农药品种。

4.3.3　应选择对生态环境安全的农药品种。

**5　农药购买**

购买农药应到具有农药经营资格的经营点，购药后应索取购药凭证或发票。所购买的农药应具有符合NY 608要求的标签以及符合要求的农药包装。

**6　农药配制**

**6.1　量取**

6.1.1　量取方法

6.1.1.1　准确核定施药面积，根据农药标签推荐的农药使用剂量或植保技术人员的推荐，计算用药量和施药液量。

6.1.1.2　准确量取农药，量具专用。

6.1.2 安全操作

6.1.2.1 量取和称量农药应在避风处操作。

6.1.2.2 所有称量器具在使用后都要清洗，冲洗后的废液应在远离居所、水源和作物的地点妥善处理。用于量取农药的器皿不得作其他用途。

6.1.2.3 在量取农药后，封闭原农药包装并将其安全贮存。农药在使用前应始终保存在其原包装中。

**6.2 配制**

6.2.1 场所

应选择在远离水源、居所、畜牧栏等场所。

6.2.2 时间

应现用现配，不宜久置；短时存放时，应密封并安排专人保管。

6.2.3 操作

6.2.3.1 应根据不同的施药方法和防治对象、作物种类和生长时期确定施药液量。

6.2.3.2 应选择没有杂质的清水配制农药，不应用配制农药的器具直接取水，药液不应超过额定容量。

6.2.3.3 应根据农药剂型，按照农药标签推荐的方法配制农药。

6.2.3.4 应采用“二次法”进行操作

（1）用水稀释的农药：先用少量水将农药制剂稀释成“母液”，然后再将“母液”进一步稀释至所需要的浓度。

（2）用固体载体稀释的农药：应先用少量稀释载体（细土、细沙、固体肥料等）将农药制剂均匀稀释成“母粉”，然后再进一步稀释至所需要的用量。

6.2.3.5 配制现混现用的农药，应按照农药标签上的规定或在技术人员的指导下进行操作。

**7 农药施用**

**7.1 施药时间**

7.1.1 根据病、虫、草和其他有害生物发生程度和药剂本身性能，结合植保部门的病虫情报信息，确定是否施药和施药适期。

7.1.2 不应在高温、雨天及风力大于3级时施药。

**7.2 施药器械**

7.2.1 施药器械的选择

7.2.1.1 应综合考虑防治对象、防治场所、作物种类和生长情况、农药剂型、防治方法、防治规模等情况：

（1）小面积喷洒农药宜选择手动喷雾器。

（2）较大面积喷洒农药宜选用背负机动气力喷雾机，果园宜采用风送弥雾机。

（3）大面积喷洒农药宜选用喷杆喷雾机或飞机。

7.2.1.2 应选择正规厂家生产、经国家质检部门检测合格的药械。

7.2.1.3 应根据病、虫、草和其他有害生物防治需要和施药器械类型选择合适的喷头，定期更换磨损的喷头：

（1）喷洒除草剂和生长调节剂应采用扇形雾喷头或激射式喷头。

（2）喷洒杀虫剂和杀菌剂宜采用空心圆锥雾喷头或扇形雾喷头。

（3）禁止在喷杆上混用不同类型的喷头。

7.2.2　施药器械的检查与校准

7.2.2.1　施药作业前，应检查施药器械的压力部件、控制部件。喷雾器（机）截止阀应能够自如扳动，药液箱盖上的进气孔应畅通，各接口部分没有滴漏情况。

7.2.2.2　在喷雾作业开始前、喷雾机具检修后、拖拉机更换车轮后或者安装新的喷头时，应对喷雾机具进行校准，校准因子包括行走速度、喷幅以及药液流量和压力。

7.2.3　施药机械的维护

7.2.3.1　施药作业结束后，应仔细清洗机具，并进行保养。存放前应对可能锈蚀的部件涂防锈黄油。

7.2.3.2　喷雾器（机）喷洒除草剂后，必须用加有清洗剂的清水彻底清干净（至少清洗三遍）。

7.2.3.3　保养后的施药器械应放在干燥通风的库房内，切勿靠近火源，避免露天存放或与农药、酸、碱等腐蚀性物质存放在一起。

**7.3　施药方法**

应按照农药产品标签或说明书规定，根据农药作用方式、农药剂型、作物种类和防治对象及其生物行为情况选择合适的施药方法。施药方法包括喷雾、撒颗粒、喷粉、拌种、熏蒸、涂抹、注射、灌根、毒饵等。

**7.4　安全操作**

7.4.1　田间施药作业

7.4.1.1　应根据风速（力）和施药器械喷洒部件确定有效喷幅，并测定喷头流量，按以下公式计算出作业时的行走速度：

$$V=Q/(q\times B)\times 10$$

式中：$V$——行走速度，米/秒（m/s）；

$Q$——喷头流量，毫升/秒（mL/s）；

$q$——农艺上要求的施药液量，升/公顷（$L/hm^2$）；

$B$——喷雾时的有效喷幅，米（m）。

7.4.1.2　应根据施药机械喷幅和风向确定田间作业行走路线。使用喷雾机具施药时，作业人员应站在上风向，顺风隔行前进或逆风退行两边喷洒，严禁逆风前行喷洒农药和在施药区穿行。

7.4.1.3　背负机动气力喷雾机宜采用降低容量喷雾方法，不应将喷头直接对着作物喷雾和沿前进方向摇摆喷洒。

7.4.1.4　使用手动喷雾器喷洒除草剂时，喷头一定要加装防护罩，对准有害杂草喷施。喷洒除草剂的药械宜专用，喷雾压力应在 0.3MPa 以下。

7.4.1.5　喷杆喷雾机应具有三级过滤装置，末级过滤器的滤网孔对角线尺寸小于喷孔直径的2/3。

7.4.1.6　施药过程中遇喷头堵塞等情况时，应立即关闭截止阀，先用清水冲洗喷头，然后戴着乳胶手套进行故障排除，用毛刷疏通喷孔，严禁用嘴吹吸喷头和滤网。

7.4.2　设施内施药作业

7.4.2.1　采用喷雾法施药时，宜采用低容量喷雾法，不宜采用高容量喷雾法。

7.4.2.2　采用烟雾法、粉尘法、电热熏蒸法等施药时，应在傍晚封闭棚室后进行，次日应通风1小时后人员方可进入。

7.4.2.3　采用土壤熏蒸法进行消毒处理期间，人员不得进入棚室。

7.4.2.4　热烟雾机在使用时和使用后半个小时内，应避免触摸机身。

**8　安全防护**

**8.1　人员**

配制和施用农药人员应身体健康，经过专业技术培训，具备一定的植保知识。严禁儿童、老人、体弱多病者、经期、孕期、哺乳期妇女参与上述活动。

**8.2　防护**

配制和施用农药时应穿戴必要的防护用品，严禁用手直接接触农药，谨防农药进入眼睛、接触皮肤或吸入体内。应按照GB 12475的规定执行。

**9　农药施用后**

**9.1　警示标志**

施过农药的地块要树立警示标志，在农药的持效期内禁止放牧和采摘，施药后24小时内禁止进入。

**9.2　剩余农药的处理**

9.2.1　未用完农药制剂

应保存在其原包装中，并密封贮存于上锁的地方，不得用其他容器盛装，严禁用空饮料瓶分装剩余农药。

9.2.2　未喷完药液（粉）

在该农药标签许可的情况下，可再将剩余药液用完。对于少量的剩余药液，应妥善处理。

**9.3　废容器和废包装的处理**

9.3.1　处理方法

玻璃瓶应冲洗3次，砸碎后掩埋；金属罐和金属桶应冲洗3次，砸扁后掩埋；塑料容器应冲洗3次，砸碎后掩埋或烧毁；纸包装应烧毁或掩埋。

9.3.2　安全注意事项

9.3.2.1　焚烧农药废容器和废包装应远离居所和作物，操作人员不得站在烟雾中，应阻止儿童接近。

9.3.2.2　掩埋废容器和废包装应远离水源和居所。

9.3.2.3　不能及时处理的废农药容器和废包装应妥善保管，应阻止儿童和牲畜接触。

9.3.2.4　不应用废农药容器盛装其他农药，严禁用作人、畜饮食用具。

**9.4　清洁与卫生**

9.4.1　施药器械的清洗

不应在小溪、河流或池塘等水源中冲洗或洗涮施药器械，洗涮过施药器械的水应倒在远离居民点、水源和作物的地方。

9.4.2　防护服的清洗

9.4.2.1　施药作业结束后，应立即脱下防护服及其他防护用具，装入事先准备好的塑料袋中带回处理。

9.4.2.2　带回的各种防护服、用具、手套等物品，应立即清洗 2~3 遍，晾干存放。

9.4.3　施药人员的清洁

施药作业结束后，应及时用肥皂和清水清洗身体，并更换干净衣服。

**9.5　用药档案记录**

每次施药应记录天气状况、作物种类、用药时间、药剂品种、防治对象、用药量、对水量、喷洒药液量、施用面积、防治效果、安全性。

**10　农药中毒现场急救**

**10.1　中毒者自救**

10.1.1　施药人员如果将农药溅入眼睛内或皮肤上，应及时用大量干净、清凉的水冲洗数次或携带农药标签前往医院就诊。

10.1.2　施药人员如果出现头痛、头昏、恶心、呕吐等农药中毒症状，应立即停止作业，离开施药现场，脱掉污染衣服或携带农药标签前往医院就诊。

**10.2　中毒者救治**

10.2.1　发现施药人员中毒后，应将中毒者放在阴凉、通风的地方，防止受热或受凉。

10.2.2　应带上引起中毒的农药标签立即将中毒者送至最近的医院采取医疗措施救治。

10.2.3　如果中毒者出现停止呼吸现象，应立即对中毒者施以人工呼吸。

# 附录三　禁止使用的农药和不得在蔬菜、果树、茶叶、中药材上使用的高毒农药品种清单（中华人民共和国农业部公告第 199 号）

为从源头上解决农产品尤其是蔬菜、水果、茶叶的农药残留超标问题，我部在对甲胺磷等 5 种高毒有机磷农药加强登记管理的基础上，又停止受理一批高毒、剧毒农药的登记申请，撤销一批高毒农药在一些作物上的登记。现公布国家明令禁止使用的农药和不得在蔬菜、茶叶、中草药材上使用的高毒农药品种清单。

## 一、国家明令禁止使用的农药

六六六（HCH），滴滴涕（DDT），毒杀芬（camphechlor），二溴氯丙烷（dibromochloropane），杀虫脒（chlordimeform），二溴乙烷（EDB），除草醚（nitrofen），艾氏剂（aldrin），狄氏剂（dieldrin），汞制剂（Mercury compounds），砷（arsena）、铅

(acetate) 类, 敌枯双, 氟乙酰胺 (fluoroacetamide), 甘氟 (gliftor), 毒鼠强 (tetramine), 氟乙酸钠 (sodium fluoroacetate), 毒鼠硅 (silatrane)。

## 二、在蔬菜、果树、茶叶、中草药材上不得使用和限制使用的农药

甲胺磷 (methamidophos), 甲基对硫磷 (parathion-methyl), 对硫磷 (parathion), 久效磷 (monocrotophos), 磷胺 (phosphamidon), 甲拌磷 (phorate), 甲基异柳磷 (isofenphos-methyl), 特丁硫磷 (terbufos), 甲基硫环磷 (phosfolan-methyl), 治螟磷 (sulfotep), 内吸磷 (demeton), 克百威 (carbofuran), 涕灭威 (aldicarb), 灭线磷 (ethoprophos), 硫环磷 (phosfolan), 蝇毒磷 (coumaphos), 地虫硫磷 (fonofos), 氯唑磷 (isazofos), 苯线磷 (fenamiphos) 19 种高毒农药不得用于蔬菜、果树、茶叶、中草药材上。三氯杀螨醇 (dicofol), 氰戊菊酯 (fenvalerate) 不得用于茶树上。任何农药产品都不得超出农药登记批准的使用范围使用。

各级农业部门要加大对高毒农药的监管力度, 按照《农药管理条例》的有关规定, 对违法生产、经营国家明令禁止使用的农药的行为, 以及违法在果树、蔬菜、茶叶、中草药材上使用不得使用或限用农药的行为, 予以严厉打击。各地要做好宣传教育工作, 引导农药生产者、经营者和使用者生产、推广和使用安全、高效、经济的农药, 促进农药品种结构调整步伐, 促进无公害农产品生产发展。

# 附录四　中华人民共和国农业部公告第 2032 号

为保障农业生产安全、农产质量安全和生态环境安全, 维护人民生命安全和健康, 根据《农药管理条例》的有关规定, 经全国农药登记评审委员会审议, 决定对氯磺隆、胺苯磺隆、甲磺隆、福美胂、福美甲胂、毒死蜱和三唑磷等 7 种农药采取进一步禁限用管理措施。现将有关事项公告如下。

1. 自 2013 年 12 月 31 日起, 撤销氯磺隆 (包括原药、单剂和复配制剂, 下同) 的农药登记证, 自 2015 年 12 月 31 日起, 禁止氯磺隆在国内销售和使用。

2. 自 2013 年 12 月 31 日起, 撤销胺苯磺隆单剂产品登记证, 自 2015 年 12 月 31 日起, 禁止胺苯磺隆单剂产品在国内销售和使用; 自 2015 年 7 月 1 日起撤销胺苯磺隆原药和复配制剂产品登记证, 自 2017 年 7 月 1 日起, 禁止胺苯磺隆复配制剂产品在国内销售和使用。

3. 自 2013 年 12 月 31 日起, 撤销甲磺隆单剂产品登记证, 自 2015 年 12 月 31 日起, 禁止甲磺隆单剂产品在国内销售和使用; 自 2015 年 7 月 1 日起撤销甲磺隆原药和复配制剂产品登记证, 自 2017 年 7 月 1 同起, 禁止甲磺隆复配制剂产品在国内销售和使用; 保留甲磺隆的出口境外使用登记, 企业可在 2015 年 7 月 1 日前, 申请将现有登记变更为出口境外使用登记。

4. 自本公告发布之日起, 停止受理福美胂和福美甲胂的农药登记申请, 停止批准福美胂和福美甲胂的新增农药登记证; 自 2013 年 12 月 31 日起, 撤销福美胂和福美甲

胂的农药登记证，自 2015 年 12 月 31 日起，禁止福美胂和福美甲胂在国内销售和使用。

5. 自本公告发布之日起，停止受理毒死蜱和三唑磷在蔬菜上的登记申请，停止批准毒死蜱和三唑磷在蔬菜上的新增登记；自 2014 年 12 月 31 日起，撤销毒死蜱和三唑磷在蔬菜上的登记，自 2016 年 12 月 31 日起，禁止毒死蜱和三唑磷在蔬菜上使用。

# 附录五　农药限制使用管理规定

## 第一章　总则

**第一条**　为了做好农药限制使用管理工作，根据《农药管理条例》制定本规定。

**第二条**　农药限制使用是在一定时期和区域内，为避免农药对人畜安全、农产品卫生质量、防治效果和环境安全造成一定程度的不良影响而采取的管理措施。

**第三条**　农药限制使用要综合考虑农药资源、农药产品结构调整、农产品卫生质量等因素，坚持从本地实际需要出发的原则。

**第四条**　农业部负责全国农药限制使用管理工作。

省、自治区、直辖市人民政府农业行政主管部门负责本行政区域内的农药限制使用管理工作。

## 第二章　农药限制使用的申请

**第五条**　申请限制使用的农药，应是已在需要限制使用的作物或防治对象上取得登记，其农药登记证或农药临时登记证在有效期限内，并具备下列情形之一：

（一）影响农产品卫生质量；

（二）因产生抗药性引起对某种防治对象防治效果严重下降的；

（三）因农药长残效，造成农作物药害和环境污染的；

（四）对其他产业有严重影响的。

**第六条**　各省、自治区、直辖市在本辖区内全部作物或某一（类）作物或某一防治对象上全面限制使用某种农药，或者在本辖区内部分地区限制使用某种农药的，应由省、自治区、直辖市人民政府农业行政主管部门向农业部提出申请。

**第七条**　申请农药限制使用应提供以下资料：

（一）填写《农药限制使用申请表》（附件）；

（二）农药限制使用的申请报告应当包括本地区作物布局、替代农药品种、配套技术以及农民接受程度和成本效益分析；

（三）由于使用某种农药影响农产品卫生质量的，需提供相关数据和有关部门的证明材料；

（四）由于长残效农药在土壤积累造成农作物药害的，需提供有关技术部门出具的研究报告；

（五）由于农药抗药性造成对某种防治对象防治效果严重下降的，需提供抗药性监测报告和必要的田间药效试验报告；

（六）农药限制使用的其他技术材料。

## 第三章　农药限制使用的审查、批准和发布

**第八条**　农业部收到农药限制使用申请后，应组织召开农药登记评审委员会主任委员扩大会议审议，审查、核实申报材料，提出综合评价意见。

农药登记评审委员会可视情况，组织专家对申请农药限制使用进行实地考察。

**第九条**　农药登记评审委员会提出综合评价意见前，应邀请相关农药生产企业召开听证会。

**第十条**　农业部根据综合评价意见审批农药限制使用申请，并及时公告限制使用的农药种类、区域和年限。

**第十一条**　对农药限制使用申请，农业部应在收到申请之日起三个月内给予答复。

## 第四章　附则

**第十二条**　经一段时间的限制使用后，有害生物对限制使用农药的抗药性已有下降，能恢复到理想的防治效果的，可以申请停止限制使用。申报和审查批准程序适用第二章、第三章的规定。

**第十三条**　地方各级人民政府农业行政主管部门不得制定和发布有关农药禁止、限制使用或市场准入的管理办法和制度，不得违反本规定发布农药限制使用的规定。

**第十四条**　本规定自二〇〇二年八月一日起生效。

**附件：农药限制使用申请表**

| 限用农药名称： |
|---|
| 限用作物、区域： |
| 限用理由： |
| 附件： |
| 申请人：<br>主管领导签字：<br>年　月　日（公章） |

# 附录六　山东省打击违法制售禁限用高毒农药规范农药使用行为的通知

各市农业局（委）、人民法院、人民检察院、经信（经贸）委、公安局、监察局、交通运输局、工商行政管理局、质量技术监督局、供销合作社，省邮政公司、各快递企业：

现将农业部等十部委《关于打击违法制售禁限用高毒农药规范农药使用行为的通知》（农农发〔2010〕2号）转发给你们，并提出以下意见，请一并贯彻执行。

## 一、认真清查清缴国家禁用农药

各地农业部门牵头，相关部门配合，依据各自职责立即组织开展禁用农药的全面清查清缴行动，采取有效措施，进一步开展拉网式排查，一经发现甲胺磷等5种禁用农药要全部没收、彻底清缴。特别要重点加强对边远地区、农村集贸市场、流动商贩和生姜集中产区的检查。对发现生产、经营和使用禁用农药的违法行为，要追查来源，严肃查处，构成犯罪的要移交司法机关，依法追究刑事责任，对没收的禁用农药由省农业厅统一定点销毁。

## 二、在蔬菜、果品集中产区推行限用高毒农药定点经营或厂家委托经营

各地农业、工商等相关部门要依法加强对农药经营单位的监管。掌握限用高毒农药的进货、销售去向，实行可追溯管理。要严格控制限用农药的销售，特别是在瓜果、蔬菜、食用菌、茶叶集中区和蔬菜，果品无公害绿色食品基地，要积极探索推行高毒农药定点实名销售、厂家委托经营的新路子，建立健全农药经营监管长效机制。

## 三、全面排查高毒农药生产企业

各地质监、经信部门要对本辖区内高毒农药生产企业进行一次全面排查，准确掌握企业的生产资格、生产产品的种类、数量和流向，并登记造册；特别是对原来生产甲胺磷等5种国家禁用高毒有机磷农药企业的生产设备和仓库进行认真细致地排查，明确企业是否已按照国家有关规定停止了生产。

## 四、建立打击违法制售禁限用高毒农药应急协调小组

为加大对非法制售禁限用高毒农药的打击力度，省里成立打击制售禁限用高毒农药应急协调小组。各市也要成立相应协调机构，加强部门间协调配合，促进大案要案的查处，妥善处理农药和农药残留引发的重大突发事件，形成各负其责、齐抓共管的联动机制。

# 附录七 绿色食品 农药使用准则（NY/T 393—2013）

## 1 范围

本标准规定了绿色食品生产和仓储中有害生物防治原则、农药选用、农药使用规范和绿色食品农药残留要求。

本标准适用于绿色食品的生产和仓储。

## 2 规范性引用文件

下列文件对于本文件的应用是必不可少的。凡是注日期的引用文件，仅注日期的版本适用于本文件。凡是不注日期的引用文件，其最新版本（包括所有的修改单）适用于本文件。

GB 2763 食品安全国家标准食品中农药最大残留限量

GB/T 8321（所有部分）农药合理使用准则

GB 12475 农药贮运、销售和使用的防毒规程

NY/T 391 绿色食品产地环境质量

NY/T 1667（所有部分）农药登记管理术语

## 3 术语和定义

NY/T 1667 界定的及下列术语和定义适用于本文件。

### 3.1 AA 级绿色食品

产地环境质量符合 NY/T 391 的要求，遵照绿色食品生产标准生产，生产过程中遵循自然规律和生态学原理，协调种植业和养殖业的平衡，不使用化学合成的肥料、农药、兽药、渔药、添加剂等物质，产品质量符合绿色食品产品标准，经专门机构许可使用绿色食品标志的产品。

### 3.2 A 级绿色食品

产地环境质量符合 NY/T 391 的要求，遵照绿色食品生产标准生产，生产过程中遵循自然规律和生态学原理，协调种植业和养殖业的平衡，限量使用限定的化学合成生产资料，产品质量符合绿色食品产品标准，经专门机构许可使用绿色食品标志的产品。

## 4 有害生物防治原则

4.1 以保持和优化农业生态系统为基础，建立有利于各类天敌繁衍和不利于病虫草害滋生的环境条件，提高生物多样性，维持农业生态系统的平衡。

4.2 优先采用农业措施，如抗病虫品种、种子种苗检疫、培育壮苗、加强栽培管理、中耕除草、耕翻晒垡、清洁田园、轮作倒茬、间作套种等。

4.3 尽量利用物理和生物措施，如用灯光、色彩诱杀害虫，机械捕捉害虫，释放害虫天敌，机械或人工除草等。

4.4 必要时，合理使用低风险农药。如没有足够有效的农业、物理和生物措施，在确保人员、产品和环境安全的前提下按照第 5、6 章的规定，配合使用低风险的农药。

## 5 农药选用

5.1 所选用的农药应符合相关的法律法规，并获得国家农药登记许可。

5.2　应选择对主要防治对象有效的低风险农药品种，提倡兼治和不同作用机理农药交替使用。

5.3　农药剂型宜选用悬浮剂、微囊悬浮剂、水剂、水乳剂、微乳剂、颗粒剂、水分散粒剂和可溶性粒剂等环境友好型剂型。

5.4　AA级绿色食品生产应按照附录A第A.1的规定选用农药及其他植物保护产品。

5.5　A级绿色食品生产应按照附录A的规定，优先从表A.1中选用农药。在表A.1所列农药不能满足有害生物防治需要时，还可适量使用第A.2所列的农药。

**6　农药使用规范**

6.1　应在主要防治对象的防治适期，根据有害生物的发生特点和农药特性，选择适当的施药方式，但不宜采用喷粉等风险较大的施药方式。

6.2　应按照农药产品标签或GB/T 8321和GB 12475的规定使用农药，控制施药剂量（或浓度）、施药次数和安全间隔期。

**7　绿色食品农药残留要求**

7.1　绿色食品生产中允许使用的农药，其残留量应不低于GB 2763的要求。

7.2　在环境中长期残留的国家明令禁用农药，其再残留量应符合GB 2763的要求。

7.3　其他农药的残留量不得超过0.01mg/kg，并应符合GB 2763的要求。

# 附录A
# （规范性附录）
# 绿色食品生产允许使用的农药和其他植保产品清单

**A.1　AA级和A级绿色食品生产均允许使用的农药和其他植保产品清单**

见表A.1。

**表A.1　AA级和A级绿色食品生产均允许使用的农药和其他植保产品清单**

| 类别 | 组分名称 | 备注 |
|---|---|---|
| I. 植物和动物来源 | 楝素（苦楝、印楝等提取物，如印楝素等） | 杀虫 |
| | 天然除虫菊素（除虫菊科植物提取液） | 杀虫 |
| | 苦参碱及氧化苦参碱（苦参等提取物） | 杀虫 |
| | 蛇床子素（蛇床子提取物） | 杀虫、杀菌 |
| | 小檗碱（黄连、黄柏等提取物） | 杀菌 |
| | 大黄素甲醚（大黄、虎杖等提取物） | 杀菌 |
| | 乙蒜素（大蒜提取物） | 杀菌 |
| | 苦皮藤素（苦皮藤提取物） | 杀虫 |

（续表）

| 类别 | 组分名称 | 备注 |
|---|---|---|
| I. 植物和动物来源 | 藜芦碱（百合科藜芦属和嚏根草属植物提取物） | 杀虫 |
| | 桉油精（桉树叶提取物） | 杀虫 |
| | 植物油（如薄荷油、松树油、香菜油、八角茴香油） | 杀虫、杀螨、杀真菌、抑制发芽 |
| | 寡聚糖（甲壳素） | 杀菌、植物生长调节 |
| | 天然诱集和杀线虫剂（如万寿菊、孔雀草、芥子油） | 杀线虫 |
| | 天然酸（如食醋、木醋和竹醋等） | 杀菌 |
| | 菇类蛋白多糖（菇类提取物） | 杀菌 |
| | 水解蛋白质 | 引诱 |
| | 蜂蜡 | 保护嫁接和修剪伤口 |
| | 明胶 | 杀虫 |
| | 具有驱避作用的植物提取物（大蒜、薄荷、辣椒、花椒、薰衣草、柴胡、艾草的提取物） | 驱避 |
| | 害虫天敌（如寄生蜂、瓢虫、草蛉等） | 控制虫害 |
| Ⅱ. 微生物来源 | 真菌及真菌提取物（白僵菌、轮枝菌、木霉菌、耳霉菌、淡紫拟青霉、金龟子绿僵菌、寡雄腐霉菌等） | 杀虫、杀菌、杀线虫 |
| | 细菌及细菌提取物（苏云金芽孢杆菌、枯草芽孢杆菌、蜡质芽孢杆菌、地衣芽孢杆菌、多粘类芽孢杆菌、荧光假单胞杆菌、短稳杆菌等） | 杀虫、杀菌 |
| | 病毒及病毒提取物（核型多角体病毒、质型多角体病毒、颗粒体病毒等） | 杀虫 |
| | 多杀霉素、乙基多杀菌素 | 杀虫 |
| | 春雷霉素、多抗霉素、井冈霉素、（硫酸）链霉素、嘧啶核苷类抗菌素、宁南霉素、申嗪霉素和中生菌素 | 杀菌 |
| | S-诱抗素 | 植物生长调节 |
| Ⅲ. 生物化学产物 | 氨基寡糖素、低聚糖素、香菇多糖 | 防病 |
| | 几丁聚糖 | 防病、植物生长调节 |
| | 苄氨基嘌呤、超敏蛋白、赤霉酸、羟烯腺嘌呤、三十烷醇、乙烯利、吲哚丁酸、吲哚乙酸、芸苔素内酯 | 植物生长调节 |
| Ⅳ. 矿物来源 | 石硫合剂 | 杀菌、杀虫、杀螨 |
| | 铜盐（如波尔多液、氢氧化铜等） | 杀菌，每年铜使用量不能超过 6kg/hm$^2$ |
| | 氢氧化钙（石灰水） | 杀菌、杀虫 |
| | 硫黄 | 杀菌、杀螨、驱避 |

（续表）

| 类别 | 组分名称 | 备注 |
| --- | --- | --- |
| Ⅳ. 矿物来源 | 高锰酸钾 | 杀菌，仅用于果树 |
| | 碳酸氢钾 | 杀菌 |
| | 矿物油 | 杀虫、杀螨、杀菌 |
| | 氯化钙 | 仅用于治疗缺钙症 |
| | 硅藻土 | 杀虫 |
| | 黏土（如斑脱土、珍珠岩、蛭石、沸石等） | 杀虫 |
| | 硅酸盐（硅酸钠，石英） | 驱避 |
| | 硫酸铁（3价铁离子） | 杀软体动物 |
| Ⅴ. 其他 | 氢氧化钙 | 杀菌 |
| | 二氧化碳 | 杀虫，用于贮存设施 |
| | 过氧化物类和含氯类消毒剂（如过氧乙酸、二氧化氯、二氯异氰尿酸钠、三氯异氰尿酸等） | 杀菌，用于土壤和培养基质消毒 |
| | 乙醇 | 杀菌 |
| | 海盐和盐水 | 杀菌，仅用于种子（如稻谷等）处理 |
| | 软皂（钾肥皂） | 杀虫 |
| | 乙烯 | 催熟等 |
| | 石英砂 | 杀菌、杀螨、驱避 |
| | 昆虫性外激素 | 引诱，仅用于诱捕器和散发皿内 |
| | 磷酸氢二铵 | 引诱，只限用于诱捕器中使用 |

注1：该清单每年都可能根据新的评估结果发布修改单。

注2：国家新禁用的农药自动从该清单中删除。

### A.2　A级绿色食品生产允许使用的其他农药清单

当表A.1所列农药和其他植保产品不能满足有害生物防治需要时，A级绿色食品生产还可按照农药产品标签或GB/T 8321的规定使用下列农药：

a）杀虫剂

1）S-氰戊菊酯 esfenvalerate

2）吡丙醚 pyriproxyfen

3）吡虫啉 imidacloprid

4）吡蚜酮 pymetrozine

5）丙溴磷 profenofos

6）除虫脲 diflubenzuron

7）啶虫脒 acetamiprid

8）毒死蜱 chlorpyrifos

9）氟虫脲 flufenoxuron

10）氟啶虫酰胺 flonicamid

11）氟铃脲 hexaflumuron

12）高效氯氰菊酯 beta-cypermethrin

13）甲氨基阿维菌素苯甲酸盐 emamectin benzoate
14）甲氰菊酯 fenpropathrin
15）抗蚜威 pirimicarb
16）联苯菊酯 bifenthrin
17）螺虫乙酯 spirotetramat
18）氯虫苯甲酰胺 chlorantraniliprole
19）氯氟氰菊酯 cyhalothrin
20）氯菊酯 permethrin
21）氯氰菊酯 cypermethrin
22）灭蝇胺 cyromazine
23）灭幼脲 chlorbenzuron
24）噻虫啉 thiacloprid
25）噻虫嗪 thiamethoxam
26）噻嗪酮 buprofezin
27）辛硫磷 phoxim
28）茚虫威 indoxacard

b）杀螨剂

1）苯丁锡 fenbutatin oxide
2）喹螨醚 fenazaquin
3）联苯肼酯 bifenazate
4）螺螨酯 spirodiclofen
5）噻螨酮 hexythiazox
6）四螨嗪 clofentezine
7）乙螨唑 etoxazole
8）唑螨酯 fenpyroximate

c）杀软体动物剂

四聚乙醛 metaldehyde

d）杀菌剂

1）吡唑醚菌酯 pyraclostrobin
2）丙环唑 propiconazole
3）代森联 metiram
4）代森锰锌 mancozeb
5）代森锌 zineb
6）啶酰菌胺 boscalid
7）啶氧菌酯 picoxystrobin
8）多菌灵 carbendazim
9）噁霉灵 hymexazol
10）噁霜灵 oxadixyl
11）粉唑醇 flutriafol
12）氟吡菌胺 fluopicolide
13）氟啶胺 fluazinam
14）氟环唑 epoxiconazole
15）氟菌唑 triflumizole
16）腐霉利 procymidone
17）咯菌腈 fludioxonil
18）甲基立枯磷 tolclofos-methyl
19）甲基硫菌灵 thiophanate-methyl
20）甲霜灵 metalaxyl
21）腈苯唑 fenbuconazole
22）腈菌唑 myclobutanil
23）精甲霜灵 metalaxyl-M
24）克菌丹 captan
25）醚菌酯 kresoxim-methyl
26）嘧菌酯 azoxystrobin
27）嘧霉胺 pyrimethanil
28）氰霜唑 cyazofamid
29）噻菌灵 thiabendazole
30）三乙膦酸铝 fosetyl-aluminium
31）三唑醇 triadimenol
32）三唑酮 triadimefon
33）双炔酰菌胺 mandipropamid
34）霜霉威 propamocarb
35）霜脲氰 cymoxanil
36）萎锈灵 carboxin
37）戊唑醇 tebuconazole
38）烯酰吗啉 dimethomorph
39）异菌脲 iprodione
40）抑霉唑 imazalil

e）熏蒸剂

1）棉隆 dazomet

2）威百亩 metam-sodium

f）除草剂

1）2 甲 4 氯 MCPA

2）氨氯吡啶酸 picloram

3）丙炔氟草胺 flumioxazin

4）草铵膦 glufosinate-ammonium

5）草甘膦 glyphosate

6）敌草隆 diuron

7）噁草酮 oxadiazon

8）二甲戊灵 pendimethalin

9）二氯吡啶酸 clopyralid

10）二氯喹啉酸 quinclorac

11）氟唑磺隆 flucarbazone-sodium

12）禾草丹 thiobencarb

13）禾草敌 molinate

14）禾草灵 diclofop-methyl

15）环嗪酮 hexazinone

16）磺草酮 sulcotrione

17）甲草胺 alachlor

18）精吡氟禾草灵 fluazifop-P

19）精喹禾灵 quizalofop-P

20）绿麦隆 chlortoluron

21）氯氟吡氧乙酸（异辛酸）fluroxypyr

22）氯氟吡氧乙酸异辛酯 fluroxypyr-mepthyl

23）麦草畏 dicamba

24）咪唑喹啉酸 imazaquin

25）灭草松 bentazone

26）氰氟草酯 cyhalofop butyl

27）炔草酯 clodinafop-propargyl

28）乳氟禾草灵 lactofen

29）噻吩磺隆 thifensulfuron-methyl

30）双氟磺草胺 florasulam

31）甜菜安 desmedipham

32）甜菜宁 phenmedipham

33）西玛津 simazine

34）烯草酮 clethodim

35）烯禾啶 sethoxydim

36）硝磺草酮 mesotrione

37）野麦畏 tri-allate

38）乙草胺 acetochlor

39）乙氧氟草醚 oxyfluorfen

40）异丙甲草胺 metolachlor

41）异丙隆 isoproturon

42）莠灭净 ametryn

43）唑草酮 carfentrazone-ethyl

44）仲丁灵 butralin

g）植物生长调节剂

1）2,4-滴 2,4-D
（只允许作为植物生长调节剂使用）

2）矮壮素 chlormequat

3）多效唑 paclobutrazol

4）氯吡脲 forchlorfenuron

5）萘乙酸 1-naphthal acetic acid

6）噻苯隆 thidiazuron

7）烯效唑 uniconazole

注 1：该清单每年都可能根据新的评估结果发布修改单。

注 2：国家新禁用的农药自动从该清单中删除。

# 附录八　农药标签和说明书管理办法

## 第一章　总则

**第一条**　为了规范农药标签和说明书的管理，保证农药使用的安全，根据《农药管理条例》，制定本办法。

**第二条**　在中国境内经营、使用的农药产品应当在包装物表面印制或者贴有标签。产品包装尺寸过小、标签无法标注本办法规定内容的，应当附具相应的说明书。

**第三条**　本办法所称标签和说明书，是指农药包装物上或者附于农药包装物的，以文字、图形、符号说明农药内容的一切说明物。

**第四条**　农药登记申请人应当在申请农药登记时提交农药标签样张及电子文档。附具说明书的农药，应当同时提交说明书样张及电子文档。

**第五条**　农药标签和说明书由农业部核准。农业部在批准农药登记时公布经核准的农药标签和说明书的内容、核准日期。

**第六条**　标签和说明书的内容应当真实、规范、准确，其文字、符号、图形应当易于辨认和阅读，不得擅自以粘贴、剪切、涂改等方式进行修改或者补充。

**第七条**　标签和说明书应当使用国家公布的规范化汉字，可以同时使用汉语拼音或者其他文字。其他文字表述的含义应当与汉字一致。

## 第二章　标注内容

**第八条**　农药标签应当标注下列内容：

（一）农药名称、剂型、有效成分及其含量；

（二）农药登记证号、产品质量标准号以及农药生产许可证号；

（三）农药类别及其颜色标志带、产品性能、毒性及其标识；

（四）使用范围、使用方法、剂量、使用技术要求和注意事项；

（五）中毒急救措施；

（六）储存和运输方法；

（七）生产日期、产品批号、质量保证期、净含量；

（八）农药登记证持有人名称及其联系方式；

（九）可追溯电子信息码；

（十）像形图；

（十一）农业部要求标注的其他内容。

**第九条**　除第八条规定内容外，下列农药标签标注内容还应当符合相应要求：

（一）原药（母药）产品应当注明“本品是农药制剂加工的原材料，不得用于农作物或者其他场所。”且不标注使用技术和使用方法。但是，经登记批准允许直接使用的除外；

（二）限制使用农药应当标注“限制使用”字样，并注明对使用的特别限制和特殊要求；

（三）用于食用农产品的农药应当标注安全间隔期，但属于第十八条第三款所列情形的除外；

（四）杀鼠剂产品应当标注规定的杀鼠剂图形；

（五）直接使用的卫生用农药可以不标注特征颜色标志带；

（六）委托加工或者分装农药的标签还应当注明受托人的农药生产许可证号、受托人名称及其联系方式和加工、分装日期；

（七）向中国出口的农药可以不标注农药生产许可证号，应当标注其境外生产地，以及在中国设立的办事机构或者代理机构的名称及联系方式。

**第十条**　农药标签过小，无法标注规定全部内容的，应当至少标注农药名称、有效成分含量、剂型、农药登记证号、净含量、生产日期、质量保证期等内容，同时附具说明书。说明书应当标注规定的全部内容。

登记的使用范围较多，在标签中无法全部标注的，可以根据需要，在标签中标注部分使用范围，但应当附具说明书并标注全部使用范围。

**第十一条**　农药名称应当与农药登记证的农药名称一致。

**第十二条**　联系方式包括农药登记证持有人、企业或者机构的住所和生产地的地址、邮政编码、联系电话、传真等。

**第十三条**　生产日期应当按照年、月、日的顺序标注，年份用四位数字表示，月、日分别用两位数表示。产品批号包含生产日期的，可以与生产日期合并表示。

**第十四条**　质量保证期应当规定在正常条件下的质量保证期限，质量保证期也可以用有效日期或者失效日期表示。

**第十五条**　净含量应当使用国家法定计量单位表示。特殊农药产品，可根据其特性以适当方式表示。

**第十六条**　产品性能主要包括产品的基本性质、主要功能、作用特点等。对农药产品性能的描述应当与农药登记批准的使用范围、使用方法相符。

**第十七条**　使用范围主要包括适用作物或者场所、防治对象。

使用方法是指施用方式。

使用剂量以每亩使用该产品的制剂量或者稀释倍数表示。种子处理剂的使用剂量采用每100公斤（千克）种子使用该产品的制剂量表示。特殊用途的农药，使用剂量的表述应当与农药登记批准的内容一致。

**第十八条**　使用技术要求主要包括施用条件、施药时期、次数、最多使用次数，对当茬作物、后茬作物的影响及预防措施，以及后茬仅能种植的作物或者后茬不能种植的作物、间隔时间等。

限制使用农药，应当在标签上注明施药后设立警示标志，并明确人畜允许进入的间隔时间。

安全间隔期及农作物每个生产周期的最多使用次数的标注应当符合农业生产、农药使用实际。下列农药标签可以不标注安全间隔期：

（一）用于非食用作物的农药；

（二）拌种、包衣、浸种等用于种子处理的农药；

（三）用于非耕地（牧场除外）的农药；

（四）用于苗前土壤处理剂的农药；

（五）仅在农作物苗期使用一次的农药；

（六）非全面撒施使用的杀鼠剂；

（七）卫生用农药；

（八）其他特殊情形。

**第十九条** 毒性分为剧毒、高毒、中等毒、低毒、微毒五个级别，分别用“标识”和“剧毒”字样、“标识”和“高毒”字样、“标识”和“中等毒”字样、“标识”和“微毒”字样标注。标识应当为黑色，描述文字应当为红色。

由剧毒、高毒农药原药加工的制剂产品，其毒性级别与原药的最高毒性级别不一致时，应当同时以括号标明其所使用的原药的最高毒性级别。

**第二十条** 注意事项应当标注以下内容：

（一）对农作物容易产生药害，或者对病虫容易产生抗性的，应当标明主要原因和预防方法；

（二）对人畜、周边作物或者植物、有益生物（如蜜蜂、鸟、蚕、蚯蚓、天敌及鱼、水蚤等水生生物）和环境容易产生不利影响的，应当明确说明，并标注使用时的预防措施、施用器械的清洗要求；

（三）已知与其他农药等物质不能混合使用的，应当标明；

（四）开启包装物时容易出现药剂撒漏或者人身伤害的，应当标明正确的开启方法；

（五）施用时应当采取的安全防护措施；

（六）国家规定禁止的使用范围或者使用方法等。

**第二十一条** 中毒急救措施应当包括中毒症状及误食、吸入、眼睛溅入、皮肤沾附农药后的急救和治疗措施等内容。

有专用解毒剂的，应当标明，并标注医疗建议。

剧毒、高毒农药应当标明中毒急救咨询电话。

**第二十二条** 储存和运输方法应当包括储存时的光照、温度、湿度、通风等环境条件要求及装卸、运输时的注意事项，并标明“置于儿童接触不到的地方”“不能与食品、饮料、粮食、饲料等混合储存”等警示内容。

**第二十三条** 农药类别应当采用相应的文字和特征颜色标志带表示。

不同类别的农药采用在标签底部加一条与底边平行的、不褪色的特征颜色标志带表示。

除草剂用“除草剂”字样和绿色带表示；杀虫（螨、软体动物）剂用“杀虫剂”（“杀螨剂”“杀软体动物剂”）字样和红色带表示；杀菌（线虫）剂用“杀菌剂”或者“杀线虫剂”字样和黑色带表示；植物生长调节剂用“植物生长调节剂”字样和深黄色带表示；杀鼠剂用“杀鼠剂”字样和蓝色带表示；杀虫/杀菌剂用“杀虫/杀菌剂”字样、红色和黑色带表示。农药类别的描述文字应当镶嵌在标志带上，颜色与其形成明显反差。其他农药可以不标注特征颜色标志带。

**第二十四条**　可追溯电子信息码应当以二维码等形式标注，能够扫描识别农药名称、农药登记证持有人名称等信息。信息码不得含有违反本办法规定的文字、符号、图形。

可追溯电子信息码格式及生成要求由农业部另行制定。

**第二十五条**　像形图包括储存像形图、操作像形图、忠告像形图、警告像形图。像形图应当根据产品安全使用措施的需要选择，并按照产品实际使用的操作要求和顺序排列，但不得代替标签中必要的文字说明。

**第二十六条**　标签和说明书不得标注任何带有宣传、广告色彩的文字、符号、图形，不得标注企业获奖和荣誉称号。法律、法规或者规章另有规定的，从其规定。

## 第三章　制作、使用和管理

**第二十七条**　每个农药最小包装应当印制或者贴有独立标签，不得与其他农药共用标签或者使用同一标签。

**第二十八条**　标签上汉字的字体高度不得小于1.8毫米。

**第二十九条**　农药名称应当显著、突出，字体、字号、颜色应当一致，并符合以下要求：

（一）对于横版标签，应当在标签上部三分之一范围内中间位置显著标出；对于竖版标签，应当在标签右部三分之一范围内中间位置显著标出；

（二）不得使用草书、篆书等不易识别的字体，不得使用斜体、中空、阴影等形式对字体进行修饰；

（三）字体颜色应当与背景颜色形成强烈反差；

（四）除因包装尺寸的限制无法同行书写外，不得分行书写。

除“限制使用”字样外，标签其他文字内容的字号不得超过农药名称的字号。

**第三十条**　有效成分及其含量和剂型应当醒目标注在农药名称的正下方（横版标签）或者正左方（竖版标签）相邻位置（直接使用的卫生用农药可以不再标注剂型名称），字体高度不得小于农药名称的二分之一。

混配制剂应当标注总有效成分含量以及各有效成分的中文通用名称和含量。各有效成分的中文通用名称及含量应当醒目标注在农药名称的正下方（横版标签）或者正左方（竖版标签），字体、字号、颜色应当一致，字体高度不得小于农药名称的二分之一。

**第三十一条**　农药标签和说明书不得使用未经注册的商标。

标签使用注册商标的，应当标注在标签的四角，所占面积不得超过标签面积的九分之一，其文字部分的字号不得大于农药名称的字号。

**第三十二条**　毒性及其标识应当标注在有效成分含量和剂型的正下方（横版标签）或者正左方（竖版标签），并与背景颜色形成强烈反差。

像形图应当用黑白两种颜色印刷，一般位于标签底部，其尺寸应当与标签的尺寸相协调。

安全间隔期及施药次数应当醒目标注，字号大于使用技术要求其他文字的字号。

**第三十三条** “限制使用”字样，应当以红色标注在农药标签正面右上角或者左上角，并与背景颜色形成强烈反差，其字号不得小于农药名称的字号。

**第三十四条** 标签中不得含有虚假、误导使用者的内容，有下列情形之一的，属于虚假、误导使用者的内容：

（一）误导使用者扩大使用范围、加大用药剂量或者改变使用方法的；

（二）卫生用农药标注适用于儿童、孕妇、过敏者等特殊人群的文字、符号、图形等；

（三）夸大产品性能及效果、虚假宣传、贬低其他产品或者与其他产品相比较，容易给使用者造成误解或者混淆的；

（四）利用任何单位或者个人的名义、形象作证明或者推荐的；

（五）含有保证高产、增产、铲除、根除等断言或者保证，含有速效等绝对化语言和表示的；

（六）含有保险公司保险、无效退款等承诺性语言的；

（七）其他虚假、误导使用者的内容。

**第三十五条** 标签和说明书上不得出现未经登记批准的使用范围或者使用方法的文字、图形、符号。

**第三十六条** 除本办法规定应当标注的农药登记证持有人、企业或者机构名称及其联系方式之外，标签不得标注其他任何企业或者机构的名称及其联系方式。

**第三十七条** 产品毒性、注意事项、技术要求等与农药产品安全性、有效性有关的标注内容经核准后不得擅自改变，许可证书编号、生产日期、企业联系方式等产品证明性、企业相关性信息由企业自主标注，并对真实性负责。

**第三十八条** 农药登记证持有人变更标签或者说明书有关产品安全性和有效性内容的，应当向农业部申请重新核准。

农业部应当在三个月内作出核准决定。

**第三十九条** 农业部根据监测与评价结果等信息，可以要求农药登记证持有人修改标签和说明书，并重新核准。

农药登记证载明事项发生变化的，农业部在作出准予农药登记变更决定的同时，对其农药标签予以重新核准。

**第四十条** 标签和说明书重新核准三个月后，不得继续使用原标签和说明书。

**第四十一条** 违反本办法的，依照《农药管理条例》有关规定处罚。

## 第四章　附则

**第四十二条** 本办法自 2017 年 8 月 1 日起施行。2007 年 12 月 8 日农业部公布的《农药标签和说明书管理办法》同时废止。

现有产品标签或者说明书与本办法不符的，应当自 2018 年 1 月 1 日起使用符合本办法规定的标签和说明书。

# 附录九　农药贮运、销售和使用的防毒规程（GB 12475—2006）

## 前　言

本标准全文强制。

本标准是对 GB 12475—1990《农药贮运、销售和使用的防毒规程》的修订，本标准代替 GB 12475—1990。

本标准与 GB 12475—1990 相比，内容的变化主要有：

——按照 GB/T 11 的要求重新起草了标准文本，增加了术语和定义。

——本标准对标准的使用范围进行了调整，将属于生产环节的“包装”、属于环保废弃环节的“废弃物处理”部分予以删除。

——本标准对相关技术要求进行了必要的改动，新增加了“个人安全卡”“事故应急处理”等重要内容。

本标准的附录 A 为规范性附录。

本标准由国家安全生产监督管理总局提出。

本标准由北京市劳动保护科学研究所和中华人民共和国农业部农药检定所共同起草。

本标准委托北京市劳动保护科学研究所负责解释。

本标准主要起草人：汪彤、吕良海、孙晶晶、刘绍仁、何艺兵、吴芳谷、陈虹桥、刘亚萍、吴志凤。

**1　范围**

本标准规定了农药的装卸、运输、贮存、销售、使用中的防毒要求。

本标准适用于农药贮运、销售和使用等作业场所及其操作人员。

**2　规范性引用文件**

下列文件中的条款通过本标准的引用而成为本标准的条款。凡是注日期的引用文件，其随后所有的修改单（不包括勘误的内容）或修订版均不适用于本标准，然而，鼓励根据本标准达成协议的各方研究是否可使用这些文件的最新版本。凡是不注日期的引用文件，其最新版本适用于本标准。

GB 190 危险货物包装标志

GB/T 1604 商品农药验收规则

GB 2890 过滤式防毒面具通用技术条件

GB 6220 长管面具

GB/T 6223 自吸过滤式防微粒口罩

GB 12268 危险货物品名表

GB 16483 化学品安全技术说明书编写规定

## 3 术语和定义

下列术语和定义适用于本标准。

### 3.1 再进入间隔期

施药后与能够进入施药区的时间间隔。

### 3.2 燃烧性

定性描述物质在空气中遇明火、高温和氧化剂等的燃烧行为。分为易燃、可燃、助燃和不燃四个层次。一般来说，易燃是指爆炸极限较低的气体，闪点≤61℃的液体，《危险货物分类和品名编号》(GB 6944—1986)和《危险货物品名表》(GB 12268)规定的第四类易燃固体、自燃物品和遇湿易燃物品；可燃是指不属于易燃类的所有可燃的物质。

## 4 农药毒性分级

农药毒性分级见表1。

表1 农药毒性分级

| 毒性分级 | 级别符号语 | 经口半数致死量(mg/kg) | 经皮半数致死量(mg/kg) | 吸入半数致死浓度(mg/L) |
|---|---|---|---|---|
| Ⅰa | 剧毒 | ≤5 | ≤20 | ≤20 |
| Ⅰb | 高毒 | >5~50 | >20~200 | >20~200 |
| Ⅱ | 中等毒 | >50~500 | >200~2 000 | >200~2 000 |
| Ⅲ | 低毒 | >500~5 000 | >2 000~5 000 | >2 000~5 000 |
| Ⅳ | 微毒 | >5 000 | >5 000 | >5 000 |

## 5 装卸和运输

### 5.1 人员要求

5.1.1 装卸、运输人员应由身体健康、能识别农药毒性级别及标识的成年人担任；从事高毒、剧毒农药装卸、运输的人员应取得相应资质。

5.1.2 驾驶员、押运员应熟悉运输农药的安全要求；了解所运输农药的毒性和潜在危险性。

5.1.3 参与农药装卸和运输的监督人员应熟知处置农药渗漏、泄漏等事故的应急救援电话、救助单位和自救方法；并应经过适当的急救和抢救方法培训。

### 5.2 装卸要求

5.2.1 农药装卸应在有充分照明条件下经专人指导进行。装卸时应轻拿轻放，不应倒置，严防碰撞、翻滚，以防外溢和破损。装卸高毒农药时，应有警告标志，禁止非工作人员进入，作业人员要求佩戴防毒面具或防微粒口罩、穿着防护服装和防护手套，皮肤破损者不得操作。

5.2.2 装卸的农药应有完好的包装和标志。农药包装箱装入运输工具（仅指汽车、船只等，不包括火车、飞机等）应在货舱内固定，确保不发生移动、不发生相互碰撞损伤。

5.2.3　在装卸过程中应配备足够的清水，以便在皮肤、眼睛等受污染时使用。

5.2.4　装卸人员在作业中不应吸烟喝酒、饮水进食，不要用手擦嘴、脸、眼睛。

5.2.5　每次装卸完毕，作业人员应及时用肥皂或专用洗涤剂洗净面部、手部，用清水漱口；防护用具应及时清理，集中存放，保证防护用具中无农药残液残渣。

5.2.6　装卸人员的服装、皮肤如被污染，应及时单独洗净。

**5.3　运输要求**

5.3.1　运输农药要使用备有易清洗、耐腐蚀、坚固贮器的运输工具，运输农药的运输工具不得再运输食品和旅客。运输工具上应备有必要的消防器材和急救药箱。

5.3.2　运输车辆船只的底、帮应采用隔垫和加固措施，防止农药包装挂损和农药溢漏。

5.3.3　在运输过程中应配备足够清水，以便在皮肤、眼睛受污染时使用。

5.3.4　装运农药前应将运输工具清理干净；包装有破损和浸湿、标志不全的农药不准许装运；闭杯闪点低于61℃的易燃农药应采用有金属贮器的运输工具密封装运。

5.3.5　同时装运不同品种农药时要分类码放，不得混杂，高毒、剧毒、易燃农药应有明显标记。

5.3.6　运输农药的车辆应封闭车门或加盖防雨布等，有条件的建议采用集装箱。

5.3.7　交、运方应认真清点农药品种、数量，并在运单上签名。

5.3.8　运输时速不宜过快，宜平稳行驶。运输途中不应在居民区停留休息。遇有故障时，应及时采取措施远离居民区，距离不应小于200米。

5.3.9　车辆运行过程中不应吸烟、饮水、进食。吸烟、饮水、进食前应脱去工作服，洗净手、脸并漱口。

5.3.10　运送农药的驾驶员、押运员的服装如被污染，应及时单独洗净。

5.3.11　农药卸车、船后应在专门场地进行清洗。装运农药的车厢、船舱一般可用漂白粉（或熟石灰）液清洗，而后用水冲净；金属材料容器可采用少许溶剂擦洗。废液应妥善处理，不要随意泼洒。

**6　贮存和保管**

**6.1　人员要求**

6.1.1　保管人员应选用具有一定文化程度、身体健康、有经验的成年人担任。

6.1.2　保管人员应经过专业培训，掌握农药基本知识和安全知识，持证上岗。

**6.2　库房要求**

6.2.1　专用库房要求与居民区、水源分开，并应设在不易积水或不易水淹的高地上，四周应有围墙并留有消防通道。库房应具备地面平整、不渗漏、结构完整、干燥、明亮、通风良好等条件；地面、天花板要采用耐化学腐蚀材料，易清洗；不允许用窑洞、地下室、燃料库作为农药库房使用。

6.2.2　专用库房应附设隔离生活用房。

6.2.3　农药库房内应设置隔离工作间，配备消防器材（包括灭火器、水桶、锹、叉、沙袋等）和急救药箱（内装解毒药、高锰酸钾、脱脂棉、红汞水、碘酒、双氧水、绷带等物）。

6.2.4　库房内不设暖气，当需升温满足贮存条件时，宜采用间接加热空气送入的方法。

6.2.5　库房应有良好的通风设备。

6.2.6　库房内应设置警告牌。

6.2.7　临时库房原则上应符合6.2.1~6.2.6的要求，贮存高毒、剧毒农药时应有安全的隔离措施。

**6.3　存放要求**

6.3.1　存放的农药应有完整无损的内外包装和标志，包装破损或无标志的农药应及时处理。

6.3.2　库房内农药堆放要合理，应离开电源，避免阳光直射，垛码稳固，并留出运送工具所必需的过道。

6.3.3　不同种类的农药应分开存放。高毒、剧毒农药应存放在彼此隔离的有出入口、能锁封的单间（或专箱）内，并保持通风；闭杯闪点低于61℃的易燃农药应与其他农药分开，并有难燃材料分隔。

6.3.4　不同包装农药应分类存放，垛码不宜过高，应有防渗防潮垫。

6.3.5　库房中不应存放对农药品质、农药包装有影响或对防火有障碍的物质，如硫酸、盐酸、硝酸等。

6.3.6　存放农药应有专柜或专仓，且不应与食品、种子、饲料、日用品及其他易燃易爆物品混装、混放。

**6.4　库房管理要求**

6.4.1　严格执行农药出入库登记制度。入库时应检查农药包装和标志，记录农药的品种、数量、生产日期或批号、保质期等；出库农药包装标志应完整。

6.4.2　定期检查存放的农药是否符合6.3的规定；定期维护库房内通风、照明、消防等设施和防护用具，使其处于良好状态。

6.4.3　在库房中进行农药的装卸、布置、检查等活动，应至少有二人参加。

6.4.4　定期清扫农药库房，保持整洁。

6.4.5　存放新的农药品种前应将库房清扫干净。存放过农药的库房一般可用石灰液或少量碱液处理后用水冲洗。

6.4.6　高毒、剧毒农药应按剧毒品基本要求保管。

6.4.7　进入高毒、剧毒农药存放间的人员，应穿戴相应的防护面具和防护服装，同时保证通风照明良好。

**7　销售**

**7.1　人员要求**

销售人员应具备相关专业知识，身体健康。

**7.2　销售要求**

7.2.1　销售的农药要有完整的包装。

7.2.2　原装农药在销售环节中不允许改装。

7.2.3　农药经营单位应配置内装石灰、沙土或黏土的桶、空容器、铲子，并应有适当的水源以便发生紧急事故时清洗、处置专用。

7.2.4 在销售过程中，与农药直接接触人员宜穿戴防护器具；发生农药渗漏、散落要及时妥善处理。

7.2.5 销售高毒、剧毒农药时，应向购买者说明农药毒性及危害，明确告知注意事项。

7.2.6 农药不允许售给未成年人。

**8 使用**

**8.1 一般要求**

8.1.1 在开启农药包装、称量配制和施用中，操作人员应穿戴必要的防护器具，防止污染。

8.1.2 严格按照农药产品标签使用农药；禁止将高毒、剧毒农药用于蔬菜、果树、茶叶、中草药材等。

8.1.3 施药前后均要保持农药包装标签完好。

**8.2 人员要求**

8.2.1 使用农药人员应为身体健康、具有一定用药知识的成年人担任。

8.2.2 农药配制人员应掌握必要技术和熟悉所用农药性能。

8.2.3 皮肤破损者、孕妇、哺乳期妇女和经期妇女不宜参与配药、施药作业。

**8.3 农药配制**

8.3.1 配药应按照标签或说明书选用配制方法；按规定或推荐的药量和稀释倍数定量配药；配药过程中不要用手直接接触农药和搅拌稀释农药，应采用专用器具配制并使用工具搅拌。

8.3.2 农药的称量、配制应根据药品的性质和用量进行，防止药剂溅洒、散落。

8.3.3 配制农药应在远离住宅区、牲畜栏和水源的场地进行；药剂宜现配现用，已配好的尽可能采取密封措施；开装后余下农药应封闭保存，放入专库或专柜并上锁，不应与其他物品混合存放。

8.3.4 配药器械宜专用，每次用后要洗净，但不应在水源边及水产养殖区冲洗。

**8.4 施药的一般规定**

8.4.1 施药前的要求

8.4.1.1 根据农药毒性及施用方法、特点配备防护用具。

8.4.1.2 施药器械应完好；施药场所应备有足够的水、清洗剂、毛巾、急救药品及必要修理工具；救护用具及修理工具应方便易得。

8.4.1.3 在高毒、剧毒农药施药地区应有醒目的“禁止入内”等标识并注明农药名称，施药时间、再进入间隔期等。

8.4.2 施药时的要求

8.4.2.1 施药人员应佩戴相应的防毒面具或防微粒口罩、穿用防护服、防护胶靴、手套等防护用品。

8.4.2.2 施药中作业人员不准许吸烟、饮水进食，不要用手直接擦拭面部；避免过累、过热。

8.4.2.3 田间喷洒农药，作业人员应处于上风向位置。大风天气、高温季节中午不宜施喷农药。

8.4.2.4 飞机喷洒农药要做好组织工作，施药区域边缘应设明显警告标志，有信号指挥，非施药人员不能进入已喷洒农药区域；飞机盛药容器应尽可能密封，盛药应尽量采用机械方法，由专人指导；驾驶员应穿戴防护服及防护手套。

8.4.2.5 库房熏蒸应设置“禁止入内”“有毒”等标志；熏蒸库房内温度应低于35℃；熏蒸作业要求由2人以上组成轮流进行，并有专人监护。

8.4.2.6 农药拌种应在远离住宅区、水源、食品库、畜舍并且通风良好的场所进行，不要用手直接接触操作。

8.4.2.7 施用高毒、剧毒农药，要求有两名以上操作人员；施药人员每日工作时间不应超过6h，连续施药一般不应超过5d。

8.4.2.8 施药期间，非施药人员应远离施药区；温室施药时，非施药人员禁止入内。

8.4.2.9 临时在田间放置的农药、浸药种子及施药器械，应专人看管。

8.4.2.10 施药人员如有头痛、头昏、恶心、呕吐等中毒症状时，应立即采取救治措施，并向医院提供相关信息（包括农药名称、有效成分、个人防护情况、解毒方法和施药环境等）。

8.4.2.11 在施用包装标签印有高毒、剧毒标志的农药时或在温室中从事熏蒸作业时，与施药者至少每2h保持一次联系。

8.4.2.12 农药喷溅到身体上要立即清洗，并更换干净衣物。

8.4.3 施药后的要求

8.4.3.1 剩余或不用的农药应在确保标签完好的情况下分类存放；已配制的药剂，尽量一次性用完。

8.4.3.2 盛药器械使用完毕应清除余药，洗净后存放，一时不能处理的应保存在农药库房中待统一处理。

8.4.3.3 应做好施药记录，内容包括：农药名称、防治对象、用量、范围、时间及再进入间隔期。属高毒、剧毒或限制使用的农药在施用后的再进入间隔期内，非专业人员不得进入施药区。

8.4.3.4 施药人员用的防护器具，在施药结束后应及时脱下清洗，施药人员应及时洗除污染。

8.4.3.5 在温室施药后，不应立即进入温室；只有进行通风排毒，使温室内空气中农药浓度降到安全标准后，才可以进入温室。

## 9 个人防护

### 9.1 呼吸器官护具选用原则

9.1.1 接触或使用高毒、剧毒农药以及在闭式场所（如温室、仓库、畜厩等）中把中毒、低毒农药作为气雾剂或烟熏剂使用时，均应根据农药特性选用符合GB 2890或GB 6220的防毒面具（如药剂对眼面部有刺激损伤，须戴用全面罩防毒面具）。

9.1.2 接触或使用中毒、低毒不挥发农药粉剂粉尘时，应选用符合GB/T 6223的微粒口罩。

9.1.3　接触或使用中毒、低毒挥发性农药时，应选用适宜的防毒口罩；如施药量大、蒸气浓度高时，应选用符合 GB 2890 的防毒面具。

9.1.4　在接触或使用农药中，当有毒蒸气和烟雾同时存在时，应采用带滤烟层的滤毒罐与之配用。

**9.2　皮肤防护用具选用原则**

皮肤防护用具应根据作业类别和性质参照附录选用。

**9.3　防护用品的使用与保存**

9.3.1　必须使用符合标准或国家委托质检部门检验合格的防护用品，严格遵照说明书穿用。

9.3.2　每次使用前，要检查防护用具是否有渗漏、撕破或磨损，如有破损应立即修补或更新。

9.3.3　使用防毒口罩在感到呼吸不畅或有破损时，应立即更换；滤毒罐应按使用说明及时更换。

9.3.4　防护用品用毕，应及时清洗、维护，存放在清洁、干燥的室内备用。

9.3.5　防护用品的储存和清洗要与其他衣物分开，远离施药区。

9.3.6　防护用品应根据说明书进行清洗，如无特殊说明，建议用清洗剂和热水清洗。

**9.4　个人安全卡**

为防止在高度分散的个人施药作业中发生意外事故，建议施药人员使用个人安全卡。个人安全卡内容包括施药人员姓名、身份证号码、血型、亲属姓名、住址、电话、就近医院。

**10　事故应急处理**

**10.1　事故应急预案**

大型农药贮运、销售单位应制定事故应急预案。

**10.2　装卸和运输**

10.2.1　农药装运中一旦出现渗漏、散落，应及时采取防范措施，发出报警信号，控制污染源，避免环境污染。如出现重大渗漏、泼散事故应及时向有关部门报告，并迅速采取防范措施，做好详细记录。

10.2.2　运输包装有破损的农药货物要及时修补或重新包装。

10.2.3　散落在车厢、船甲板上或地面上的农药应及时清除，废弃物应按环保部门要求处置，并做详细记录。

**10.3　贮存**

10.3.1　发生农药溢出、泄漏或渗漏时，应将农药容器迅速移至安全区域；库房内应备有腾空的农药容器，以作抢救泄漏农药之用。

10.3.2　修补、清扫易燃农药时，应使用不产生火花的铜制、合金制或其他工具。

10.3.3　按农药特性，用化学的或物理的方法处理废弃农药，不得任意抛弃、污染环境。

10.3.4　发生火灾时，应使用配备的消防器材（包括灭火器、水桶、锹、叉、沙袋等）进行灭火，同时告知消防等有关部门；灭火时应避免使用高压水龙带灭火，以防冲散农药（尤指农药粉末）。

10.3.5　有机磷、氨基甲酸类农药发生火灾时，应避免迎面救火，同时佩戴防毒面具等呼吸器具。

**10.4　销售**

发生泄漏、火灾事故时，参照10.3进行处理。

**10.5　使用**

10.5.1　农药操作场所应配备必要的急救药品、冲洗设备和足够的水，以便发生污染事故时使用。

10.5.2　发现人员中毒后，应尽快求医和提供原农药包装上的标签，同时让中毒者平静舒适，防止受热或受凉。

10.5.3　如果农药溅入眼睛内，应用干净、清凉的水冲洗眼睛10 min；如果眼睛受到严重刺激，应将患者送入医院治疗。

# 附录A
# （资料性附录）
# 接触、使用农药人员皮肤防护用品

接触、使用农药人员皮肤防护用品见表A.1。

**表A.1　接触、使用农药人员皮肤防护用品一览表**

| 作业项目 | 必用护品 |
|---|---|
| 1. 喷洒农药 | |
| a）打开容器、稀释或混合、从一容器注入另一容器、洗刷设备（包括飞机） | 透气性工作服[a]、橡胶围裙（或橡胶、聚氯乙烯膜防护服）、胶鞋、胶皮手套、防护眼镜 |
| b）田间或温室作物喷药、飞机喷药 | 透气性工作服、防护帽 |
| c）攀援植物、乔灌木施药 | 透气性工作服、橡胶防护服、防护帽 |
| 2. 施撒颗粒或粉剂 | |
| a）打开容器 | 透气性防尘服[b]、橡胶（或塑料）围裙、胶皮手套、胶鞋 |
| b）手撒或手工药械施撒 | 透气性防尘服（或胶布防护服）、橡胶长手套、胶鞋 |
| c）机械施撒 | 透气性防尘工作服（或胶布防护服）、手套 |
| d）飞机喷药 | 透气性防尘工作服（或胶布防护服）、防护帽 |
| 3. 地面喷药或土壤施药 | 透气性工作服、橡胶围裙、橡胶手套、胶鞋 |
| 4. 浸种 | 透气性工作服、橡胶（或塑料）围裙、橡胶手套、胶鞋、防护帽 |
| 5. 熏蒸 | 透气性工作服、橡胶防护服、橡胶手套、胶鞋 |
| 6. 农药装卸 | 透气性工作服、橡胶围裙、橡胶手套、防护手套、防护鞋 |

（续表）

| 作业项目 | 必用护品 |
| --- | --- |
| 7. 农药称量配制 | 透气性工作服（或橡胶手套） |

[a] 透气性工作服系指有一定防药液渗透性能的工作服，可采用防水、防油树脂整理的棉织物或混纺织物等加工制作。

[b] 透气性防尘服系指具有防尘粒透过性能的工作服，可采用防尘效率高、面料平滑的纺织物等加工制作。

# 参考文献


冯建国，吴学民. 2016. 国内农药剂型加工行业的现状及展望［J］. 农药科学与管理，37（1）：26-31.

傅献彩，沈文霞，姚天阳，等. 2005. 物理化学［M］. 5 版. 北京：高等教育出版社.

华乃震. 2011. 悬浮种衣剂的进展、加工及应用［J］. 世界农药，33（1）：50-57.

郭利京，王颖. 2018. 中美法韩农药监管体系及施用现状分析［J］. 农药，57（5）：359-366.

刘广文. 2018. 农药固体制剂［M］. 北京：化学工业出版社.

刘广文. 2018. 农药制剂工程技术［M］. 北京：化学工业出版社.

刘洪国，孙德军，郝京诚. 2016. 胶体与界面化学［M］. 北京：化学工业出版社.

骆焱平，宋薇薇. 2015. 农药制剂加工技术［M］. 北京：化学工业出版社.

马立利，吴厚斌，刘丰茂. 2008. 农药助剂及其危害和管理［J］. 农药，47（9）：637-640.

沈晋良. 2002. 农药加工与管理［M］. 北京：中国农业出版社.

石得中. 2008. 中国农药大辞典［M］. 北京：化学工业出版社.

唐祥凯，冯德建，史谢飞，等. 2019. 气相色谱—质谱联用法测定农药制剂中 29 种助剂［J］. 色谱，37（11）：1 221-1 227.

王开运. 2009. 农药制剂学［M］. 北京：中国农业出版社.

王以燕，赵永辉，楼少巍. 2015. FAO 新标准的农药剂型含量和杂质限量［J］. 世界农药（4）：28-35.

吴学民，冯建国，马超. 2014. 农药制剂加工实验［M］. 2 版. 北京：化学工业出版社.

邢其毅，裴伟伟，徐瑞秋，等. 2016. 基础有机化学［M］. 4 版. 北京：北京大学出版社.

谢晶，李羡筠，郑艳艳，等. 2019. 80 种农药原药急性毒性分析［J］. 现代农药，18（1）：27-30.

徐汉虹. 2007. 植物化学保护学［M］. 4 版. 北京：中国农业出版社.

徐妍，刘广文. 2018. 农药液体制剂［M］. 北京：化学工业出版社.

张小军，刘广文. 2018. 农药助剂［M］. 北京：化学工业出版社.

张一宾. 2016. 农药剂型的设计和新剂型的开发［J］. 世界农药，38（3）：9-13.

赵振国，王舜. 2018. 应用胶体与界面化学［M］. 北京：化学工业出版社.

Robert A. 1993. Entry and spreading of alkane drops at the air/surfactant solution interface in relation to foam and soap film stability［J］. J Am Chem Soc，89（2）：4 313-4 327.

Tadros T F. 1995. Influence of addition of a polyelectrolyte，nonionic polymer，and their mixture on the rheology of coal/water suspensions［J］. Lahgmuir，11（12）：4 678-4 684.